100대
명산과
문화
유산

①

100대 명산과 문화유산 ❶

발행일	2024년 11월 20일

지은이	윤치삼		
펴낸이	손형국		
펴낸곳	(주)북랩		
편집인	선일영	편집	김은수, 배진용, 김현아, 김부경, 김다빈
디자인	이현수, 김민하, 임진형, 안유경	제작	박기성, 구성우, 이창영, 배상진
마케팅	김회란, 박진관		
출판등록	2004. 12. 1(제2012-000051호)		
주소	서울특별시 금천구 가산디지털 1로 168, 우림라이온스밸리 B동 B111호, B113~115호		
홈페이지	www.book.co.kr		
전화번호	(02)2026-5777	팩스	(02)3159-9637
ISBN	979-11-7224-379-1 04980 (종이책)		979-11-7224-380-7 05980 (전자책)
	979-11-7224-406-4 04980 (세트)		

(주)북랩 성공출판의 파트너

북랩 홈페이지와 패밀리 사이트에서 다양한 출판 솔루션을 만나 보세요!

홈페이지 book.co.kr • **블로그** blog.naver.com/essaybook • **출판문의** text@book.co.kr

---

작가 연락처 문의 ▶ ask.book.co.kr

작가 연락처는 개인정보이므로 북랩에서 알려드릴 수 없습니다.

국립·
도립공원
편

100대
명산과
문화
유산

①

윤치삼
지 음

북랩

책머리에

도전하는 사람만이 새로운 것을 얻을 수 있다고 했다. 은퇴 후 칠순을 앞두고 산림청에서 지정한 100대 명산을 오르고자 한 것은 노후의 건강을 위함이며, 산의 아름다움을 몸으로 체험하고 극한의 고통을 견디며 그 속에서 행복과 성취감을 얻고자 함이다. 그리고 그 산 아래 깃들어 있는 이웃들(문화유산)을 답사함으로써 인문학적 소양을 넓혀 풍요로운 노후의 삶을 살아가기 위함이다.

명산 중에는 이미 다녀온 산들도 많지만 국립공원과 도립공원 안에 있는 산부터 먼저 올라가기로 한다. 그 산들이 아름답지만 오르기 힘든 산도 많아 한 살이라도 젊어서 올라가기 위함이다. 그리고 산과 이웃한 주요 문화유산 답사지로는 유네스코가 지정한 세계문화유산(한국의 산사와 서원, 마을, 역사 유적)은 물론 한국의 명승지 등도 아울러 살펴볼 생각이다.

산행과 답사 길에는 아내도 함께할 생각이다. 나이가 들면 외눈박이 비목어처럼 서로 의지하고 도우며 살아가야 한다고 했다. 지금까지 40여 년을 함께해 왔지만, 앞으로 얼마 남지 않은 길을 건강하고 아름다우며 의미 있게 살아가기 위해서는 함께하는 시간을 더 많이 갖고자 함이다.

100대 명산을 다 오르는 것이 결코 쉽지는 않겠지만 이제, 출발이다. 그 여정이 안전하고 풍요롭기를 기원하면서….

壬寅年(2022년)
정월에

차 례

〈행정 구역은 정상 기준〉

북한산

北漢山, 837m

북한산 국립공원

한강 북쪽 한북정맥에 우뚝 솟은 화강암 산이다. 백운대와 인수봉, 만경대가 삼각형을 이루어 삼각산(三角山)이라고도 한다. 북한산성과 진흥왕순수비 및 명찰 화계사와 도선사, 진관사 등 많은 문화유산을 품고 있어 1983년 국립공원으로 지정되었다.

산행 노정

2022.11.4. (금) 맑음

코스 난이도: ★★★★☆

순환 16㎞ 11시간 45분(순성 9:15, 기타 약 2:30)

북한산성탐방지원센터(06:45) ⇨ 서암문(07:15) ⇨ 원효봉(08:10) ⇨ 북문(08:30) ⇨ 백운봉암문(10:05) ⇨ 백운대(10:05~10:50) ⇨ 노적봉(11:15~11:40 점심) ⇨ 용암문(12:00) ⇨ 동장대(12:20) ⇨ 대동문(12:35) ⇨ 보국문(12:55) ⇨ 성덕봉(13:05) ⇨ 대성문(13:25) ⇨ 대남문(13:40) ⇨ 문수봉(13:55) ⇨ 청수동암문(14:10) ⇨ 나한봉(14:35) ⇨ 나월봉(14:50) ⇨ 부왕동암문(15:35) ⇨ 증취봉(15:50) ⇨ 용혈봉(16:00) ⇨ 용출봉(16:15) ⇨ 가사당암문(16:40) ⇨ 의상봉(16:55) ⇨ 대서문(18:15) ⇨ 원점 회귀(18:30)

산행 일지

□ 북한산성탐방지원센터 ⇨ 산성 일주(백운대) ⇨ 원점 회귀

　북한산은 세계에서도 유래를 찾아볼 수 없는 대도시에 인접한 산으로, 크고 작은 봉우리와 그 사이에 형성된 계곡 등 경관이 수려하여 국내외 많은 산악인은 물론 관광객들도 찾고 있다. 그러므로 등산로도 여러 갈래지만 산행과 문화유산(산성)을 답사하기 위해서는 서울 은평구 북한산성탐방지원센터에서 출발하는 것이 일반적이다.

　산성 답사는 보통 대서문부터 시작하지만, 단풍철이면 백운대로 올라가는 길이 극심한 정체를 보이기 때문에 탐방지원센터에서 북한천을 건너 서암문 쪽으로 돌아갔다.

　아침 햇살을 받아 화사하게 빛나는 의상봉을 바라보며 원효암을 지나 원효봉 암봉을 힘겹게 넘었다. 백운대 쪽으로 이어지는, 원효봉에서 염초봉을 지나가는 성벽길은 위험하여 폐쇄했기 때문에 북문에서 다시 내려가야 했다.

　단풍이 아름다운 상운교를 지나 왼쪽으로 접어들면 백운대로 가는 길이다. 백운봉암문을 지나 가파른 암벽을 올라가면 백운대다. 벌써 많은 사람들이 오르고 있었고, 정상에는 인증 사진을 찍기 위한 줄이 길게 늘어서 있었다.

　백운대에서의 조망은 가히 일품이었다. 기암괴석 암봉들이 우쭐대는 만경대와 우뚝 솟은 인수봉 뒤로 도봉산이 한눈에 들어왔다. 그리고 남으로는 노적봉과 수많은 봉우리들이 넋을 빼놓았다. 또한

12　　　　　　　　　　　　　　　　　100대 명산과 문화유산 ❶

골골이 자리한 우이동, 송추, 정릉 유원지 등은 도시민들의 휴식처다. 우이천과 북한천 등 여러 지천은 한강으로 흘러든다.

정상아래 마당바위는 젊었던 시절 야유회의 추억이 서려 있는 곳이다. 백운대에서 내려와 암문을 지나 왼쪽으로 접어들면 산성 주능선이다. 노적봉 밑에서 용암문까지도 오르내림이 심한 힘든 길이지만 이후 동장대와 대동문을 지나 대남문까지는 성벽을 끼고 도는 완만한 길이다.

한양도성의 외곽 방어 시설인 북한산성은 삼국시대부터 존재했다. 한수지역을 쟁취하기 위한 격전지였으며, 고려시대에도 거란과 몽고족의 침입에 항전했던 곳이다.

하지만 한동안 방치되었다가 임진왜란과 병자호란 이후 숙종 때 한양도성을 방어하기 위하여 남한산성과 함께 현재의 모습으로 다시 축성하였다.

6개월 만에 개축했다는 성곽은 길이가 12.7km며, 면적은 여의도보다도 넓다. 성벽은 지형에 따라 높이를 달리했는데, 산봉우리 부분은 축성하지 않은 곳도 있다.

북한도(北漢圖) -1745년 간행된 북한산성 지도

성벽에는 13개의 성문을 설치했으며 군사 지휘소인 3개의 장대가 있다. 그리고 유사시 왕이 기거했던 행궁이 있으며, 어영청 등 군부대 3개소와 군량미를 보관하는 군창 3개소를 설치하였다. 그리고 초소 역할을 하는 성랑지도 143개소나 된다.

북한산성 축성에는 전국의 승려들이 동원되었다. 그들은 이후에도 상비 전력 자원으로 남아 산성 내에 11개 승영 사찰을 두고 주둔하며 방어하고 관리했다.

불교 가르침에는 함부로 살생하지 말라고 했는데, 그들이 무장하게 된 것은 사찰에는 많은 문화재들이 있어 도적들의 약탈 대상이 되었고, 자신들의 목숨을 보존하기 위하여 불가피했던 것이다.

승려들의 군대 조직은 삼국시대부터 있었는데, 대표적인 인물로는 백제 부흥운동을 주도했던 도침과 고려 때 몽고군을 물리친 처인성 전투의 명장 김윤후 장군도 승려였다. 그리고 임진왜란 때 휴정 서산대사와 유정 사명대사가 대표적이다.

대남문은 아름다운 우진각 지붕으로 문루에서 바라다보이는 보현봉이 장엄하고 멋있다. 대남문에서 가사당암문까지는 멀리 백운대와 인수봉, 만경대가 보이는 지루한 능선길이다.

병자호란 때 척화파로 유명한 청음 김상헌(1570~1652)이 청나라로 압송되어 가면서 삼각산을 바라보며 읊었을 시조 한 수를 생각해 보면 왠지 숙연한 기분이 든다.

가노라 삼각산아 다시 보자 한강수야
고국산천을 떠나고자 하랴마는
시절이 하 수상하니 올 동 말 동 하여라.

이제 가사당암문에서 바라보는 석양은 많이 기울었다. 하산길을 걱정해야 했다. 하지만 마음이 급해 의상봉을 넘어가는 잘못된 판단을 했다. 왜냐하면 산성을 소개하는 자료에는 의상봉에서 대서문까지 길이 연결되었기 때문이다. 그러나 이는 탐방로(등산로)가 아니라 성벽 표시였다. 착각한 것이다.

의상봉에서 내려가는 길은 급경사 암릉길이었으며, 해가 저물어 플래시를 켜야만 했다. 위험하고 매우 힘들었다. 일반적인 답사 길인 국녕사로 내려가지 않고 의상봉을 넘은 것이다.

산행뿐만 아니라 어떤 조직이든지 리더의 역할은 중요하다. 리더는 다음과 같은 덕목을 갖추어야 한다. 첫째, 기본 소양과 자질이 있어야 하고, 둘째, 정확한 판단력과 비전을 제시해야 하며, 셋째, 조직 구성원에 대한 관심과 배려가 있어야 한다. 하지만 위 세 가지 덕목 모두가 부족하여 장거리 산행으로 지친 아내를 고생시켰다. 정말 미안한 일이다.

하산 후 대서문은 500m 이상 벗어나 있었다. 정보 수집과 자료 사진을 찍기 위해 아내는 쉬게 하고 다시 올라가야만 했지만 대서문 앞에서 배터리까지 방전되어 며칠 후 다시 가야만 했다.

열흘 뒤, 가사당 암문까지 올라갔다 다시 내려오며 답사했다. 국녕사를 거쳐 북한천 계곡 옆 범용사까지는 급하지 않은 내리막길로 중간중간 계단이 설치되어 있다. 그리고 중성문까지는 차가 다닐 수 있는 밋밋한 오르막길이다.

북한산성 종주를 우여곡절 끝에 마쳤다. 의미 있고 값진 산행이었고, 문화유산을 살펴볼 수 있는 좋은 기회였다.

2022.11.14. (월) 재탐방 [4km 산행 01:10]

가사당암문(14:55) ⇨ 중성문(15:30) ⇨ 대서문(15:50) ⇨ 탐방지원센터(16:05)

□ 참고: 한양도성 순성(巡城)

북한산 비봉 아래로 연결된 탕춘대성을 따라가면 한양도성 인왕산이다. 조선 시대 선비들 사이에서 유행했던 한양도성 순성 길을 매년 1월 1일이면 답사했었는데, 그 노정을 소개한다.

거리: 약 25km

소요 시간: 7시간 25분 [순성(6:35) 종로 관통(0:50)]

노정: 홍인지문(동대문) 09:30 ⇨ 남산(270.9m) 11:00 ⇨ 인왕산(338.2m) 13:10 ⇨ 북악(백악)산 (342.5m) 14:10 ⇨ 낙산(124.4m) 15:45 ⇨ 홍인지문 16:05 ⇨ 종로 관통 ⇨ 돈의문(서대문) 터 16:55

북한산성 성곽 답사 - 사적 제162호

□ 북한산성 13 성문

북한산성

포곡식 산성인 북한산성에는 6개의 대문과 7개의 암문, 그리고 수문이 있었는데, 성벽을 따라 13개가 있고 안에는 중성문이 있다. 그러나 수문은 흔적만 남아 있으므로 현재 외곽 성문은 12개, 중문이 1개다.

서암문

탐방지원센터에서 북한천을 건너 올라가는 비교적 평탄한 지대에 위치한다. 성문 주변은 지형이 낮아 방어에 취약하므로 성벽을 ㄱ자 모양으로 돌출시켜 측면 공격이 가능하게 했다. 홍예식(虹蜺式) 암문이다. 여기서부터 북문까지가 원효봉 능선이다.

북문

복원되지 않은 성벽을 따라 원효암을 지나 원효봉을 넘어야 한다. 백운대 전망이 좋다.

원효봉과 염초봉 사이 말안장처럼 움푹 파인 곳에 있다. 북문도 대문이지만 도성에서 멀고 북쪽에 위치하여 비중이 낮았기 때문에 동서남북 대문 중 '대' 자를 쓰지 않았다.

백운봉암문

북문에서 상운사까지 내려갔다 다시 경사가 심한 길을 따라 올라가면 백운대와 만경대 사이에 자리한다. 성문 중 가장 높은 곳에 위치한다. 밖으로는 영봉과 우이동 유원지, 사기막골로 내려간다. 성문은 홍예식과 달리 평거식(平据式)이다. 일제 강점기 이후 위문으로 불리기도 했다.

용암문

백운대를 다녀오느라 많은 시간이 소요되었다. 백운봉암문부터 오르내림이 심한 길이지만 경관이 아름답다. 성문은 네모반듯한 방형이다. 밖으로는 도선사로 내려가는 길이다. 이곳부터 대남문까지가 산성주능선이다. 노적봉 아래서 이른 점심을 먹었다.

대동문

평탄한 성벽 길을 따라 걷다 보면 장대 중 유일하게 남아 있는 동장대를 만나는데 이층 누각으로 규모는 크지 않지만 아름답다.

진달래 능선을 타고 가다 백련사 계곡 쪽으로 내려가면 수유리. 홍예는 여러 성문 중 가장 크다. 현재 문루 복원 공사 중이다.

보국문

대동문에서 성벽을 따라 걷는 길로 비교적 평탄하다. 성문은 완전 해체 복원 중이다. 소동문 또는 동암문으로 불렸는데, 정릉으로 내려가는 관문이다.

대성문

보국문에서 성덕봉 치성을 넘어 내려가면 대성문이다. 문루가 단층이며, 우진각 지붕으로 화려하고 아름답다. 밖으로는 형제봉 능선을 타고 가면 국민대학교(북악터널)나 평창동으로 내려가는 관문이다.

대남문

대성문에서 평탄한 길을 따라가면 대남문이다. 대성문처럼 문루가 우진각 지붕으로 매우 아름답다. 옆에 있는 보현봉이 당당하고 웅장하다. 안으로는 중성문으로 이어지고, 밖으로는 구기동으로 연결된다. 여기서부터 대서문까지가 의상 능선이다. 수많은 봉우리를 넘어가야 하는 힘든 길이다.

청수동암문

대남문에서 문수봉을 넘어가면 지척이다. 문수봉 정상은 암괴로 위험하여 정상 표지는 아래에 있다. 성안으로는 행궁지와 중성문으로 이어지며 밖으로는 사모바위와 비봉, 탕춘대성암문으로 연결된다.

부암동암문

나한봉 치성과 나월봉을 넘어가는 지루한 능선길이다. 백운대와 인수봉, 만경대가 한눈에 들어와 북한산이 삼각형 모양임을 확인할 수 있다. 삼천사 계곡을 지나 진관사 입구로 내려가고 사모바위와 비봉으로도 연결된다.

가사당암문

부암동암문에서 3개의 봉우리를 넘어야 한다. 지루하고 힘든 길이다. 성안으로 내려가면 국녕사를 지나 중성문, 대서문으로 연결되는, 평이하여 쉬운 길이다. 하지만 의상봉을 넘어가면 의상능선 입구(탐방센터)로 내려간다. 매우 힘든 길이다.

대서문

북한산성 정문이다. 의상봉과 원효봉을 연결하는 위치지만 지형이 완만하여 방어에 취약하므로 위쪽에 중성을 두었다. 문루는 1958년 복원한 것으로 성 문루 중 가장 오래되었으며, 정문으로서의 당당한 위용을 자랑한다. 중성문까지는 차가 올라갈 수 있다.

중성문

대서문에서 대동문으로 이어지는 중간에 자리한다. 노적봉 끝자락 기린봉과 증취봉 사이 협곡에 축성한 성문으로 취약한 대서문을 보완하기 위해 만든 성이다. 대서문부터 밋밋한 오르막길이다.

도봉산

道峰山, *740m*

북한산 국립공원

우이령을 경계로 북한산과 나뉜다. 최고봉인 자
운봉을 중심으로 남쪽으로 만장봉과 선인봉이, 서
쪽으로는 오봉(五峰)이 있으며, 송추계곡과 전통
사찰 천축사가 유명하다.

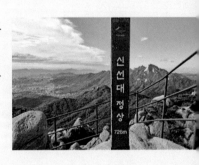

산행 노정

2022. 9. 19. (월) 맑음

코스 난이도: ★★★☆☆

왕복 9km 5시간 5분(산행 04:00, 휴식 01:05)

도봉산역(06:55) ⇨ 도봉탐방지원센터(07:15) ⇨ 도봉대피소(식사 08:00~08:25) ⇨ 마당바위
(08:45) ⇨ 신선대(09:35~09:45) ⇨ 천축사(11:05~11:20) ⇨ 탐방지원센터(12:00)

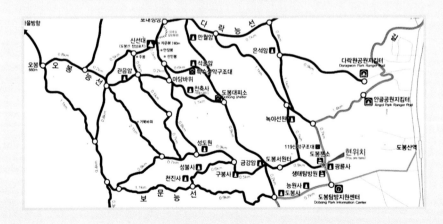

산행 일지

□ **도봉산역 ⇨ 신선대(정상) ⇨ 도봉탐방지원센터**

도봉산역에서부터 산행을 시작했다. 정상으로 가는 길은 거미줄처럼 다양한 루트가 있지만 도봉탐방지원센터에서 출발하는 것이 가장 일반적이며, 많은 사람들이 선호하는 길이다.

북한산국립공원 도봉분소에서 좌측으로 접어들면 서울 미래유산으로 지정된 저항시인 김수영의 시비가 있고, 그의 대표작 「풀」의 제2연이 새겨져 있다. 그리고 조광조 선생을 모셨던 도봉서원 터를 지나 금강암 갈림길에서 오른쪽으로 접어들면서부터 본격적인 산행이 시작된다.

산길로 들어선 지 얼마 지나지 않아 무성한 나무들 사이로 우뚝 솟은 선인봉이 모습을 드러냈지만 멀기만 했다. 계곡을 가로지른 도봉1교를 지나 밋밋한 돌계단 길을 한참 올라가면 도봉대피소(산장)다. 이곳에는 한국등산학교도 있는데, 등산에 관한 모든 것을 가르치는, 특히 암벽등반 기법을 교육하는 곳이라고 한다. 대피소에서 간단히 아침 식사를 하고 천측사 일주문을 지나 마당바위로 향했다.

비스듬하게 누워 있는 마당바위는 약 1억 5천만 년 전 공룡의 세상이었던 쥐라기에 형성된 화강암 지대라고 한다. 마당바위를 지나면서부터 정상까지 약 1km 남짓 거리지만 급경사 구간이며, 너덜길과 암릉길이 계속되어 매우 힘들었다. 가파른 등산로에는 소나무들이 뿌리를 드러내 놓고도 굳건히 자라고 있었다.

자운봉을 400여 미터 남겨놓은 지점부터 또다시 급경사를 이루며
철제 난간 보수 공사가 한창이었다. 단풍철 인파가 밀려들 것에 대
비하기 위함인 것 같다. 인부들은 우리보다 훨씬 일찍 올라왔을 것
이다. 헬기로 운반했을 무거운 철 파이프를 어깨에 메고 잘도 내려
왔다.

우측으로 만장봉을 끼고돌아 까마득한 계단을 오르자 암벽이 앞
을 가로막았다. 신선대로 올라가는 길이다. 아득했다. 스틱을 접고
철제 난간에 의지하여 오르자 자운봉이 바로 옆으로 건너다보였다.
자운봉이 도봉산 최고봉이지만 여러 개의 바위를 포개놓은 듯하여
올라가기가 어렵고 위험하여 신선대를 정상으로 인증하고 있다.

정상에서 동쪽으로 내려다보이는 산이 수락산과 불암산이며, 서
쪽으로는 오봉과 북한산이다. 날씨는 쾌청하고 조망은 좋았으나 바
람이 심하게 불었다.

신선대에서 바라본 오봉과 북한산

연중 수백만 명의 등산객이 찾는다는 도봉산은 이번이 처음이다.
우리가 멀리 있는 것은 동경하지만 가족처럼 가까이 있는 것이 가장

소중하고 아름답다는 사실을 망각하고 살 때가 많다. 도봉산은 가까이 있어 언제라도 올라갈 수 있다는 생각이었다. 그러므로 100대 명산 중 가까운 시일에 오를 계획이 없었으나 우리나라 인구의 절반 이상이 앓고 난 이후에야 걸렸던 코로나19로 인하여 장거리 산행이 아닌 서울 근교 도봉산을 찾았다.

도봉산은 명불허전이었다. 아름답지 않은 산이 어디 있으랴만, 참으로 멋진 산이었다. 정상에서의 강한 바람만 아니었으면 더 좋았을 것이다. 하지만 화창한 하늘은 바다 건너 일본을 스쳐 지나가는 강력한 태풍 때문이기도 했으니 세상 어디에도 인연이 닿지 않은 곳이 없다.

하산할 시간이다. 하산 길은 언제나처럼 지루했다. 도봉산도 단풍이 아름답지만 아직은 초가을이라 숲이 푸르기만 했다. 만장봉 아래 서 있는 주목의 열매가 루비처럼 영롱했다.

다시 너덜길과 암릉길을 지나 마당바위에 이르자 우후죽순처럼 솟아오른 건물 숲과 그들을 거느리고 있는 잠실 타워가 압권이었고, 청량산(남한산성)이 손에 잡힐 듯했다. 쥐라기 때는 익룡이 날아와 쉬었을지도 모를 마당바위에 앉아 휴식을 취한 후 천축사로 향했다.

천축사는 도봉산에서 가장 오래된 전통 사찰로, 신라시대 의상대사가 창건하면서 옥천암이라고 불렀으나 조선 태조가 100일 기도 후 중창하여 천축사라 칭하게 되었다고 한다.

천축사는 선인봉 아래에 있다. 선인봉은 신선이 사는 곳이라 하여 과거에는 접근이 어려웠을지 모르지만 지금은 암벽 등반 명소라고 한다. 천축사 일주문을 나서 계곡을 따라 내려오니 다시 도봉탐방지원센터다.

산행을 마치고 하산한 후에도 몸 상태는 좋았다. 코로나19 후유증으로 고생할 줄 알았는데 다행이다. 평소에 운동을 해 둔 덕분인 것 같다.

우리가 운동을 해야 하는 이유는 여러 가지가 있겠으나, 우선은 건강한 몸을 유지하기 위함이다. 운동으로 몸을 단련하면 면역력이 높아져 질병에 쉽게 걸리지 않으며, 만약에 병이 들거나 불의의 사고를 당하더라도 이를 극복할 수 있는 체력이 뒷받침되어 비교적 쉽게 회복할 수 있기 때문이다.

그르므로 다소 귀찮고 힘들더라도 운동은 해야 한다. 우리가 매일 자고 밥을 먹듯 규칙적인 운동을 해야 한다. 운동은 삶의 원천이며 활기를 불러일으키지만, 다 좋은 것은 아니다. 자기 몸과 정서에 맞는 운동을 해야 한다. 그렇지 않으면 금방 싫증이 나거나 부상을 당해 오래 하지 못하기 때문이다. 내가 평생 잘한 일 중 하나가 달리기다.

점심으로 두부전골을 먹었다. 산에서 내려와 두부 한 모에 막걸리 한 사발로 피로를 달랬던 옛 추억이 생각났기 때문이다. 하지만 이제는 막걸리 한 잔에도 취하는 나이가 되었다. 취한 눈으로 바라보는 도봉산이 더욱 새롭게 보였다.

산은 정상에서 조망하는 것도 좋지만 밑에서 올려다보는 것 또한 좋다. 17세기 실학자 서계 박세당(1629~1703)은 도봉산 건너편 수락산 아래 장암 사람이다. 그곳에는 서계 고택과 묘역이 조성되어 있고, 그 위에는 아들 박태보를 모신 노강서원이 있다. 서계 선생은 그의 집 마당에서 도봉산을 바라보며 망도봉작(望道峯作)을 노래했을 것이다.

도봉산과 서울 둘레길 트레일

도봉산역 앞에는 서울창포원이 있다. 이곳에는 수많은 수생식물 (창포와 연꽃 등)이 자라고 있는데, 서울을 한 바퀴 도는 157km '서울둘레길' 기점이기도 하다. 은퇴 후 매주 한 구간씩 아내와 답사했던 루트와 경험을 뒤에 오는 사람들을 위하여 소개한다.

구간	거리	시간	경유	비고
제1구간 [창포원-화랑대역]	14km	5:00	수락산 불암산	수락산과 불암산 자락을 끼고 도는 구간으로, 약간 힘들다.
제2구간 [화랑대역-선사주거지]	18km	5:40	망우산 용마산 아차산	산은 낮지만 3개나 넘어야 하므로 다소 힘들다. 한강을 가로지른 광진교를 건너 선사주거지까지 갔다.
제3구간 [선사주거지-수서역]	21km	5:45	고덕산 일자산	고덕산 일자산을 넘어 성내천과 장지천을 거쳐 탄천을 건너가는 구간으로, 비교적 쉬운 구간이다.
제4구간 [수서역-양재시민숲]	10km	3:40	대모산 구룡산	몸이 좋지 않아 여의천을 건너 '양재시민의 숲'에서 돌아왔다.
제5구간 [양재시민숲-석수역]	21km	8:00	우면산 관악산 삼성산 호암산	네 개나 되는 산기슭을 돌아야 하는 구간으로, 볼거리는 많지만 매우 힘든 구간이다.
제6구간 [석수역-가양역]	20km	5:00	-	산이 없는 구간으로, 안양천을 따라 내려간다. 벚꽃이 아름다운 길이다.
제7구간 [가양역-구파발역]	18km	6:30	봉 산 앵봉산	한강 가양대교를 건너는 구간이다. 난지도로 넘어가는 길을 찾지 못해 잠시 헤맸다.
제8-1구간 [구파발역-화계사]	20km	7:15	북한산	8구간은 둘레길 마지막 구간이지만 길기 때문에 두 번에 나누어 돌았다. 힘든 구간이다.

제8-2구간 [화계사-도봉산역]	15km	4:50	북한산 도봉산	마지막 구간이다. 무사히 둘레길을 완주했다. 의미 있는 트레일이었다.

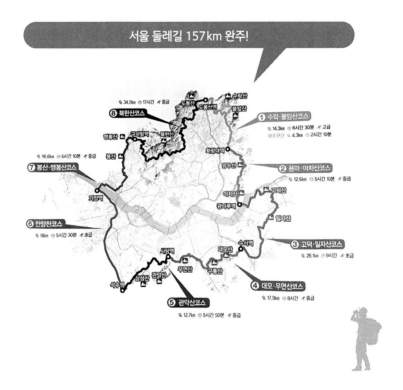

서울 둘레길 157km 완주!

설악산

雪岳山, *1,708m*

설악산 국립공원

설악산은 백두대간 허리에 위치하며, 남한에서 세 번째로 높은 산이다. 봄 늦게까지 눈이 남아 있고 기암괴석들이 눈처럼 희다고 하여 설악산이라 불린다. 1970년 국립공원으로, 1982년 유네스코의 생물권 보존 지역으로 지정되었다.

수려한 산세뿐만 아니라 백담사와 신흥사 등 명찰과 동해바다와 인접해 있어 등산객과 관광객의 사랑을 받고 있다.

산행 노정

2023.6.9. (금) ~ 2023.6.10. (토) 맑음

코스 난이도: ★★★★★

순환 22km 시간: 12시간 5분(산행 10:45, 휴식 1:20)

한계령 코스 11km 7시간 45분(산행 6:55 휴식 00:50)

한계령휴게소(10:10) ⇨ 한계령삼거리(11:50~12:10) ⇨ 휴식(14:10~14:20) ⇨ 끝청봉(15:00) ⇨ 중청대피소(15:40) ⇨ 대청봉(16:00~16:20) ⇨ 소청봉(17:05) ⇨ 봉정암(17:55)

백담사 코스 11km 4시간 20분(산행 3:50 휴식 00:30)

봉정암(05:05) ⇨ 쌍룡폭포(06:05) ⇨ 연화담(06:45~07:05) ⇨ 수렴동(07:50) ⇨ 영시암(08:10~08:20) ⇨ 백담사(09:35)

산행 일지

□ 한계령 ⇨ 대청봉

동서울터미널에서 아침 일찍 아내와 함께 설악산으로 가는 버스에 올랐다. 제2의 금강산으로 불리는 설악산은 42년 전 첫걸음을 디딘 이후로 수도 없이 다녀갔지만, 이번이 대청봉까지는 마지막이 될지도 모른다는 생각이 들었다. 왜냐하면 나를 기다리고 있는 산들이 많이 있기 때문이다.

한계령 휴게소에서 하차하자 흘림골 기암괴석 친구들이 제일 먼저 반겨 주었다. 휴게소와 화장실 사이로 난 계단을 오르면서부터 산행이 시작되었다.

가파른 계단을 올라 설악루를 지나가다 뒤를 돌아보니 오색에서 올라오는 한계령 길이 산을 휘감고 돌아 올라가는 거대한 한 마리 이무기 같았다.

1km를 지나는 지점까지는 오르막 경사도가 32%라지만 이후부터는 오르내림이 계속되는 길이었다.

녹음이 짙어 가는 숲에는 박새가 꽃대를 올리기 시작했고 숲속에 덩그러니 녹슨 철제 다리 하나가 놓여 있었다. 밑으로도 지나갈 수 있는데 굳이 다리를 놓은 것은 비가 많이 오면 이용할 수 있도록 설치한 모양이다.

다리를 건너 조금 더 올라가면 한계령 삼거리다. 귀때기청봉과 끝청봉으로 가는 갈림길이다. 삼거리에서 바라본 내설악의 절경이 황홀했다. 공룡능선과 용아장성이 장엄하기까지 했다.

설악산은 백두대간 서북능선과 공룡능선을 경계로 남설악과 내설악, 외설악으로 나뉜다. 대부분 화강암으로 이루어진 산으로 한계령과 미시령, 마등령 등 수많은 고개와 계곡, 폭포 등과 함께 기암절경이 수목과 어우러져 한국을 대표하는 산악미의 극치를 보여 주는 산이다.

날씨가 더없이 좋은 날, 다람쥐들이 재롱을 부리는 삼거리에서 점심을 먹고 귀때기청봉을 뒤로하고 끝청봉으로 향했다.

서북능선에서 바라본 내설악(공룡능선과 용아장성)

이제부터 지루한 서북능선길이다. 하지만 산에 들면 모든 것들이 친구다. 하늘과 구름까지도 그렇다. 산 벗들이 말을 걸어왔다. 제일 먼저 화사한 미소로 반긴 것이 인가목이었다. 빨간 해당화를 닮았다. 살짝 벌린 입술에 입을 맞추고 돌아서자 그 아래 큰앵초가 토라져 자기도 거기 있다고 올려다보고 있었고, 수줍은 병꽃과 눈개승마 꽃이 능선길 곳곳을 밝히고 있었다.

일명 강아지 바위에서 바라본 전망이 또 발길을 잡았다. 키 자랑을 하듯 우뚝우뚝 솟아 있는 바위들이 산비탈을 기어 올라가는 것처럼 보였다. 젊은이들이 위험한 바위 끝에서 탄성을 지르며 사진 찍기에 여념이 없었다. 아무리 배경이 아름답더라도 산에서 위험한 행동은 삼가야 한다.

호젓한 능선길을 지나가다 돌아보니 귀때기청봉이 점점 멀어져 갔으며 왼쪽으로는 내설악의 절경이 장엄했다. 그리고 곰배령을 품은 남설악 점봉산이 멀리서 손짓을 하고 있었다.

한계령 삼거리에서 2km쯤 지난 지점, 참나무 숲 사이로 주목이 듬성듬성 서 있었다. 그리고 조금 더 가면 너덜길이다. 매우 힘들고 위험한 길이었다. 거친 돌밭을 조심스럽게 지나자 키가 큰 잣나무 한 그루가 남설악 너머 방태산을 바라보고 있었다.

너덜길 끝에서 보기 드문 미스 킴 라일락을 만났다. 진한 향기를 내뿜고 고운 자태를 자랑하고 있었다. 소박한 미인이다. 한계령 삼거리부터 끝청봉까지 중간 지점에 이르자 피로가 몰려왔다. 너럭바위에 앉아 쉬어야만 했다. 산행 길에서는 자주 쉬면 더 힘들다. 경치가 좋은 곳에서 걸음을 멈추고 조망하면서 잠시 잠깐씩 쉬면서 천천히 가는 것이 바람직하다. 한 자리에서 오래 쉬지 말고 천천히 가야 멀리 갈 수 있다. 커피 한잔으로 피로를 달래고 다시 길을 재촉하여 도착한 곳이 끝청봉이다.

끝청봉은 바위가 듬성듬성 드러나 있는 곳으로, 탐방로 안내 표지판이 없었다면 지나칠 뻔했다. 끝청봉에서의 조망은 길게 누운 능선 너머로 가리봉과 주걱봉이 아득했다.

하지만 걱정이다. 케이블카 종착역이 조만간 이곳에 들어선다고 한다. 오색에서 올라오는 케이블카가 개통되면 환경이 파괴되는 것은 불을 보듯 뻔한 일로 환경단체에서는 강력히 반발했지만, 경제적인 이유로 결정되었다. 케이블카가 놓이면 대청봉은 덕유산 향적봉처럼 관광객들의 놀이터가 될지도 모르겠다.

다시 능선 길로 접어들자 내설악 봉우리들이 한눈에 들어왔고 용아장성 아래 봉정암이 봉황의 둥지처럼 자리하고 있었다. 그리고 멀리 중청봉 레이다 기지가 보이기 시작했다.

끝청봉부터 중청봉대피소까지는 평탄한 길이다. 고지대라 그런지 진달래가 한창이었다. 설악산은 털진달래가 유명하다.

정비는 잘 되어 있었지만 다소 가파른 길을 올라서자 중청봉대피소와 대청봉이 손에 잡힐 듯 가까웠다.

중청대피소를 지나 한달음에 대청봉으로 올라갔다. 대청봉은 지금까지 여러 번 올라갔지만 오늘처럼 바람도 없이 청명한 날은 없었다. 동쪽으로 오른쪽 봉우리가 화채봉이며, 가운데 암봉 사이로 난 길이 천불동계곡이고, 왼쪽이 공룡능선이다. 그리고 멀리 울산바위가 외로이 앉아 있고, 속초시와 동해바다가 손에 잡힐 듯 가까웠다.

외설악 천불동 계곡

언제 다시 올지도 모르는 대청봉에서 계속 눌러앉고 싶었지만 내려가야 할 시간이다. 눈잣나무(누운 잣나무) 군락지를 지나 봉정암으로 향했다.

□ 대청봉 ⇨ 봉정암

중청대피소는 설악산의 대표적인 길목이다. 대청봉으로 올라간 다음 오색으로 가는 길과 지나왔던 서북능선으로 가는 길, 그리고 소청봉에서 봉정암을 지나 백담사로 가는 길과 희운각대피소를 지나 천불동계곡 및 공룡능선으로 이어지는 길목이다.

중청대피소에서 소청봉까지는 평탄한 길이다. 소청봉에서 아래로 내려가면 봉정암을 지나 백담사로 가는 길이다.

하산 길은 매우 가팔랐다. 소청봉부터 봉정암을 지나 해탈고개까지는 급경사 내리막길이다. 그래도 하얀 인가목이 산객을 위로해 주었으며, 고사목을 휘감고 올라가는 새잎종덩굴꽃이 수줍은 듯 피어 있었다. 매발톱꽃을 닮았다. 소청대피소에서 잠시 쉬었다 30여 분쯤 내려가면 봉정암이다.

봉정암은 백담사 부속암자로 봉황이 알을 품은 듯한 형상에 자리하고 있다. 5대 적멸보궁 중 하나로, 불교도들의 순례지다.

부처님 뇌사리가 봉안되었다는 사리탑으로 올라갔다. 피곤한 몸이었지만 아내가 먼저 시작한 108배를 따라 했다. 오랜 산행으로 지칠 법도 한데 절을 하는 아내가 경이로웠다. 평소에 배드민턴으로 단련된 몸이다. 그저 고맙고 감사할 따름이다.

기도를 마치고 바라본 용아장성 뒤 낙조가 환상적이었고 황홀하기까지 했다. 예전에 보았던 밤하늘 별들도 그랬다.

절밥은 보통 맛이 있지만 봉정암 미역국은 오랫동안 기억에 남을 것 같다.

봉정암 사리탑 위에서 바라본 용아장성 낙조

□ **봉정암 ⇨ 백담사**

30여 명이 넘는 남자들이 한방에 누워 불편했지만, 추위를 피할 수 있었던 봉정암을 나와 백담사로 향했다.

새벽 5시인데도 벌써 날이 밝았다. 사자바위까지는 평탄한 길이지만 그 아래 해탈고개는 급경사 내리막길이다. 오죽했으면 해탈고개라 했겠는가. 하지만 지금은 옛날 '깔딱고개'라고 했던 것과 달리 계단을 많이 설치해 두어 위험하지는 않았다.

해탈고개를 내려오면 쌍룡폭포가 우렁차게 흘러내린다. 용들이 승천하는 모습이라는데, 왼쪽은 구곡담계곡 상류에서 내려오며, 오른쪽은 쌍폭골에서 흘러 내려온다. 하늘에서 보면 Y자형 3단 폭포라

100대 명산과 문화유산 ❶

고 한다.

수렴동대피소까지는 오르내림이 많고 계곡의 수많은 다리를 지그재그로 건너야 했지만 비교적 쉬운 길이다. 계곡 옆에는 함박꽃이 만발했으며, 조팝나무를 닮은 꽃들도 피어 있었다. 연화담에서 아침 식사를 하고 수렴동대피소로 향했다.

수렴동대피소는 구곡담계곡과 가야동계곡에서 내려온 물이 합류되는 지점에 있다. 그리고 이곳에서 조금 더 내려가 만나는 작은 고갯길이 오세암으로 가는 길목이다. 오세암에서 봉정암까지도 매우 힘든 길이다.

영시암에서 백담사까지는 산책길이다. 영실천 주변에는 소나무가 많았는데, 서북능선에서는 볼 수 없었던 소나무다.

백담탐방지원센터 앞에는 설악산을 노래한 시들을 게시해 놓았는데, 그중에서 농암 김창협(1651~1708) 선생의 '망악'을 옮겨 보았다.

望嶽 (망악) - 설악산을 바라보며

木末寄峯次第生 (목말기봉차제생)
晶熒秀色使人驚 (정형수색사인경)
誰知楓嶽香城外 (수지풍악향성외)
更有山如削玉成 (갱유산여삭옥성)

나무 끝 기이한 산이 차례로 나오는데
수정처럼 고운 빛 사람을 놀라게 하네.
누가 알았으랴 풍악산 중향성 외에
옥을 깎아 세운 산이 또 있을 줄을,

대한불교조계종 제3교구 본사인 신흥사 말사인 백담사 답사를 마치고 서틀버스를 타고 용대리로 갔다. 서틀버스에서 내려 서둘러 버스터미널로 걸어갔지만 서울행 버스는 한 시간 후에나 있다고 했다.

이른 점심으로 용대리의 명물 황태해장국을 먹고 귀가했다.

설악산과 버킷리스트

1박 2일 일정으로 설악산에 다녀왔다. 설악산은 지리산 다음으로 많이 올라갔던 산이다.

40여 년 전 처음으로 올라갔던 길은 밋밋하고 지루했던 오색 코스다. 다음이 천불동 계곡길이다. 비선대에서 무너미고개까지 기암 절경을 감상할 수 있는 인기 있는 코스다. 그리고 비선대에서 마등령을 거쳐 공룡능선을 넘는 길이 가장 험하고 힘들었다.

백담사에서 봉정암을 거쳐 대청봉으로 가는 길은 오세암으로 돌아가는 길과 쌍룡폭포를 거쳐 가는 길이 있지만 후자가 더 쉽다. 그리고 이번에 백두대간 서북능선을 타고 갔으니 정상으로 가는 길을 거의 밟아 본 셈이다.

하지만 장수대나 12선녀탕에서 대승령을 지나 귀때기청봉으로 가는 길과 오세암에서 마등령을 넘어가는 길은 밟아 보지 못했다. 그리고 단풍이 아름답다는 흘림골(주전골) 코스는 미답 구간으로 남겨 두었다.

대청봉으로 가는 길은 마라톤만큼이나 어렵고 힘들다. 같은 거리라면 산행이 마라톤보다 더 힘든 것 같다.

내가 달리기를 시작한 것은 40대 중반, 체력 저하를 경험했기 때문이다. 이후 24년 동안 달려오면서 35회에 걸쳐 마라톤 대회에도 참가했으며, 지구 한 바퀴 상당의 거리인 '4만km 달리기'를 나의 버킷리스트로 정하고 달렸다. 그리고 그 목표를 이번에 달성했다. 그동안 꾸준히 달릴 수 있었던 것은 절대 무리하지 않았고, 매월 달리고자 하는 목표(거리)를 정해 놓고 달렸기 때문이다. 그리고 운동 후에는 '달리기 일지'를 써 왔기 때문에 자신을 속이지 않고 계획적으로 달릴 수 있었던 것이다.

사람은 살면서 자신만의 삶의 목표를 정하고 사는 것이 바람직하며, 아무리 어렵고 힘든 일이 있더라도 자기 자신을 속이지 말고 최선을 다해야 한다. 그리고 건강 관리에 만전을 기해야 한다. 건강해야만 하고 싶은 일도 할 수 있는 것이다. 나는 매우 약한 몸으로 태어났지만 히포크라테스나 노자, 「동의보감」의 저자 허준 선생이 말했듯이 평소 섭생(攝生)을 잘하려고 노력했기 때문에 가능했던 일이다.

이제, 저 앞에서 또 다른 나의 버킷리스트가 기다리고 있다.

점봉산(곰배령)

點鳳山, *1,424m*

설악산 국립공원

점봉산은 설악산국립공원 남설악에 속하지만 정상은 2026년까지는 갈 수 없다. 1982년 유네스코가 생물권 보전 지역으로 지정했기 때문이다. 그러므로 '천상의 화원'이라고 불리는 곰배령까지만 갈 수 있다.

산행 노정

2023.5.7. (일) 흐림

코스 난이도: ★★☆☆☆

순환 11km 5시간(산행 4:20, 휴식 00:40)

점봉산생태관리센타
(09:20) ⇨ 강선리
(10:05) ⇨ 곰배령
(11:20~12:00) ⇨
철쭉군락지(13:10) ⇨
원점 회귀(14:20)

산행 일지

□ 강선리주차장 ⇨ 곰배령 ⇨ 원점 회귀

　서울양양고속도로 서양양 I/C를 벗어나 418번 지방도를 타고 급커브 길을 올라가면 백두대간 조침령 터널이다. 그리고 이어지는 방태천을 따라가면 삼팔선 표지석을 지나게 되는데, 봄꽃들이 이제 한창이었다.
　중부지방에서는 이미 한 달 전에 피었던 라일락과 조팝나무꽃, 겹벚꽃 그리고 늦어도 한참이나 늦은 홍매화도 피었다. 또한 이름을 알 수 없는 교목에도 하얀 꽃이 한창이었다.
　강선리 주차장에는 이른 시간인데도 많은 차들이 들어와 있었고, 단체 탐방객을 태운 관광버스가 줄지어 서 있었다. 당초 10시 예약이었으나, 일찍 도착하여 신분증을 제시하고 입장해도 별다른 제재는 없었다.
　곰배령까지 가는 길은 세 갈래다. 강선리에서 출발하는 1, 2코스와 반대편 귀둔리에서 곰배골을 따라 올라가는 길이 있다. 강선리 2코스는 1코스보다 어려워 주로 하산할 때 이용한다.
　앙증맞은 나무 인형이 앉아 있는 점봉산생태관리센터 앞으로 계곡물이 제법 힘차게 흘러내렸다. 연일 계속된 비로 물이 불었기 때문이다. 이 물은 방태천을 지나 남대천으로 흘러간다.
　탐방로 입구에서 평탄한 길을 따라 올라가다 제일 먼저 만난 꽃이 염주괴불주머니꽃이다. 그리고 계곡을 끼고 올라가는 길에서 진달래와 나도개감채, 개별채, 벌깨덩굴, 광대수염을 만났으며, 이름을 알 수 없는 꽃들도 조잘대고 있었다.

울창한 소나무밭 사이를 지나면 강선리 마을이다. 매점과 화장실이 있는 쉼터다. 마을을 지나자 노란 피나물꽃이 인사하듯 고개를 숙이고 있었다.

첫 번째 다리를 건너면 검문초소다. 입구에서 받았던 허가증을 제시하고 오른쪽으로 올라가면 곰배령으로 가는 평탄한 길이다. 꽃들을 촬영하고 이름을 검색하느라 시간이 지체되었다. 길섶에는 관중 고사리들이 무더기로 피어나기 시작했고, 인영초가 하얀 사태를 드러냈다. 우아하고 기품이 있는 꽃이다.

망원렌즈 카메라를 맨 사람들이 숲에서 나왔다. 그들은 야생화를 찍기 위해 무단으로 들어갔던 것 같다. 하지만 탐방로 외에는 입산 금지다. 꽃들이 한창 피기 시작하는 때이기 때문이다. 그들의 발밑에서 수많은 꽃들이 짓이겨졌을 것이다.

곰배령을 1/3쯤 남겨 둔 지점에서 또다시 계곡을 건너야 했다. 계곡을 넘나들며 탐방로가 설치되어 있기 때문이다. 계곡물은 작은 폭포를 이루며 흘러내렸다.

홀아비바람꽃이 모습을 드러냈다. 하얀 모습이 이름과 달리 앙증맞았다. 고도가 높아서 그런지 신갈나무는 이제 막 새순을 내기 시작했다. 그러나 이름을 알 수 없는 나무에도 꽃이 피었는데, 그 아래 흰털괭이눈이 숨어 꽃망울을 맺고 있었고, 성질 급한 곤충이 꿀을 찾고 있었다.

곰배령까지는 계곡을 넘나들며 올라가기 때문에 세 번째 다리를 건너야 했다. 탐방로는 흘러내린 물로 질척거렸다. 여기서부터는 제법 힘든 구간이다.

이른 시간에 올라갔던 탐방객들이 내려오기 시작하여 길이 혼잡했으며, 계곡물이 폭포수처럼 흘러내려 탐방객들이 사진 찍기에 바빴다.

동의나물 노란 꽃도 무더기로 피어 있었다. 동의나물은 곰취와 비슷하지만 독성이 있다. 봄에 산에서 나는 나물은 모두 보약이라지만 함부로 섭취하면 큰일을 당할 수 있으니 신중해야 한다.

얼레지가 모습을 드러냈지만 하나같이 꽃잎을 닫고 있었고 옆에는 현호색도 피어 있었다. 대부분 봄꽃들은 노랑이거나 흰색이 많은데, 닭의장풀처럼 파랗게 피어 있어 신비롭기까지 했다.

인위적으로 식재한 것같이 넓게 펼쳐진 홀아비바람 꽃밭을 지나면 곰배령(해발 1,164m)이다. 곰의 뱃바닥을 닮았다고 한다. 인증 사진을 찍기 위해 줄을 서 있었지만 바람이 심하게 불었고, 5월인데도 추워서 덧옷을 꺼내 입어야만 했다.

곰배령 표지석 앞에서 인증 사진을 찍기 위해 늘어선 탐방객

하산은 2코스로 방향을 잡았다. 왔던 길로 되돌아가는 것은 지루

할 뿐만 아니라 또 다른 꽃들이 기다리고 있기 때문이다. 길가에는 노랑제비꽃이 피어 있었고, 회리바람꽃은 반만 피었다. 쉼터에서 건너다보이는 산이 작은 점봉산이며, 그 너머가 점봉산 정상이다. 그리고 멀리 보이는 산이 설악산이다.

1코스는 계곡을 따라 올라가는 길인 반면 2코스는 능선길이다. 2코스 길가에는 잎이 넓은 박새가 드넓게 자라고 있었다. 꽃이 피면 장관이겠다. 주목 군락지를 지나면 얼레지 꽃밭이다. 얼레지는 치맛자락을 살짝 들어 올려 속살이 보여야 예쁘지만 연일 많은 비가 내렸고, 흐려서 그런지 고개를 숙이고 있었다.

내리막 경사가 심한 길을 지나면 철쭉 군락지다. 지금이 제철이라는데 고지대에는 피지 않았고 한참을 내려가자 연분홍 고운 자태를 드러내며 드넓게 피어 있었다.

생태관리센터를 2km 앞둔 지점부터 산대나무가 울타리를 치고 있었고, 급경사 내리막 계단을 내려서자 계곡물 소리가 반가웠다. 그리고 큰앵초 빨간 꽃이 화사하고 예쁘게 피어 있었다. 왼쪽 계곡을 끼고 내려가는 길은 거친 돌밭길이다. 5시간의 산행을 마치자 탐방센터 앞 금낭화가 지친 몸을 위로해 주었다.

점봉산(공배령)과 그 이웃들

□ 천상의 화원

산과 이웃해 사는 것은 사람만이 아니다. 수많은 생물들이 서로 어깨를 비비며 살아가고 있다. 그들이 사는 모습을 관찰하고 이야기하며 천상의 화원 곰배령 답사를 마쳤다.

염주괴불주머니	나도개감채	개별채	벌깨덩굴
광대수염	피나물	연영초	홀아비바람
흰털괭이눈	동의나물	얼레지	현호색
노랑제비	회리바람	큰앵초	금낭화
너도바람꽃	쥐오줌풀	풀솜대	미나리냉이

하지만 이번 답사 길에서 만나지 못한 꽃들도 수없이 많았을 것이
며, 만났더라도 이름을 몰라 그 이름을 불러 주지 못한 꽃들이 부지

기수였다.

김춘수 시인은 「꽃」이라는 시에서 '그의 이름을 불러 주었을 때 꽃이 되었다'고 했다. 답사 전에 야생화에 대하여 더 많은 공부를 하고 갔어야 했는데, 아쉬움이 크다. 특히 봄철 곰배령을 대표하는 꽃이 모데미풀꽃이라는데, 보지 못했다. 우리나라 고유종이지만 개체 수가 많지 않다고 했다. 꽃말이 '아쉬움'이라 그런지 더욱 아쉽다.

우리는 살아가면서 모든 현상이나 사물에 대하여 다 알 수는 없다. 하지만 어떤 일을 앞두고는 그 분야에 대하여 충분히 공부를 해야 한다. 그래야만 아쉬움과 시행착오를 줄일 수 있다.

귀갓길은 조침령을 넘어가지 않고 방태천을 따라 현리로 돌았다. 현리에서 소양강으로 흘러드는 내린천을 끼고 돌아 인제 I/C로 들어갔다. 하지만 고속도로는 3일 연휴 끝인 데다 공사로 인하여 차로 하나가 줄어들어 엄청난 교통 정체를 경험해야 했다. 갈 때보다 배가 넘는, 4시간 반이나 걸렸다.

오대산

五臺山, *1,563m*

오대산 국립공원

백두대간에 자리한 오대산은 1975년 국립공원으로 지정되었으며, 소금강 지구는 명승 제1호다. 국내 제일의 산림지대로 산세가 좋고 월정사, 상원사 등 명찰이 산재해 있어 불교 성지로 알려져 있다.

산행 노정

2022.10.13. (목) 맑음

코스 난이도: ★★★☆☆

순환 15km 7시간(산행 05:50, 휴식 01:10)

상원탐방지원센터(06:35) ⇨ 적멸보궁(07:35~08:05 조식) ⇨ 비로봉(09:10~09:25) ⇨ 상왕봉 (10:25) ⇨ 두로령(11:30~11:45) ⇨ 미륵암(12:10~12:20) ⇨ 원점 회귀(13:35)

산행 일지

□ 상원탐방지원센터 ⇨ 비로봉

여명의 시간, 월정사 아래 펜션을 나와 안개 자욱한 오대산로(선재길)를 따라 상원사주차장에 차를 대고 산행을 시작했다. 상원사에서 중대 사자암으로 가는 길은 두 갈래지만 가파른 비탈길을 따라 올라가면 길옆으로 석등이 줄지어 서 있다. 핼러윈 축제에 쓰이는 호박등을 닮았다. 암자까지 올라가는 길을 밝혀 주는 모양이다.

가파른 길을 30여 분쯤 올라가면 비교적 평탄한 길로 이어진다. 하지만 이곳이 벌써 해발 1,100m 고지다.

사자암 비로전 너머 산등성이 단풍이 절집 기와지붕과 묘한 조화를 이루고 있어 매우 아름다웠다. 법당 앞 돌계단의 소맷돌 위에는 사자 두 마리가 노려보고 있는데, 불법을 수호하기 위함일 것이다.

적멸보궁까지는 돌계단을 따라 올라가야 했지만 급경사가 아니라 쉽게 오를 수 있었다. 계단 옆에는 연등이 걸려있어 밤에 오면 좋을 것 같다.

계단에는 50개마다 숫자가 적혀 있는데, 600개의 계단을 지나면 적멸보궁이다. 부처의 진신사리가 전각 뒤 어딘가에 모셔져 있다고 한다. 그래서 이곳에는 불상이 없다. 전각 뒤에는 탑 모양을 새긴 작은 비석이 서 있을 뿐이다.

보물 제1995호로 지정된 적멸보궁에는 '세존진신탑묘'라는 붉은 현판이 걸려 있다. 이곳은 여러 번 방문했지만 오늘처럼 날씨가 맑고 조용한 날은 없었다.

적멸보궁 답사를 마치고 아침 식사를 한 다음 비로봉으로 향했다. 잠시 내리막 흙길이 이어졌지만 비로봉까지는 1.5km를 더 올라가야 했다. 오르막 경사도가 35%나 되는 힘든 길이었다.

공원 지킴터를 지나면서부터 다시 오르막길이다. 길옆에는 구급함이 비치되어 있는 것으로 보아 조심해야 할 모양이다. 아침에는 제법 쌀쌀했던 날씨가 풀려 겉옷을 벗어야만 했다.

정상으로 가는 길에는 군데군데 아직 단풍이 남아 있었지만 대부분 지고 없었다. 정상을 400여 미터쯤 남겨 놓은 지점부터 가파른 나무 계단이 시작되었다. 굽이돌아 올라선 계단 끝이 비로봉이다. 조망이 환상적이었다. 바람 한 점 없는 맑은 하늘 아래 높고 낮은 영봉들 사이로 운무가 밀물처럼 피어올랐다.

정상에서는 상왕봉과 두로봉, 동대산, 호령봉 등을 내려다볼 수 있는데, 정상 비로봉을 비롯하여 다섯 개의 봉우리가 연꽃 모양으로 둘러싸고 있다.

비로봉에서 바라본 운해

□ 비로봉 ⇨ 상왕봉 ⇨ 두로령

비로봉을 뒤로하고 상왕봉으로 향했다. 상왕봉까지 약 2km 구간은 표고차가 불과 70여 미터밖에 되지 않는, 거의 평지에 가까운 길이다. 동네 뒷산을 산책하는 느낌이 들 정도였다. 하지만 길이 미끄러워 조심해야 했고, 산을 오르기 전부터 좋지 않았던 무릎을 보호하기 위하여 보호대를 착용해야만 했다.

길섶 응달진 곳에는 며칠 전에 내렸던 눈이 남아 있었고 길가의 야생화는 이미 지고 꽃대마저 말라 버렸다. 제철이었다면 참으로 아름다운 길이었을 것이다.

이 지역은 주목나무 군락지다. 수백 개가 넘는 아름드리 주목은 거대하게 자랐으며, 나무마다 명찰을 달고 있었다.

그러나 숲에는 주목만 있는 것은 아니었다. 자작나무를 닮은 은빛 거제수나무가 눈이 부셨다. 이 나무도 주목 못지않게 군락을 이루고 있었고, 고목이 된 참나무 등 다양한 수종이 자리하고 있었다. 이곳이 국내 제일의 산림지대라고 하더니 실감이 났다.

상왕봉에서 내려다보이는 조망은 장엄했다. 산등성이마다 단풍으로 물들어 있었다.

상왕봉을 지나면서부터 급한 내리막길이다. 벌써 낙엽이 쌓여 미끄러웠다.

상왕봉 삼거리에서 두로령으로 가는 길과 북대 미륵암로 가는 길이 갈라진다. 이정표가 헷갈려 잠시 헤맸지만 두로령으로 방향을 잡았다. 직접 미륵암으로 내려가면 밋밋할 것 같았기 때문이다. 잠시 오르막길이 이어지더니 가파른 내리막길이 계속되었다.

해발 1,310m의 두로령으로 내려서자 임도가 모습을 드러냈다. 이 길은 상원사에서 홍천군 내면까지 이어지는 산간 도로다. '백두대간 두로령'이라는 거대한 비석이 길가에 서 있었다. 백두대간의 마루금이 지척에 있는 두로봉을 지나기 때문이다. 두로봉을 너머 진고개를 건너면 노승봉이다. 노승봉 아래가 우리나라 명승 제1호인 소금강이다.

소금강은 기암 절경과 계곡이 어우러져 금강산을 보는 듯하다 하여 소금강이라 불린다. 과거에 구룡폭포까지만 다녀왔었다. 소금강의 화려한 단풍을 마음에 그리며 임도를 따라 북대 미륵암으로 향했다.

□ **두로령** ⇨ **상원탐방지원센터**

두로령에서 상원사까지는 평균 내리막 경사도가 16%인 완만한 길이다. 산 위에는 단풍이 이미 졌지만 임도 주변으로는 아직 한창이었다. 그리고 햇볕이 잘 드는 길섶에는 쑥부쟁이도 피어 있었다.

길옆에 자리한 북대 미륵암은 신라 중기에 창건되었다고 한다. 과거에는 너와지붕의 작은 암자였지만 지금은 현대식으로 불사를 크게 하여 낯설었다.

영산전에 모셔진 채색 나한상이 이채로웠으며 법당에서 바라본 '나옹대' 너머 조망이 아름다웠다. 이 암자는 고려 말 선승 나옹화상도 한때 머물렀다고 한다. 나옹화상 혜근(1320~1376)의 청산가를 읊조리며 상원사로 갔다.

靑山歌 (청산가)

청산은 나를 보고 말없이 살라 하고

창공은 나를 보고 티 없이 살라 하네
성냄도 벗어 놓고 탐욕도 벗어 놓고
물 같이 바람 같이 살다가 가라 하네

나는 산에 다니면서 주요 사찰에 들러 참배를 하고 있지만, 경우에 따라서는 천주교성당에 가면 예수와 마리아님께 기도도 한다.

주제넘은 이야기지만 종교는 한자로 으뜸 '宗'에 가르칠 '敎'다. 최고의 가르침인 것이다. 그러므로 사이비 종교가 아니라면 편견을 가지고 어떤 종교가 옳고 그르다고 이야기하는 것은 어불성설이다.

자기 마음이 가는 데로 가면 되는 것이고, 성인의 가르침을 받아 믿고 살아가는 것이 행복이라고 생각한다.

월정사 스님들처럼 인근 성당 신부님들과 교회 목사님들과 어울려 축구를 하며 서로의 종교를 인정하고 존중하는 아름다운 모습을 보이는 것이 종교인의 자세라고 생각한다.

사람은 종교를 가지고 생활해야 한다는 것은 알지만 아직도 종교 생활을 하지 못함은 진실한 마음을 내지 못했기 때문이다.

북대 미륵암부터 상원사 주차장까지는 십 리가 넘는 밋밋한 임도다. 계속되는 내리막길로 지루하고 피곤했지만 아내와 실없는 농담도 하고 단풍 구경도 하면서 천천히 산을 내려와 차를 몰아 월정사로 향했다.

상원사에서 월정사까지 오대천 계곡을 따라 이어지는 선재길에는 막바지 단풍이 불타는 듯했다. 오대천에는 수달과 열목어가 살고, 상원사 일대에는 장수하늘소가 서식하는 생태계의 보고다.

그리고 오대산 수계는 남으로는 오대천이 조양강과 동강을 거쳐 남한강으로 흘러가고, 동으로는 지천이 양양 남대천으로 흘러가며, 북서쪽으로는 내린천이 소양강을 거쳐 북한강으로 흘러간다.

오대산과 그 이웃들(강릉)

□ 오죽헌 - 보물 제165호

강릉 오죽헌은 잘 알려진 바와 같이 신사임당과 율곡 이이 선생의 탄생지다. 자경문을 들어서면 왼쪽에는 오죽헌(몽룡실)이 자리하고 있으며, 정면에는 문성사가 내려다보고 있다. 그리고 오른쪽에는 600년이 넘었다는 배롱나무가 눈길을 끈다. 또 오죽헌 옆에는 매화나무(율곡매)가 자리하고 있는데, 이 나무들은 율곡 선생이 태나기 전부터 있었다고 하니 선생이 자라는 것을 보았을 것이다.

문성사에 모셔진 율곡 선생 영전에 향을 올린 후 오죽헌의 상징인 대나무(오죽)밭을 끼고돌아 단아한 구옥으로 향했다. 구옥 기둥에는 추사 선생의 필적을 판각한 주련이 10개나 걸려 있다. 주련 중 '種花春掃雪(종화춘소설), 看籙夜焚香(간록야분향), 봄이면 눈을 쓸어 꽃을 심고, 밤이면 향을 사르고 책을 읽는다.'라는 구절에서 선생의 생전 모습을 상상할 수 있었다. 구옥 주변을 답사한 후 밖으로 나와 오천 원권 지폐 사진 배경인 포토 포인트에서 기념사진을 찍고 답사를 마쳤다.

신사임당은 어머니의 표상이며 화가로 잘 알려져 있지만 율곡 선생은 왜 세인들의 추앙을 받을까? 선생의 『행장기(行狀記)』를 읽어 보면 선생은 교육자이며 철학자이고, 경세가로서 백성을 근본으로 정치를 해야 한다고 했다. 그리고 정치, 경제, 사회 개혁을 추진하셨고, 임진왜란을 앞두고 10만 양병설을 주장하는 등 미래를 내다볼 수 있는 혜안이 탁월했다. 또한 많은 책을 저술함은 물론 후학 양성에 매진하셨기 때문이다.

□ 초당 고택

오죽헌에서 멀지 않은 바닷가에는 복원한 초당동 고택이 있다. 허초희(난설헌)의 탄생지다. 허난설헌은 잘 알려진 바와 같이 조선 3대 여류시인 중 한 명이다. 그녀는 초당 허엽 선생의 딸로 태어났

으며, 어렸을 때부터 총명하여 그녀의 문집이 명나라와 일본에서도 인정을 받았다고 한다.

하지만 혼인 후 연이은 불행이 시작됐는데 일설에 의하면 남편 김성립과의 불화와 고부간의 갈등이 심했다고 하며 어린 자식들을 연이어 잃은 후 득병하여 요절했다. 세간에는 남편의 재주와 외모가 변변치 못하여 갈등이 있었다고 하지만 그도 과거에 급제하였으며 왜란 때 전사한 후 참판으로 추증되었으니 그녀가 정부인이 될 수 있었다. 생각해 볼 일이다.

그리고 허엽의 다른 자식들도 재주가 뛰어났다는데 자신과 세 아

들 그리고 허난설헌을 포함하여 '양천 허 씨 오문장'이라 칭송을 받았지만 허균이 역적으로 몰려 집안이 몰락했다.

그녀의 작품 중 자식을 잃고 쓴 〈곡자〉가 잘 알려져 있지만 고택 앞에 세워진 시비(詩碑)에는 죽지사(소악부) 한 편이 소개되어 있다. 이 시는 결혼 후 고향을 그리워하며 자신의 한을 노래한 것으로, 읽는 이의 가슴을 먹먹하게 한다.

강릉은 초당두부가 유명하다. 이 두부는 초당 허엽 선생의 집에서 만들어 먹었던 것이라고 알려져 있으며, 간수 대신 바닷물을 사용하기 때문에 부드러운 것이 특징이다.

강릉에 가면 항상 들렀던 원조 초당두부집에서 저녁을 먹으려고 했으나 당일 재료가 떨어져 장사가 끝났다고 하여 인근 식당에서 순두부 백반을 먹고 경포대로 향했다.

□ **경포대** - 명승 제108호

| 경포대 야경 | 경포호와 만월 |

경포대는 1745년(영조 21년)에 건축되었으며, 정면 5칸, 측면 5칸의

팔작지붕 건물로 경포호수가 내려다보이는 언덕에 자리하고 있다. 현판 글씨가 호방한데 한성판윤을 지낸 이익회의 글씨라고 한다. 그리고 안에 걸린 제일강산(第一江山)은 第一과 江山의 필체가 다른 것이 특이하다.

경포대 달은 하나가 뜨는 것이 아니라 5개가 뜬다고 하는데, 하늘에 뜨는 달 이외에 바다와 호수, 술잔에 뜬다고 했다. 그리고 임의 눈에도 뜬다고 했으니 얼마나 낭만적인 표현인가.

경포대는 여러 번 갔었지만 달이 뜨는 모습은 볼 수가 없었다. 경포대의 달은 강릉 사람이 아니면 보기가 어렵다. 우선 날씨가 좋아야 하고, 시기가 보름 즈음이어야 하며, 달이 뜨는 시각을 잘 맞추어야 하기 때문이다.

그러나 이번에는 날씨도 좋았으며 보름 즈음이라 약간 기울기는 했지만 떠오르는 달을 볼 수 있었다. 거대한 애드벌룬처럼 바다에서 떠오른 달의 모습이 경이롭기까지 하였다. 하지만 관광지 조명이 워낙 밝았기 때문에 위에서 말한 낭만은 없었다.

조명이 화려하게 비친 경포대를 내려와 내일 오대산 등산을 위하여 월정사 아래 펜션으로 차를 몰았다.

계방산

桂芳山, 1,577m

오대산 국립공원

오대산국립공원에 속하며 남한에서 다섯 번째로 높은 산이지만, 산행은 어렵지 않다. 오대산과 백두대간을 한눈에 조망할 수 있으며, 겨울철 설경이 백미다. 명소로는 운두령과 방아다리 약수가 있다.

산행 노정

2023.10.24. (화) 맑음

코스 난이도: ★★☆☆☆

왕복 8km 3시간 55분(산행 3:35, 휴식 00:20)

운두령 쉼터 주차장(08:00) ➡ 쉼터(08:45) ➡ 전망대(09:30) ➡ 정상(09:55~10:15) ➡ 전망대(10:35) ➡ 쉼터(11:05) ➡ 원점 회귀(11:55)

산행 일지

□ 운두령 주차장 ⇨ 정상 ⇨ 원점 회귀

서리가 내린다는 상강(霜降), 새벽길은 안개가 심하게 끼어 매우 조심스러웠다. 영동고속도로 속사 I/C를 벗어나 길고도 지루한 운두령길 고갯마루에 올라서니 대형 풍력발전기가 힘겹게 돌아가고 있었고, 임산물 매장 주차장은 적막하기 그지없었다. 겨울 산행으로 인기가 높은 산이라 아직은 비수기이기 때문이다.

운두령에서 시작한 등산로는 계단을 올라서면서부터 밋밋한 산길이다. 고도가 높아 단풍은 대부분 졌지만, 마른 단풍일지라도 아직 나무에 붙어 있는 것들이 있어 늦가을의 정취를 느낄 수 있었다.

1km쯤 지나면 물푸레나무 군락지다. 이 나무는 야구방망이를 만드는 데 사용된다고 한다. 그리고 조금 더 가다 보면 '거제수나무'라는 명찰을 달고 있는 나무를 만날 수 있는데, 영락없이 자작나무를 닮았다. 자작나무과 식물이라고 한다. 하얀 수피가 자작나무와는 다르게 매우 얇았다.

초반 산행 길은 높지는 않지만 여러 개의 고개를 오르고 내려가야만 했다. 대부분 돌이 없는 흙길이다. 하지만 2km쯤 지나면 쉼터다. 그리고 이어지는 가파른 돌밭길을 지나 360개의 계단을 올라가야 했다.

계단을 보수하는 공사장에는 외국인들도 많았다. 대부분 동남아에서 온 사람들이다. 가족이 그립다는 그들과 몇 마디를 나누고 계단 끝에 올라섰지만 전망대는 한참을 더 올라가야 했다. 가장 힘든 구간이다.

전망대에서는 백두대간의 장엄한 능선을 한눈에 볼 수 있었다. 엷은 안개 너머로 아득히 보이는 백두대간과 설악산, 그리고 오대산이 건너다보였다.

이곳은 야광나무 군락지다. 5월에 하얀 꽃이 일시에 피어 마치 불을 밝히는 것 같다고 하여 얻은 이름이라고 한다.

전망대에서 한참을 내려간 다음 헬기장을 지나면 다시 오르막길이고, 그 끝이 정상이다. 철쭉나무 군락지로 봄이면 장관이겠다. 그리고 간간이 서 있는 주목이 늠름한 자태를 자랑하고 있었다.

정상에서는 사방 조망이 가능했지만 엷은 안개가 훼방을 놓았다. 그래도 가까운 오대산 비로봉과 그 능선은 선명히 볼 수 있었다. 바람이 심하게 부는 정상에서 하산하는 길은 세 갈래지만 왔던 길로 내려왔다.

전망대에서 바라본 오대산

다시 전망대로 돌아와 내려가는 길가에는 유독 키가 작은 산죽이

온 산을 뒤덮고 있었다. 낙엽이 진 황량한 산을 파랗게 덮고 있어 운치도 있었지만 생태계 파괴의 주범이라고 한다.

계방산은 신갈나무 군락지로도 유명하다. 우리나라 어느 산에서나 볼 수 있는 친근한 나무다. 옛날에 먼 길을 갈 때 신갈나무 잎을 짚신 속에 넣고 다녔다고 해서 이름을 얻은 나무다.

낙엽이 쌓인 호젓한 길을 걷노라면 어릴 때부터 좋아했던 로버트 프로스트의 시(詩) '가지 않는 길'이 생각나곤 한다.

길은 가다가 갈라지기 마련이고 또 그 길은 수많은 길을 만나고 갈라진다, 하지만 우리는 그 모든 길을 다 갈 수는 없다. 인생길도 마찬가지다. 삶의 갈림길에서 망설이지 않은 사람은 없을 것이다. 어떤 길이 더 가치 있고 풍요로울 것인지를 고민하다가 결국 하나의 길을 택하여 가는 것이다.

선택한 길이 가치 있고 아름다운 길이라고 할지라도 힘들지 않은 길은 없다. 그러므로 일단 가기로 했다면 최선을 다해서 가야 한다.

나는 형제들과 다른 길을 택했기 때문에 고생을 했지만 후회한 적은 없다. 그 고생길은 돌아보면 많은 것이 달라지게 했던 보람의 길이었다.

아직 단풍이 남아 있는 숲속을 지나 산을 내려와 로버트 프로스트의 시 「가지 않은 길」 한 구절을 읊조리며 운두령으로 내려갔다. '노란 숲속에 두 갈래 길이 있었다. 나는 사람들이 덜 다니는 길을 택했다고, 그리고 모든 것이 달라졌다고….'

계방산과 그 이웃들

□ 운두령

국도 31호 상에 있는 운두령은 평창군과 홍천군을 경계로 하는 고개로 해발 고도가 1,089m다. 자동차로 올라갈 수 있는 국도 중 가장 높은 곳에 위치한다.

운두령은 구곡양장, 험하고 가파른 길을 굽이돌아 올라가야 하기 때문에 겨울에는 어려울 수도 있겠다. 고갯마루에는 평창과 홍천 부녀회에서 운영하는 매점이 있고 계방산으로 올라갈 수 있는 길이 있어 많은 등산객들이 찾고 있다.

속사 I/C에서 운두령으로 올라가는 길가에는 이승복 기념관이 자리하고 있다. 이승복은 한때 반공 아이콘으로 대부분의 초등학교에 동상이 세워졌으며, 기념관은 수학여행 단골 코스였다. 가난한 산촌 어린이가 무장공비의 만행에 가족과 함께 학살당했기 때문이다. 하지만 이후 이승복의 말이 언론에 의해 조작되었다는 보도와 이념의 퇴색으로 지금은 찾는 사람이 거의 없다.

그리고 운두령 인근에는 송어횟집이 많다. 송어는 연어과 어종으로 속살이 소나무처럼 붉기 때문에 붙어진 이름이다. 맑고 차가운 물에서 서식하는 송어는 평창에서 양식에 성공했기 때문에 대중화되었다. 민물고기는 기생충 감염의 위험이 있다고 하지만 양식은 숙주인 우렁이가 없기 때문에 안심해도 된다고 한다.

계방산 등산을 마치고 운두령 아래 식당에서 송어회와 내운탕을 먹고 방아다리 약수터로 향했다.

□ 방아다리 약수

방아다리 약수터는 오대산국립공원 계방산 서북쪽 전나무 숲에 자리하고 있다. 조선 숙종 때 발견되었다고 한다. 탄산과 철분 등 무기물이 다량 함유되어 있어 위장병과 신경통, 피부병에 특효가 있다고 알려져 있다. 입장료를 내고 아름다운 전나무 숲속으로 들어가면 약수터가 있다. 물맛은 탄산 특유의 '톡' 쏘는 맛이 강했으며, 주변은 철분의 영향으로 붉게 물들어 있었다.

한때 방아다리 약수터를 검색해 보면 밀브릿지(MillBridge)라고 표시된 적이 있었다. 아마 방아다리를 영어로 표현한 모양이다. 하기야 요즘은 영어로 표시해야 관심을 더 끌고 고급스럽게 보이기 때문인지도 모르겠다.

이처럼 순수한 우리말을 외국어로 표시한 예는 오늘만의 일은 아니다. 순우리말을 한자로 표기한 예는 전국 곳곳에 너무나 많다. 남한강과 북한강이 만나는 곳이 두물머리인데 양수리(兩水里)라고 표기하는 것처럼, '두물머리' 얼마나 정감 있고 예쁜 이름인가.

우리말을 한자로 표기하기 시작한 것이 언제부터인지는 모르지만 일부 학자들은 고산자가 대동여지도를 만들면서 쓰기 시작했다고도 하고 일제 강점기 때 토지대장을 정리하면서부터라고도 한다. 그러나 이제 한자를 쓰지 않는 시대이기 때문에 우리말로 된 옛 이름을 되찾아 가면 좋겠다.

우리가 무의식적으로 외래어를 쓰고 있지만, 걱정스러운 것은 우리말 지명을 외국어로 표현해야 더 고급스럽고 멋있다는 생각으로 쓰이고 있다는 것이다. 그러니 생각해 볼 일이다. 언젠가는 방아다리 약수가 '밀브릿지 미네랄워터'라고 부르게 될지도 모를 일이다.

치악산

雉岳山, 1,288m

치악산 국립공원

영월지맥에 속한 산으로, 주봉은 비로봉이며 산세가 험하다. 상원사를 배경으로 한 꿩과 구렁이의 전설이 전해지면서 치악산으로 불렸다. 1984년 국립공원으로 지정되었는데, 구룡사 등이 유명하고 정상 돌탑이 이채롭다.

산행 노정

2022.2.26. (토) 맑음

코스 난이도: ★★★☆☆

왕복 8km 5시간 10분(산행 04:40, 휴식 00:30)

황골주차장(07:55) ⇨
입석사(08:30) ⇨
깔딱고개(09:10) ⇨
황골삼거리(09:45) ⇨
쥐너미고개(10:00) ⇨
비로봉(10:30~10:40) ⇨
비로봉삼거리
(10:55~11:15) ⇨
입석사(12:35) ⇨
원점 회귀(13:05)

산행 일지

□ 황골탐방지원센터 ⇨ 비로봉 ⇨ 원점 회귀

　원주의 진산 치악산은 구룡사에서 올라가는 것이 일반적이지만 상원사부터 주능선을 종주하는 코스와 황골과 부곡탐방지원센터에서 올라가는 코스도 있다.

　황골탐방지원센터 코스는 치악산 등산로 중 가장 짧다. 주차장부터 입석사까지 1.6km 구간은 포장도로지만, 쉽게 올라갈 수 있을 것이라는 생각은 착각이다. 은근한 오르막길을 30분 이상 굽이돌아 올라가야 하기 때문이다.

　게다가 겨울이라 계곡물도 얼어붙어 황량하기 그지없었다. 그러므로 지루한 도로의 단조로움이 등산을 하기도 전에 진을 빼놓았다.

　입석사 옆에 우뚝 솟은 바위가 입석대다. 절 이름이 이 바위에서 유래된 것으로 생각된다. 그리고 입석대에는 단아한 마애좌불이 모셔져 있는데, 고려 전기에 조성했다는 명문이 있는 것으로 보아 입석사도 역사가 오래된 고찰임이 틀림없다. 하지만 대웅전은 30여 년 전에 새로 지었다고 한다.

　입석사부터 본격적으로 산행이 시작되었다. 탐방로 게이트부터 600여 미터를 더 올라가면 깔딱 고개다. 경사가 심한 돌계단이라 이름값을 제대로 했다. 입석사부터 깔딱 고개를 지나 황골삼거리까지 1.2km 구간은 오르막 경사도가 무려 33%에 달해 매우 힘든 구간이다.

깔딱 고개를 지나면서부터 쌓였던 눈이 얼어붙어 아이젠을 착용해야만 했다.

황골삼거리는 큰 갈림길이다. 입석사에서 올라오는 길과 상원사에서 올라오는 길이 만나는 지점이다.

황골삼거리부터 쥐너미재를 지나 비로봉삼거리까지 약 1km 구간은 비교적 완만한 길이다.

쥐너미재는 쥐들이 꼬리에 꼬리를 물고 산을 넘었다는 재미있는 전설이 전해져 오고 있다. 쥐너미재 전망대에서 바라본 원주시가지 조망이 일품이라는데, 운무 때문에 아쉬웠다.

비로봉 삼거리까지 가는 길도 매우 미끄러워 조심스러웠다. 누군가 눈으로 오리 모형을 만들어 나무에 올려놓았다. 솜씨가 참 좋다고 했더니 아내가 말하기를 오리 모형 틀을 장난감 가게에서 파는데, 그것으로 찍어 낸 것이라고 했다.

정상까지 마지막 300여 미터는 직등에 가까운 코스라 매우 힘든 구간이지만 설경에 취해 어려운 줄 몰랐다.

비로봉 상고대와 설경

정상에서 바라본 설경은 명불허전이었다. 산행 길의 모든 고통을 보상해 주었다. 가까이는 상고대가 황홀했으며, 멀리 백두대간의 설경이 장엄했다. 치악산은 설경만 유명한 것이 아니다. 가을이면 단풍도 아름다운 산으로 정평이 나 있다. 옛날에는 단풍이 아름다워 적악산이라고도 불렀다.

정상에는 세 개의 탑이 있다. 1962년부터 3년간 원주 사람 용창중(진수)이 쌓았다고 하는데, 이후 보수를 거듭했다고 한다.

하산하는 길도 여러 갈래가 있지만 구룡사로 내려가는 길은 두 갈래다. 하나는 사다리병창길로 내려가는 길이며 또 하나는 비로봉 삼거리에서 계곡을 따라 내려가는 길이 있다.

치악산은 이번이 세 번째다. 매번 다른 코스로 올라갔기 때문에 이번 황골 코스는 낯설었다. 이 코스는 비교적 쉬운 길이라고 하지만 어떤 산이나 가볍고 쉽게 볼 일은 아니다. 경험해 봐서 하는 말이다. 금년부터 오르기로 한 100대 명산 중 30여 개 이상은 이미 여러 번 다녀왔었다. 어떤 산은 수십여 차례 올라갔던 적도 있다.

그동안 산에 다니면서 비박도 했었고, 길을 잃고 헤매기도 했으며, 위험한 고비도 넘겼다. 그러므로 산행 경험이 없다고는 말할 수 없지만 100대 명산을 오르기로 한 후로 다시 공부하고 경험을 쌓아야만 했다.

무슨 일이든 그 일을 성공적으로 수행하기 위해서는 경험이 중요하다. 하지만 직접 경험을 하기에는 시행착오도 겪어야 하고, 위험도 감수해야 한다. 그러므로 직접 경험의 위험을 줄이기 위해서는 간접 경험이 필요하다.

간접 경험을 체득하기 위해서는 선배들을 찾아가 가르침을 받는 것이 좋겠으나 여의치 않으면 그들이 저술한 책이나 다른 매체를 통해 스스로 익혀야(경험해야) 한다고 생각한다.

나는 이를 위해 등산과 건강에 관한 몇 권의 책을 읽었다. 산행에 많은 도움이 되었다. 하지만 독서는 단편적인 지식 습득뿐만 아니라 내용도 쉽게 잊어버릴 수 있기 때문에 책을 가까이 두고 자주 읽어봐야 하며 꾸준히 연구하고 공부해야 한다. 그리고 산행 전에는 철저한 계획과 준비를 해야 하며 산행 중에는 항상 겸손하고 조심해야 한다.

비로봉 삼거리에서 휴식을 취한 다음 하산했다. 하산길은 포근한 날씨 때문인지 양달에는 눈이 녹아 질척거리기도 했다. 낄딱 고개에 이르러 아이젠도 풀었다. 요즘 아이젠은 가볍고 참 편하다. 하산길이 급경사가 많아 염려되었지만 무릎도 크게 문제 되지 않았다. 다시 입석사를 지나 지루한 포장도로를 따라 내려와 주차장에서 산행을 마쳤다.

치악산과 그 이웃들

□ **강원감영** - 선화당(보물 제2157호)

원주는 지역 명성에 비하여 문화유산이 많지 않다. 법천사지 등 폐사지는 이미 다녀왔기 때문에 강원감영을 둘러보았다.

강원감영 선화당　　　　　　　　　　강원감영 환선정

　강원감영은 원주 시내 번화가에 자리하고 있다. 도로에 접한 포정
루를 들어서 중삼문과 내삼문을 지나면 관찰사의 집무 공간인 선화
당이다. 정면 7칸 팔작지붕이다. 후원에 자리한 환선정 등은 최근
복원한 것들이다.

　사료관에는 역대 관찰사 중 송강 정철의 이름도 찾아볼 수 있었다.
송강은 국문학사에서 고산 윤선도 선생과 쌍벽을 이루는 거목이었
다. 고산이 시조문학에서 독보적 발자취를 남겼다면 송강은 가사문
학에서 타의 추종을 불허하였다.

　하지만 일부 학자들이 말하기를 송강은 고산과 달리 문인이라기
보다는 정치인으로서의 삶을 살다가 쓸쓸하게 생을 마감했다고 한
다. 인간은 누구나 살아가면서 과오를 범하기 마련이다. 성인을 제
외하고는 완벽한 인간은 없기 때문이다. 고산처럼 극단적 좌파 성향
을 가지고 살았던 사람이 있는가 하면 송강처럼 우파의 길을 걸었던
사람도 있다. 이처럼 어느 한 편에 치우친 삶은 고단하고 위험하다.
그러므로 황희 정승처럼 세상과 적당히 타협하면서 중도적(복합적)
삶의 길을 걸어야 하지 않을까 한다.

　답사 후 학창 시절 배웠던 송강(1536~1593)의 「관동별곡」 한 구절을

되새기며 강원감영을 나와 추어탕 집으로 향했다.

延秋門(영추문) 드러다라 慶會南門(경회남문) 바라보며
下直(하직)하고 믈러나니 玉節(옥절)이 알패셧다.
平丘驛(양주) 말을 갈아 黑水(여주)로 도라드니
蟾江(섬강)은 어듸메요 雉嶽(치악산)이 여긔로다.

추어탕은 서민 음식이다. 그래서 나는 이 음식을 좋아한다. 가을
이면 누렇게 벼가 익은 논에서 잡은 살찐 미꾸라지에 된장을 풀고
시래기를 넣어 끓인 추어탕은 일품이었다.
추어탕은 크게 서울식과 전라도식 그리고 경상도식으로 나뉘지만
원주 추어탕도 잘 알려져 있다. 그러므로 원주에서 유명하다는 식당
을 찾아갔지만 미꾸라지를 통으로 끓여내는 중부 지방(서울)식과 갈
아서 만든 남부 지방(전라도, 경상도)식을 모두 다 판매하고 있어 의아
했다.

태백산

太白山, *1,567m*

태백산 국립공원

백두대간에 위치하며, 산세는 비교적 완만하다. 정상에는 단군께 제사 드리는 천제단이 있고 경관이 뛰어나 2016년 국립공원으로 지정되었다. 태백산으로 가는 길목에는 고찰 정암사가 있고 검룡소도 명소다.

산행 노정

2023.1.6. (금) 맑음

코스 난이도: ★★★☆☆

순환 10km 4시간 35분(산행 3:30, 휴식 01:05)

유일사주차장(05:20) ⇨ 유일사입구(06:10) ⇨ 장군봉(07:05~07:15) ⇨ 정상(07:20~07:50) ⇨
만경대(08:00~08:25) ⇨ 반재(08:50) ⇨ 백단사주차장(09:25) ⇨ 도로 ⇨ 원점 회귀(09:55)

산행 일지

아직 어둠에 잠겨 있는 태백산민박촌을 나와 유일사탐방지원센터로 향했다. 천제단으로 올라가는 길은 당골 탐방지원센터 등 여러 갈래가 있지만 최근 인기 있는 곳이 유일사 코스다.

유일사탐방지원센터 주차장에는 산악회 회원들을 태운 관광버스들이 속속 들어왔고, 산행을 준비하는 등산객들로 붐볐다. 저마다 새해의 소망을 안고 새로운 계획을 다짐하고자 산에 올라가려는 사람들일 것이다.

등산객들의 행렬이 줄줄이 이어지고 헤드램프 불빛이 별처럼 반짝거렸다. 장관이었다.

유일사 앞까지는 임도를 따라가기 때문에 평탄할 것이라고 생각하면 오산이다. 제법 가파른 길을 굽이돌아 올라가야 하기 때문이다. 게다가 눈이 쌓인 밤길이라 더욱 그랬다.

유일사 100여 미터 전부터 본격적인 산행이 시작되었다. 계단을 올라서 가파른 길을 가야 했다.

서쪽 산에 걸린 보름달이 눈 쌓인 밤길을 비춰 주고 있었지만 태백산의 명물 주목나무는 아직도 어둠 뒤로 모습을 숨기고 있었다.

한 시간 반쯤 지나자 동쪽 하늘이 장밋빛으로 물들기 시작하더니 장군봉에 이르자 붉은 비단을 펼쳐 놓은 듯했다. 그리고 끝을 알 수 없는 설산의 연봉들이 눈 아래 장엄하게 펼쳐졌다. 장군봉에도 제단이 있지만 관심을 갖는 사람은 거의 없었다. 장군봉은 태백산에서 가장 고도가 높은 곳이다. 이곳에서 천제단까지는 약 300여 미터 정도 되는 거리며, 평탄한 길이다.

천제단에는 눈이 쌓여 있지 않아 약간은 황량하기까지 했으며, 바람도 심하게 불지는 않았다. 그러나 추위는 대단했다.

제단으로 올라가 '한배검'께 예를 올렸다. 백두대간의 설산들이 천제단을 향해 머리를 조아리는 듯했다.

천제단과 백두대간 설산들

일출을 보기 위한 산행은 이번이 처음이 아니다. 설악산 대청봉에도 올라간 적이 있지만 구름이 가려 일출을 보지 못했다. 하지만 이번에는 '맑다'는 날을 택일하여 올라왔다.

초조하게 기다리던 태양이 모습을 드러내자 저마다 소원을 기원했다. 대부분은 소박한 소망이나 기복이겠지만 반드시 실천해야 할 계획이라면 각오를 단단히 해야 한다. 그러나 실천하는 것은 어렵다. 작심삼일이란 말이 있지 않은가. 계획했던 바를 중단 없이 실천하고 성공하기 위해서는 먼저 실현 가능한 계획을 세워야 한다. 그리고 그 계획을 실행하는 과정에서 그만두고 싶은 마음이 생기더라도 그것을 알아차린 순간부터 초심으로 돌아가 다시 시작해야 한다. 그래야만 성공할 수 있다.

우리는 기계가 아니기 때문에 수많은 시행착오를 겪는다. 그러므로 포기하지 않고 정진하는 마음과 자세가 필요한 것이다. 포기도 자주 하면 버릇이 된다.

태양이 완전히 떠올라 바라볼 수 없을 만큼 강렬한 빛을 발하자 하나둘 서둘러 하산하기 시작했다.

태백산은 산세가 완만했으며 암괴나 암릉 지대는 별로 보이지 않았지만, 매월당 김시습은 그의 시에서 '西望遙遙太白山(서망요요태백산) 碧尖高插聳雲間(벽첨고삽용운간)'이라 했다. 즉, 태백산을 서쪽에서 바라보니 높고도 푸른 산이 구름 사이에 솟아 있다고 했다. 서쪽은 경사가 심한 모양이다.

그러므로 산은 한 번 다녀왔다고 해서 그 산의 모든 것을 보았다고 할 수는 없는 것이다.

□ 천제단 ⇨ 백단사탐방지원센터

하산 길은 내리막 경사도가 심한 편이었다. 길옆에 자리한 비운의 제왕, 단종의 비각을 지나 도착한 곳이 만경대다.

만경사 앞에는 용정이라는 우물이 있는데, 천제를 모실 때 이 물을 쓴다고 한다.

용정 아래서 간단히 아침 식사를 하는 동안 새들이 모여들었다. 많이 얻어먹은 모양이다. 빵부스러기를 나누어 주고 다시 길을 재촉했다.

반재까지는 넓고 평탄하며 정비가 잘 된 길이었다. 하얗게 눈이 쌓인 길옆에는 자작나무들이 열병하듯 서 있었다.

반재에서 길이 갈라진다. 오른쪽으로 내려가면 당골 광장으로 가는 길이며, 왼쪽은 백단사로 내려가는 길이다. 대부분이 당골광장으로 내려갔지만 백단사로 내려가야 했다. 유일사 주차장에 차가 있기 때문이다.

반재부터도 만만치 않은 길이었다. 매우 급한 내리막길이며, 지그재그 길이 한없이 이어져 지루하고 힘들었다. 잣나무와 잎갈나무가 하늘을 찌를 듯 도열하고 있었다.

백단사에서 유일사 주차장까지는 2km 정도의 도로를 걸어가야 했다. 밋밋한 오르막길이 계속되는 31번 국도다.

주차장에 도착하자 산악회 버스들은 이미 당골 광장으로 이동한 후였다.

태백산과 그 이웃들

□ 정암사 (수마노탑 - 국보 제332호)

태백산 아래 자리한 정암사에 들렀다. 수마노탑이 있기 때문이다. 이 탑은 석가모니 진신사리가 모셔진 7층 모전석탑이며, 높이가 9m나 된다.

구운 벽돌로 쌓은 전탑 같지만 실은 백운암(돌로마이트)을 벽돌처럼 다듬어 쌓은 석탑이다. 백운암은 푸른빛을 띠고 있어 옥의 일종인 마노라고 했다. 전설에 의하면 탑에 쓰인 마노가 용궁(물)에서 나왔기 때문에 '수마노탑'이라고 칭했다.

정암사를 나와 한강의 발원지인 검룡소로 가는 길에는 우리나라에서 제일 높은 곳에 위치한다는 추전역(해발 855m) 밑을 지나간다. 추전역은 태백산이 우리나라 제1의 부존자원 지역으로, 석탄이나 텅스텐 등 광산이 많아 화물과 여객을 실어 나르던 역이었지만 지금은 여객 열차는 다니지 않고 있다.

검룡소로 가는 길에 자리한 피재(935m)는 백두대간에서 낙동정맥이 갈라지는 분기점이다. 이곳에 떨어진 빗물이 서쪽으로는 한강, 남쪽으로는 낙동강, 그리고 동쪽으로는 삼척 오십천으로 흘러들어가기 때문에 삼수령이라고도 불리는 곳이다.

피재에서 건너다보이는 매봉산 '바람의 언덕'에는 수많은 풍력발전기가 돌아가고 있었다. 그리고 그 아래 드넓게 펼쳐진 고랭지 채소밭은 제철이면 장관을 이룬다고 한다.

□ **검룡소** - 명승 73호

검룡소는 태백산국립공원 안에 있지만 태백산에서 상당히 멀리 떨어져 있다. 검룡소까지는 주차장을 출

발하여 밋밋한 오르막길을 1.5km 이상 계곡을 따라 올라가야 한다. 가는 길이 산책길처럼 어렵지 않아 아이들과 함께 답사하면 좋겠다.

눈이 쌓인 탐방로에는 나무마다 이름표를 달아놓아 수목을 공부하는 데에도 도움이 되겠다.

검룡소에서는 하루에 2,000톤 이상의 물이 사철 흘러넘쳐 마르지 않으며, 수온도 항상 9℃를 유지하여 한겨울에도 얼지 않는다고 한다. 땅속에서 솟아오른 물이 못(沼)을 이루며 작은 폭포에서 떨어지는 물소리가 신비롭기까지 했다.

전망대에서 내려다보면 눈 덮인 골짜기에 까맣게 굽이쳐 흘러 내려가는 계곡물이 마치 전설에서처럼 이무기가 승천하는 듯한 모습을 하고 있다. 이런 모습 때문에 전설이 생겨났는지도 모르겠다.

검룡소 탐사를 마치고 내려오는 길, 물줄기가 잠시 사라졌다 다시 이어지기를 반복하는데 이곳이 석회암지대라 물이 지하로 스며들었다 다시 올라오는 특이한 지질 때문이라고 한다.

한강은 검룡소에서 시작하여 수많은 물줄기를 품에 안으며 거대한 물줄기로 변해 서해로 들어가는 514km의 물길이다.

□ 황지

황지는 낙동강의 발원지라고 하지만 실제 발원지는 이곳부터 한참을 더 올라간 매봉산 천의봉 아래 너덜샘이다. 그러나 너덜샘에서 지하로 흘러들었던 물이 황

지에서 다시 솟아오른 것이기 때문에 낙동강 발원지라고 하는 모양이다. 그리고「동국여지승람」등에서도 황지를 낙동강의 발원지라고 했기 때문에 현재도 태백시에서는 이곳을 낙동강 발원지라고 홍보하고 있다.

황지는 상지와 중지 그리고 하지로 이루어져 있으며, 상지는 둘레가 100여 미터 정도 되며, 하지도 30여 미터나 된다. 하루에 5,000여 톤이나 되는 물을 황지천으로 흘려보내고 있다.

태백시 번화가의 작은 공원 안에 있는 이 연못은 심술궂은 황 부자와 착한 며느리의 전설로 더 잘 알려져 있다.

황지공원 인근에는 소문난 맛집들이 즐비하며, 연탄불에 소고기를 구워 먹는 식당들이 유명하다. 태백은 지하자원이 풍부한 지역이라 경제적으로 부유한 동네인 모양이다. 연탄불에 소고기를 구워 먹는 맛은 숯불에 구워 먹는 맛보다 색다른 데가 있었다.

소고기 구이로 이른 저녁을 먹고 숙박지인 태백산민박촌으로 향했다. 이 숙박 시설은 국립공원에서 운영하는 숙소로, 가격이 저렴한 반면 시설은 기대에 미치지 못했다.

월악산

月岳山, 1,094m

월악산 국립공원

정상 영봉은 백두대간에서 약간 벗어나 있으며,
산세가 험하지만 수려하고, 충주호와 어우러져 경
관이 뛰어나 1984년 국립공원으로 지정되었다.
산 아래에는 수안보온천과 충주 탄금대 등 명소가
많다.

산행 노정

2023.11.17. (금) 맑음/흐림

코스 난이도: ★★★☆☆

왕복 7km, 5시간 5분(산행 4:30, 휴식 00:35)

신륵사주차장(09:05) ⇨ 1.8km 쉼터(10:05) ⇨ 신륵사삼거리(10:50) ⇨ 영봉(11:30~12:05) ⇨
중간 지점 [1.8km] 쉼터(13:15) ⇨ 신륵사(14:10)

산행 일지

□ 신륵사주차장 ⇨ 영봉 ⇨ 원점 회귀

　월악산국립공원 안에는 100대 명산 중 월악산을 비롯하여 금수산과 도락산, 황장산이 있다. 또한 주변에 단양 8경을 비롯하여 수려한 계곡과 호수, 온천, 문화재 등 수많은 명승지가 산재해 있어 등산객과 관광객의 사랑을 받고 있다.

　월악산의 주봉인 영봉으로 가는 길은 4개가 있다. 역사와 문화 유적이 산재해 있는 덕주사 코스와 가장 힘들지만 조망이 훌륭한 보덕암 코스 그리고 동창교(송계리)에서 올라가는 코스가 있다. 모든 코스가 다 힘들지만 그래도 상대적으로 쉬운 코스가 신륵사에서 올라가는 길이다. 월악산은 설악산과 지리산 다음으로 오르기 힘든 악산이라고 정평이 나 있기 때문에 나이를 감안하여 신륵사 코스를 택했다.

　신륵사를 지나 계곡을 따라 올라가다 보면 천연기념물 제217호로 지정된 산양이 서식하고 있으니 주의해 달리는 표지판이 서 있다. 산양은 월악산 국립공원의 마스코트다.

　조금 더 올라가면 선사시대부터 마을을 지키던 선돌이 서 있고 무속신앙에서 신을 모시는 국사당도 자리하고 있다. 그리고 아스라이 보이는 영봉이 고개만 내밀고 '어서 오라'고 손짓하고 있었다.

　1km까지는 밋밋한 산길로 정비가 잘 되어 있지만 이후로는 제법 경사가 있는 길이다. 곧게 자란 참나무 숲 사이로 난 길을 따라 올라

가 능선마루에 올라서면 중간 지점(1.8km) 쉼터가 기다리고 있다. 쉼터 데크 위에는 하얗게 서리가 내려 있었다.

여기서부터 신륵사 삼거리까지는 매우 가파른 능선길이다. 지루하고 힘든 구간으로 조망도 거의 없었다. 그래도 가끔은 자태가 고운 소나무들이 지친 산객을 위로해 주기도 했고, 참나무 숲 사이로 웅장한 영봉이 언뜻언뜻 모습을 드러내기도 했다.

신륵사삼거리는 덕주사와 동창교에서 올라와 합류하는 지점이다. 삼거리를 돌아가면 영봉의 거대한 암괴(높이 150m, 둘레 4km) 아래 설치된 철제 다리가 아찔했다.

낙석에 대비하여 지붕을 씌운 다리 밑은 절벽이지만 멀리 보이는 소백산 조망이 황홀하여 두려움을 잊게 했다. 소백산 능선은 하얗게 눈이 덮여 있어 히말라야를 연상케 했다.

다리를 건너 돌아 올라서자 응달 구간이라 제법 많은 눈이 쌓여 있었다. 영봉을 앞두고 수직 암벽에 걸려 있는 지그재그 계단(261개)을 올라가야 했다. 계단 아래 간판에는 고소공포증이나 심장 질환이 있는 사람은 주의하라고 겁을 주었다. 하지만 계단 위에서의 조망은 대단히 훌륭했다.

계단 끝에서부터 영봉까지도 300m를 더 올라가야 했다. 그다지 어렵지 않은 구간이었지만 제법 많은 눈이 쌓여 있어 걸음이 더디기만 했다. 지도에는 보덕암삼거리를 경유하여 간다고 되어 있는데, 바로 올라갈 수 있었다.

영봉에 올라서니 정상 표지석이 영락없는 달 모양이었다. 일부러 둥근 돌을 골라 세운 것 같았다. 기발한 생각이다.

조망은 명불허전이었다. 북쪽으로는 중봉 너머 충주호가 내려다 보였고, 남쪽으로는 문경새재의 주흘산과 조령산, 그 너머가 속리산이다. 그리고 정상 건너편 전망대에서 바라본 동쪽으로는 소백산이며, 북동쪽은 충주호 너머 금수산과 동남쪽에는 도락산과 황장산이 자리하고 있었다.

월악산은 예로부터 하늘에 제사를 드렸던 곳으로, 신라시대 중원에 자리한 명산이었다. 신라 화랑들은 명산대천을 찾아다니며 호연지기(浩然之氣)를 길렀다고 하는데 그들도 이 산에 올랐을 것이다. 화랑 기파랑을 추모하기 위해 충담사(신라 승려)가 지었다는 향가 「찬기파랑가」는 달과 물이 소재로 쓰였는데, 월악산에 올라서 보면 그 공간적 배경이었지 않았나 하는 엉뚱한 생각도 들게 한다.

영봉에서 바라본 중봉과 충주호

월악산은 악산 중에서도 악산이라는 소문 때문에 산행 전부터 긴장을 했었지만 큰 어려움은 없었다. 이는 상대적으로 쉬운 길을 택했기 때문일 것이다. 이처럼 어떤 목표(정상)를 향하여 가는 길이 선택 가능하다면 자기 능력에 맞는 길을 골라 가는 것도 현명한 방법이다. 다만 어렵고 힘든 길에서 얻을 수 있는 보상은 포기해야 한다.

인생길도 마찬가지다.

오후부터 눈이 내린다는 예보가 있더니 충주호 위로 검은 구름이 몰려왔다. 신륵사로 서둘러 하산해야 했다.

신륵사는 신라 진평왕 때 창건되었다지만 6·25 전쟁 때 폐사되었다가 1960년대에 중창했다고 한다. 극락전과 고려 초기 양식의 단아한 삼층석탑(보물 제1296호)을 답사하고 산행을 마쳤다. 석탑 위로 눈이 내렸다.

하산 후 산 아래 수안보에서 이른 저녁(꿩 요리)을 먹고 온천수에 몸을 담갔다.

월악산과 그 이웃들

□ 수안보 온천

월악산 아래 충주에는 명소들이 많다. 수안보온천은 월악산 자락에 자리한 명소로 역사가 오래되었다. 『고려사』 등에 기록된 것으로 보아 천 년 전부터 알려졌다고 한다. 평균 수온이 53℃이며,  약 알카리성(PH 8.6) 온천으로 피부병과 부인병, 신경통 등에 특효가 있다고 한다.

이승만 대통령을 비롯한 몇몇 대통령들도 찾았던 곳으로 '왕의 온천'이라 불리기도 하는데, 이는 고려나 조선의 임금이나 현대의 대통령이 이용하여 그 이름이 붙여진 것은 아니고 수안보에 오는 손님을 '왕처럼 모시겠다'는 의미에서 지었다고 한다.

온천지역에는 많은 숙박 시설이 산재해 있는데 무분별한 온천수 채취를 막기 위해 충주시에서 일괄 채수하여 각 업소로 공급한다고 한다. 잘하는 정책이다.

수안보 온천은 사철 관광객이 끊이지 않는다. 계절마다 특색이 있으며, 밤에는 도로 곳곳에 '루미나리에' 빛의 거리를 조성하여 화려하다. 그리고 물탕공원에서는 철 따라 축제가 이어지고 있다. '소망석'이라 이름 지어진 거대한 자연석이 인상적이었다. 또한 달천으로 흘러드는 석문동천을 따라 조성된 족욕길과 산책길도 걸어 봄직하다.

특이하게 수안보에는 꿩 요리 집이 많다. 그 연유는 모르겠는데 수안보가 산자락에 있어 예로부터 꿩이 많았던 모양이다. '꿩 대신 닭'이란 말도 있듯이 꿩고기는 닭보다 더 사랑을 받아 왔다. 하지만 지금은 들꿩은 찾아보기 어렵고 닭처럼 사육한 꿩으로 요리를 한다고 하는데, 특화되어 있다. 꿩고기 샤브샤브와 만두 등 여덟 가지 코스 요리를 맛볼 수 있었다.

□ **탄금대 - 명승 제42호**

충주 벌판 끝, 남한강 변 대문산에 자리한 탄금대는 가야의 악성 우륵이 가야금을 탄주했던 곳이지만 처절한 전장이기도 했다. 지

금은 충주 시민의 공원으로 산책길과 기념물이 잘 조성되어 있다.

달천처럼 작았던 가야가 한강처럼 거대한 신라에 합병되어 사라진 것처럼 이곳에서 우륵은 달천과 남한강이 합류되어 무심하게 흘러가는 강물을 내려다보며 망국의 한을 가야금 가락에 흘려보냈을지도 모른다.

가야국 사람 우륵은 가실왕의 뜻에 따라 12줄 가야금을 만들고 노래를 지었지만 신라 진흥왕의 침입으로 투항하여 노래와 춤을 가르쳤다고 한다.

탄금대는 가야금 소리만 들렸던 곳은 아니다. 수많은 조선의 병사들이 절규하며 순절했던 곳이기도 하다. 임진왜란 때 신립 장군이 팔천의 조선군을 이끌고 배수진을 치면서까지 항전했던 곳이다.

하지만 지금까지도 아쉬움이 많았던 전투다. 장군은 왜 참모들의 반대에도 불구하고 백두대간이 가로막고 있는 천혜의 요새, 문경새재를 버리고 이곳 달천평야에서 전투를 했던 것인가. 북방 여진족을 기병을 앞세워 물리쳤던 자신의 기병을 과신했던 것은 아닌가. 그러나 고니시가 이끈 왜군은 조선군보다 배가 많은 대군이었고, 야전에서 잔뼈가 굵은 병사들이었으며, 신무기를 장착한 정예병들이었다.

'지피지기면 백전불태'란 명언을 곱씹으며 팔천고혼위령탑에 예를 갖추고 장군이 순국하였다는 탄금정 아래 열두대에서 도도하게 흐르는 남한강을 바라보며 많은 생각을 했다.

□ 중앙탑(칠층석탑) - 국보 제6호

　중앙탑(충주 탑평리 칠층석탑)은 다소 이견은 있지만 남북국시대 신라 국토의 중앙에 자리하였다 하여 중앙탑으로 불렸다. 높이가 약 13m 로 신라 석탑 중에서 가장 크고 높다.

　2층 기단 위에 7층 탑신을 올린 구조며 옥개받침은 각 층이 5단으로 신라탑의 전형을 보여 주고 있다. 하지만 높이에 비하여 너비가 좁아 하늘로 치솟는 느낌이 들기도 한다.

　탑은 본래 비스듬한 구릉지 위에 있었겠지만 주변을 평탄하게 정리하기 위하여 탑 아래를 깎아내려 더욱 높아 보였다.

　중앙탑은 남한강변 넓은 벌판에 우뚝 솟은 탑이다. 충주가 옛날부터 교통의 요지였으므로 먼 길을 오가는 사람들에게는 랜드마크가 되었을 것이다. 현재는 탑을 중심으로 공원이 조성되어 있는데, 수많은 현대 조각품들이 전시되어 인상적이었다.

　길 건너에는 충주박물관이 자리하고 있다. 전통 가옥 형태의 제1관에는 역사실과 민속실 그리고 불교문화실로 구분하여 유물을 전시하고 있고, 현대식 건물의 제2전시관에는 충주를 빛낸 인물들을 소개하고 있으며, 디지털 체험관에서는 다양한 충주 문화유산을 만나 볼 수 있다. 그리고 제1전시관과 제2전시관 사이에는 석조유물을 야외에 전시하고 있다.

중앙탑을 답사할 경우에는 탑만 보지 말고 박물관도 아울러 들러 중원의 역사도 살펴보고, 인근 막국수 집에서 먹거리 체험도 해 보면 좋겠다.

금수산

錦繡山, *1,016m*

월악산 국립공원

월악산국립공원에 속하지만 남한강 건너에 있어 지맥이 치악산에 닿아 있다. 단풍이 아름답기로 유명하며 예로부터 약초가 많이 나는 산이다. 제천에는 명승지 의림지와 배론성지 등 명소가 많다.

산행 노정

2022.10.27. (목) 맑음

코스 난이도: ★★★☆☆

순환 9km 6시간 25분(산행 05:55, 휴식 0 0:30)

상천주차장(07:45) ⇨
용담폭포전망대(08:15)
⇨ 충주호전망대(09:15)
⇨ 망덕봉(10:05) ⇨
전망대(10:55) ⇨ 정상
(11:10~11:40 휴식 및
식사) ⇨ 금수산삼거리
(12:15) ⇨
원점 회귀(14:10)

산행 일지

□ 상천주차장 ⇨ 망덕봉

금수산은 월악산국립공원 안에 있는 100대 명산 중 하나로, 단풍이 유명하여 가을이면 많은 등산객이 찾고 있다.

산수유 열매가 빨갛게 익어 가는 마을 길을 15분 정도 걸어가면 등산로 입구다. 온 산의 단풍이 절정이었으며, 건너편 가은산은 아침 햇살 아래 더욱 화려했다. 등산로 초입부터 가파른 길이 시작됐다. 계단과 바위투성이 험한 길을 오르면 장엄한 용담폭포가 내려다보이는 전망대가 나온다. 단풍 숲 사이로 하얀 속살을 드러낸 폭포는 높이가 30여 미터에 이른다고 한다. 아름다운 3단 폭포지만 갈수기라 수량이 많지 않아 다소 아쉬웠다.

용담폭포

다시 단풍 터널 아래로 끝없이 반복되는 가파른 계단과 바위틈을 비집고 올라가면 산 아래 펼쳐진 풍광이 발걸음을 잡고 놓질 않는다. 느린 걸음으로 한 시간 반쯤 오르면 충주호를 조망할 수 있는 전망대다. 기암괴석들이 절경을 구경이라도 하려는 듯 고개를 빼 들고 우뚝우뚝 솟아 있고, 단풍으로 타는 산등성이 뒤로 에메랄드빛 충주호가 모습을 드러냈다. 그리고 그 너머로 끝을 알 수 없는 월악산 연봉들이 이어지고 있었다.

참으로 아름다운 광경에 넋을 잃을 지경으로 명불허전이었다. 이름값을 하는 아름다운 산이었다.

전망대를 지나 조금 더 올라가면 어렵고 힘든 길이 끝나고 약 1km 정도의 완만하고 밋밋한 길 끝 마루가 망덕봉 고개다. 등산로에서 약간 벗어난 곳에 자리한 정상 표지석은 소박맞은 여인처럼 어찌 좀 쓸쓸해 보였다.

충주호와 멀리 월악산

□ **망덕봉 ⇨ 금수산 정상**

망덕봉을 뒤로하고 건너다보이는 정상으로 향했다. 하지만 약

2km 정도를 더 가야 했다. 급경사 내리막길을 한참 돌아 내려가면 평탄한 능선으로 이어지는데, 길가에는 군데군데 땅을 헤집어 놓은 흔적이 보였다. 아마 멧돼지가 먹이 활동을 한 모양이다. 야생동물은 밤에만 활동한다는 사실을 알지만 낮에 나오는 것들도 있어 왠지 걱정이 되었다. 바스락거리는 낙엽 소리도 신경이 쓰였다. 산행하는 동안 야생동물을 만났을 경우, 이를 피하는 요령도 익혀 두면 좋겠다.

정상을 300여 미터 남겨 둔 지점이 상학주차장에서 올라오는 길과 합류하는 망덕봉 삼거리다. 삼거리 전망대에서는 망덕봉과 지나온 길을 돌아보니 절경이었다. 다시 가파른 계단을 올라가면 정상이다.

□ 금수산 정상 ⇨ 원점 회귀

바위틈에 앙증맞게 자리한 정상석이 반갑다. 사방 조망이 가능한 정상에서는 북으로 치악산이 지척이며, 강 건너 소백산과 월악산이 어서 오라고 손짓을 하고 있었다.

컵라면으로 요기를 하고 하산했다. 하산 길도 만만치 않았다. 급경사 계단을 내려가야 했다. 하산 길에 잠시 길을 잃고 알바(등산로를 벗어남)를 했지만 다시 찾은 길이 금수산 삼거리다. 여기서 좌측으로 내려가면 상학주차장이다.

상학주차장 코스는 상대적으로 쉬운 길이지만 볼거리가 많지 않다고 한다. 어차피 정상으로 가는 길이라면 밋밋한 길보다는 어렵고 힘들더라도 풍요롭고 의미 있는 길을 가면 더 많은 보상을 얻을 수 있을 것이다.

우리의 삶도 마찬가지다. 가야 할 길이 가치 있는 길이라면 어려운 길이라고 두려워할 이유는 없다. 그 길은 반드시 보상이 따르기 때문이다. 인생 늦가을로 접어든 나이에 100대 명산을 오르기로 한 것도 가치 있는 일이라 생각했기 때문에 오늘 이처럼 아름다운 체험도할 수 있었던 것이다.

정상에서 1.5km 지점까지는 급한 내리막길이다. 참나무 마른 잎 사이로 지나가는 바람 소리가 마치 빗소리처럼 들렸다.

산을 내려와 붉은 비단 치마를 둘러 입은 여인을 닮았다는 금수산을 바라보니 퇴계 선생의 시 한 편이 떠올랐다.

퇴계 이황(1502~1571) 선생은 한시 「계당우흥(溪堂偶興- 其一)」에서 이렇게 노래했다. 선생도 가을 금수산을 보신 모양이다.

四麓唯紅錦(사록유홍금) 雙林是碧羅(쌍림시벽라)
사방의 산기슭은 붉은빛 비단이요 양옆의 깊은 숲은 푸른빛 비단일세

금수산과 그 이웃들

□ 배론 성지

배론 성지(마음을 비우는 연못)

제천은 중부 내륙 중앙부에 위치하고 있으며, 3개의 국립공원과 접해 있어 자연 풍광이 아름다운 곳이다. 그러므로 수많은 명승지가 있지만 천주교 성지인 배론

성지와 고대 수리시설인 의림지를 우선 둘러보기로 했다.

배론 성지의 지명은 본래 주론(舟論)이라고 했는데, 이곳 지형이 배 밑바닥처럼 생겼다고 한 데서 유래되었다고 한다. 배론은 외국어와 음이 비슷하지만 순우리말과 한자음을 차용한 것이다.

초기 천주교 신자들이 박해를 피해 이곳에 숨어들어 공동체를 이루며 옹기를 구어 생계를 유지했다고 하는 곳으로 성지가 된 것은 세 가지 이유라고 한다. 첫째는 최초의 신학교가 세워졌던 곳이며, 김대건 신부에 이어 두 번째 사제가 된 최양업 신부의 묘가 있는 곳이기 때문이다. 그리고 1801년 신유박해를 피해 이곳에 은신했던 황사영이 백서를 썼던 곳이다.

산 깊은 곳에 자리한 배론 성지는 평일인데도 수많은 순례객이 붐볐다. 이곳은 조경이 일품이라는데 '마음을 비우는 연못'이라고 명명된 연못가의 단풍이 절정을 이루고 있었다.

순례 코스 안내도에 따라 돌아본 황사영의 토굴과 옹기가마는 35년 전에 복원된 것이라는데 왠지 낯설었다. 토굴에서 썼다는 백서는 당시 조선의 정서에서 크게 반하는 것으로 목적을 위한 수단이 타당했던가? 지금도 많은 생각을 하게 한다. 원본은 로마 교황청 민속박물관에 보관되어 있다고 한다. 배론 성지를 나와 의림지로 향했다.

□ **의림지 - 명승 제20호**

의림지는 삼한시대부터 있었다고 하지만 신라 우륵이 처음으로 방죽을 만들었다고도 한다. 의림지를 답사하고자 한 이유는 초등학교 때 배웠던 고대 수리 시설을 보고 싶었기 때문이다. 의림지는 김제 벽골제와 밀양 수산제와 더불어 현존하는 고대 농경 수리 시설 중 하나로 병풍처럼 둘러쳐진 용두산에서 내려온 물을 모아 제천 평야를 적셨던 인공 저수지다. 둘레만 1.8km에 달한다.

의림지

제방 위에는 우륵정을 비롯하여 영호정, 의림 1, 2정 경호루 등 5개의 정자가 있다. 그리고 의림지 물이 폭포가 되어 흘러내리는 용추폭포를 유리 전망대에서 내려다보면 장관이며, 제방 위 소나무가 절경이다.

옛날에는 농사일에만 쓰였을 저수지가 언제부턴가 유원지로 변했다. 조선 시대부터 유력자들이 제방과 주변에 정자를 짓고 풍류를 즐겼다. 그리고 현재는 저수지에 오리배들이 유유히 떠다니고, 인근에는 각종 위락 시설이 즐비하여 관광객을 불러 모으고 있다.

의림지 인근에는 장어집이 많다. 아무래도 예전에 의림지에서 장어를 잡아 팔았는지도 모르겠다. 아내가 오늘 하루 힘들었으니 장어구이를 먹자고 했다.

도락산

道樂山, *964m*

월악산 국립공원

월악산국립공원 안에 있는 산으로 산세가 험하지만 소나무와 바위가 어우러져 경관이 수려하고 단풍이 아름답다.
산 아래는 단양팔경 중 상선암과 중선암, 하선암 그리고 사인암이 있다.

산행 노정

2023.10.13. (금) 맑음

코스 난이도: ★★★☆☆

순환 7km, 5시간 50분(산행 5:10, 휴식 00:40)

상선암주차장(08:10) ⇨
제봉(09:50) ⇨
형봉(10:20) ⇨
도락산삼거리(10:35) ⇨
신선봉(10:45) ⇨ 정상
(11:00~11:30 점심) ⇨
채운봉(12:20) ⇨
검봉(12:50~13:00 휴식) ⇨
원점 회귀(14:00)

산행 일지

□ 상선암주차장 ⇨ 형봉 ⇨ 정상

'깨달음을 얻는 데는 나름대로 길(道)이 있어야 하며 거기에는 또한 즐거움(樂)이 따라야 한다'는 뜻에서 이름을 얻었다는 도락산은 등산로가 비교적 단조롭다. 단양팔경 중 제3경인 상신암주차장(월악산국립공원 단양분소)에서 출발하는 코스와 내궁기에서 올라가는 길이 있다.

월악산국립공원 단양분소 앞에 주차하고 가파른 아스팔트 길을 지나 왼쪽 제봉 코스로 접어들었다. 오른쪽 채운봉 코스보다는 상대적으로 수월하다고 했기 때문이다.

사찰 상선암(上禪庵) 마당 앞을 지나 산행을 시작했다. 탐방로 입구에는 입산 시간을 제한하는 안내 간판이 서 있었다. 11월부터 오후 1시 이후에는 입산을 금지한다고 했다. 아무래도 산이 험하기 때문인 것 같다.

해발 325m에 자리한 입산 게이트를 들어서면서부터 오르막길이 시작되었다. 군데군데 설치된 철제 계단을 올라가야 했다. 대부분 바위와 암릉길이라 결코 쉽지는 않았다. 하지만 1km쯤 올라서면 조망이 트이고 단풍 절정기를 앞둔 산 아래 풍광이 아름다웠다.

암반과 암석투성이 오르막길에서는 사족 보행을 해야 하기도 했으며, 수시로 앞을 가로막는 가파른 계단 앞에서는 한숨이 먼저 나왔다.

어렵사리 2km 정도 오르면 제봉이다. 여기까지 1시간 40여 분이나 걸렸다. 하지만 아름다운 단풍과 간간이 암반에 뿌리를 내린 강건한 소나무들이 운치를 더해 피로를 잊게 했다.

참나무 숲 사이로 난 암릉길과 다양한 형상의 바위들을 지나고, 작은 철재다리를 건너서 140여 계단을 올라가면 형봉이다. 제봉과 함께 형제봉인 모양이다. 형만 한 아우가 없다더니 맞는 말인 것 같다. 형봉에서의 조망은 황홀하고 장엄했다.

형봉에서 바라본 소백산

우측으로는 채운봉과 검봉이 불타는 듯했고, 좌측으로는 북쪽 멀리 충주호 너머로 금수산이 보였다. 그리고 북동쪽 소백산 연봉들이 아스라이 넘실댔다.

형봉에서 내려가는 길, 소나무들에게 몸통을 내어 준 암석들과 고인돌을 닮은 바위를 지나면 도락산삼거리다. 여기서부터 정상까지는 600m다. 우측으로는 채운봉과 검봉을 지나 주차장으로 내려가는 길이다.

삼거리를 지나면 신선봉 마당바위다. 넓은 암반 위에 샘이 있었다. 마르지 않는 샘이라고 한다. 부산 금정산에도 바위 위에 샘이 있고 가야산 정상에도 샘이 있는데, 이곳에는 크고 작은 샘이 세 개나 있었다. 정확히 말하면 샘이 아니라 물웅덩이다.

마당바위에서의 조망 또한 절경이었다. 산 아래 단풍이 비단을 펼쳐 놓은 듯했다. 하지만 소나무마다 '추락주의' 표지판을 달고 있는 것으로 보아 위험한 구간인 모양이다. 겨울 산행 중 미끄러지기라도 하면 천길 절벽 아래로 떨어질 것만 같았다.

신선봉을 지나면 내궁기삼거리다. 내궁기 마을에서 오는 길은 상선암 코스보다 짧다. 이정표에는 내궁기 마을까지 1.4km로 되어 있었지만 가파른 암반 길이라고 한다. 대부분 100대 명산 등정 인증만을 원하는 사람들이 이 코스로 올라온다고 한다.

삼거리부터 계곡을 가로지른 아치형 철재 다리를 건너서 암릉 길을 지나면 비교적 평탄한 길이다. 그리고 그 위가 정상이다. 주차장에서부터 정상까지 3.3km지만 3시간이나 걸렸다. 많이 지체되었다. 중간중간 잠깐씩 쉬기도 했고 단풍도 구경하면서 사진도 많이 찍었기 때문이다.

정상은 잡목으로 둘러싸여 조망이 없다. 하지만 터가 넓고 벤치도 마련되어 있어 쉬어 가기 좋은 곳이다. 정상까지 오는 동안 등산객을 한 명도 만나지 못했는데 정상에서 몇 사람을 만났다. 내궁기 마을에서 올라왔다고 했다. 점심을 먹고 하산했다.

□ 정상 ⇨ 채운봉 ⇨ 원점 회귀

정상에서 다시 신선봉 마당 바위를 지나 도락산 삼거리에서 채운
봉 코스로 내려갔다. 채운봉으로 가는 길도 험했다. 채운봉을 앞에
두고 한참을 내려갔다 다시 올라가야 하는 길이기 때문이다. 암반
길과 계단이 반복되는 구간이다. 안부로 내려와 신선봉을 올려다보
니 계단 끝이 하늘에 닿을 듯했다.

채운봉에서 바라본 형봉

채운봉에서 내려온 다음에도 또다시 올라가야 했다. 이번에는 검
봉이다. 검봉 아래 전망대에서 바라본 황장산이 손에 잡힐 듯 가까
웠다. 내일 만나 볼 산이다.

쌍봉낙타 등처럼 나란한 채운봉과 검봉을 넘어 내려오는 길, 암반
위에 무더기로 피어 있는 붉은 꽃을 만났다. 검색해 보니 '가는잎향
유'란다.

이 꽃은 한해살이 초본식물로 문경, 제천, 보은의 건조한 산지 바

위틈에서 자란다고 하며 희귀식
물로 자생지가 제한적이지만, 개
체 수는 비교적 많은 편이라고 한
다. 예쁜 꽃이다. 꽃 사이로 말벌
이 날아다녀 오래 있지 못하고 자
리를 피해야 했다.

　도락산 등산 코스는 제봉, 형봉, 신선봉, 도락산 정상, 채운봉, 검
봉 등 크고 작은 봉우리를 넘나들어야 했다. 그 봉우리들이 암석과
암반으로 되어 있어 더욱 힘들었다.

　우리가 살아가는 데 있어서도 사람마다 가치관이 다르겠지만 쉬
운 길을 가는 사람도 있고, 어렵고 힘든 길을 굳이 택하여 가는 사람
도 있다. 어려운 길을 가는 사람은 그 길이 가치 있다고 생각하기 때
문이다.

　검봉에서부터는 한 시간 이상 끝없이 내려가야 했다. 산 아래 논에
는 벼들이 황금빛으로 익어 가고 있었다. 신갈나무 사이로 하늘을
찌를 듯이 솟아 있는 바위 밑을 지나 하산했으며, 하산 후 단양팔경
을 하나씩 답사했다.

도락산과 그 이웃들

□ **단양팔경 - 명승 제44~45호 및 제47호**

　도락산 기슭에는 많은 명소들이 있다. 선암계곡을 따라 흐르는 단
양천에는 상·중·하선암이 있고 인근에 사인암이 있으며, 단양천과

만나는 남한강을 거슬러 올라가면 도담삼봉과 석문이 있다. 석문까지 답사를 마친 후 동자개(빠가사리) 매운탕을 먹고 단양관광호텔에 짐을 풀었다.

상선암(단양팔경 제3경)

월악산국립공원 단양분소 앞에 있다. 주차장에서 내려가면 넓은 바위지만 길 건너에서 바라보면 층층이 쌓여 있는 바위가 신비롭다. 물살에 씻긴 하얀 바위들 곡선이 부드럽고 아름답다. 바위 아래 작은 소를 이룬 계곡물 또한 거울처럼 맑다. 하지만 59번 국도가 감흥을 깬다.

중선암(단양팔경 제2경)

상선암에서 약 1㎞ 아래에 있다. 계곡 가운데 덩그러니 놓인 바위에는 사군(단양, 영춘, 제천, 청풍군)의 강산이 아름답고 수석이 빼어나다는 뜻의 「四郡 江山 三仙 水石」이 새겨져 있다. 하지만 풍광은 명성에 미치지는 못하고 주차장은 사유지라 요금을 징수하여 불편하다.

하선암(단양팔경 제1경)

중선암에서 선암계곡(삼선구곡)을 따라 약 4.5㎞ 내려가면 좌측 계곡 아래에 있다. 넓게 펼쳐진 암반 위에 둥글고 커다란 바위가 작은 바위들을 거느리고 있다. 일명 부처바위라고도 불렸다는데, 계절마다 주변 경치와 잘 어울린다. 하지만 계곡을 가로지른 교량이 거슬린다.

도담삼봉(단양팔경 제7경)

명승 제44호로 단양읍에 인접한 남한강에 있다. 물 위에 떠 있는 수석 같은 3개의 봉우리와 삼도정이 아름답다. 조선시대 시인 묵객들이 사랑했던 명소로 특히 퇴계 선생의 사랑은 각별했다. 또한 조선왕조의 기반을 다진 삼봉 정도전이 이곳 출신이다.

도락산

석문(단양팔경 제8경)

명승 제45호로 도담삼봉과 인접해 있다. 가파른 계단(273개)을 올라서 조금 더 가면 있다. 마고할미의 전설이 남아 있는 거대한 석문은 석회암 카르스트 지형이 만들어 낸 자연 유산이다. 석문을 통해서 본 농가 풍경이 수채화 같다. 강에서 바라본 풍경도 절경이다.

사인암(단양팔경 제4경)

명승 제47호로 중선암과 하선암 사이 삼거리에서 우측으로 약 4㎞쯤 가면 있다. 붉은 암벽이 책을 쌓아 올린 것 같다. 고려 말 단양 출신 우탁과 인연이 깊은 명소이다. 칠십을 앞둔 나이에 만난 절경 앞에서 우탁의 '단로가' 한 수가 불혀듯 떠오른다.

탄로가(嘆老歌)

— 우탁(禹倬 1262~1342)

한손에 막대 잡고 또 한 손에 가시 쥐고
늙는 길 가시로 막고 백발을 막대로 치렸더니
백발이 제 먼저 알고 지름길로 오더라.

황장산

黃腸山, *1,077m*

월악산 국립공원

월악산국립공원 동남쪽에 위치한 산으로 백두대간 마루금이 지나가며 단양천을 경계로 도락산과 마주 보고 있다. 황장산 금강송을 황장목이라 했다. 단양천이 흘러들어 간 충주호에도 단양팔경 중 명승지 옥순봉과 구담봉이 있다.

산행 노정

2023. 10. 14. (토) 맑음

코스 난이도: ★★☆☆☆

왕복 6㎞ 3시간 10분(산행 2:55, 휴식 00:15)

주차장(07:35) ⇨
작은차갓재(08:00) ⇨
전망대(08:20) ⇨
맷등바위(08:55) ⇨
정상(09:10~09:25
휴식) ⇨ 백두대간
마루금 ⇨ 작은차갓재
(10:20) ⇨ 원점 회귀
(10:45)

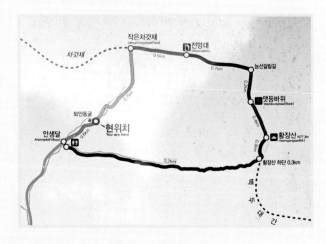

산행 일지

□ 안생달주차장 ⇨ 정상 ⇨ 원점 회귀

단양에서 자고 이른 아침 안생달 마을을 지나 산 아래 공터에 주차한 후 산행을 시작했다. 등산로는 와인 동굴 '까브' 앞 골짜기를 따라 밋밋하게 올라가는 호젓한 산길이다. 제법 굵은 소나무가 있었지만 황장목은 아닌 듯하다.

산행 길에 투구꽃을 만났다. 8~9월에 핀다는 꽃을 10월에 만났다. 아무래도 해가 잘 드는 비탈이라 아직도 피어 있는 모양이다. 꽃은 아름답지만 맹독 식물로 알려져 있으니 조심해야 한다. 하지만 소량으로는 약재로도 쓰인다고 한다.

비교적 완만한 길을 올라서면 작은차갓재다. 여기서부터 정상까지는 백두대간 마루금이다. 백두대간은 지난 8월에 다녀왔던 백두산에서 지리산까지 이어진다.

작은차갓재에서 숨을 고르고 출발하자 전나무인지 일본잎갈나무인지 모를 키가 큰 침엽수가 빽빽하게 식재되어 있었다. 황장산은 황장목이 유명하다는데, 왜 수종이 다른 수목을 조림했는지 궁금하다. 지금 이 산에서 자취를 감추었다는 황장목을 다시 심었었다면 하는 아쉬움이 컸다. 황장목이 옛 명성을 되찾았으면 좋겠다.

작은차갓재부터 밋밋한 오르막길을 15분 정도 오르면 전망대다. 산 아래 웅크리고 있는 생달 마을이 평화롭게 보였다. 전망대부터는 도락산처럼 바위와 암릉길이 반복되는 제법 가파른 길이 계속되었다.

능선 갈림길에서 평이한 길을 따라 200여 미터쯤 가면 맷등바위다. 가파른 철재 계단을 올라가 바위 밑에 설치된 아찔한 잔도를 돌아가면 전망대다.

건너편 도락산이 손에 잡힐 듯했고 소백산 끝자락도 모습을 드러냈다. 그리고 빼어난 자태를 자랑하는 소나무들이 기암괴석과 어우러져 환상적인 모습을 연출해 냈다.

맷등바위에서 바라본 도락산

맷등 바위를 지나면 칼날능선이다. 좁은 릿지(암릉) 양쪽으로 난간대가 설치되어 있지만 내려다보면 현기증이 날 정도로 아찔했다. 소나무에는 '119 길라잡이 리본'이 매달려 있었다. 위험하고 힘든 구간임이 틀림없다. 하지만 경관은 황홀했다.

한 시간 반 만에 올라온 정상에서는 도락산처럼 조망은 없었다. 참나무숲이 가리고 있기 때문이다. 그리고 붉게 물든 단풍나무를 제외하고는 벌써 낙엽이 지기 시작했다.

하산 길에 빗방울이 떨어졌다. 일기 예보에 의하면 오후부터 비가 내린다더니 맞는 것 같다.

굳은 날씨에도 올라오는 등산객들이 걱정이다. 하지만 걱정하지 마라. 비에 젖은 단풍도 나름대로 아름답고 운치가 있는 법이다. 세상 모든 일을 나의 관점에서 바라보지 말아야 한다. 내가 가는 길 이외에도 수많은 길이 있다. 지금까지 다녀왔던 산들도 모든 코스로 다 올라가 보지는 못하지 않았던가.

하산 후 낙동강으로 흘러가는 금천을 끼고 돌아가는 길사에는 온통 사과밭이 있었다. 노점에서 사과 한 봉지를 사 들고 도락산 밑을 지나 단양읍으로 향했다. 고수동굴을 답사하기 위함이다.

단양에서 남한강을 따라 내려가면 충주호수다. 단양 팔경 중 옥순봉과 구담봉이 발을 담그고 있는 곳이다. 몇 년 전에 유람선을 타고 답사한 적이 있다.

황장산과 그 이웃들

▢ 고수동굴 - 천연기념물 제256호

고수동굴은 단양읍에 있다. 1973년 탐사 당시 석기가 발견되었기 때문에 선사시대부터 사람이 살았을 것으로 추정되는 동굴이다. 200만 년 전부터 생성된 동굴은 용식작용으로 종유석과 석순, 작은 연못 등이 형성되어 지하 궁전을 연상케 했다.

지금까지 2천만 명이 찾았다는 국민관광지로 개방된 구간은

940m다. 입구부터 관광용 철제 보도와 계단이 설치되어 있다. 어떤 곳은 3층 높이의 나선형 계단이 설치되어 아찔했다.

이 동굴은 단양 팔경에 속하지 않는다. 옛날에는 그 존재를 몰랐기 때문일 것이다. 개인적인 생각으로 고수동굴을 단양팔경에 넣고 한 군데를 빼라고 한다면 중선암을 빼겠다.

| 고수동굴 입구 | 종유석과 석순(천년의 사랑) |

□ **충주호 단양팔경 - 옥순봉(명승 제48호), 구담봉(명승 제46호)**

단양 팔경 중 충주호에 일부가 잠긴 옥순봉과 구담봉을 보기 위해서는 단양 장회나루에서 출발하는 유람선을 이용하거나 제천 청풍문화재단지에서 출발하는 충주호 유람선을 이용하면 된다. 그리고 구담봉과 옥순봉 위로 올라가 충주호를 조망할 수 있는 등산로도 개설되어 있다.

옥순봉(단양팔경 제4경)

옥순봉은 비 갠 뒤 여러 봉우리가 마치 죽순처럼 솟아 있는 것 같다 하여 붙여진 이름으로 예로부터 시인 묵객들의 사랑을 받았다.
그러나 옥순봉은 단양이 아니라 제천에 속했다. 옥순봉을 사랑했던 관기 두향이 퇴계 선생에게 부탁하여 단양팔경에 속하게 했다고 한다.

물속에 비친 형상이 거북을 닮았다고 하여 붙여진 이름이다. 구담봉 역시 기암절벽으로 금강산을 옮겨다 놓은 것 같다고 한다.
이곳 역시 두향과 퇴계 선생이 아꼈던 절경으로 유람선 선장은 구담봉 거북 형상을 찾아보라고 했지만 찾을 수가 없었다.

구담봉(단양팔경 제5경)

옥순봉과 구담봉은 퇴계 이황(1501~1570) 선생이 단양군수로 재직했을 때 관기 두향과 나이를 초월한 아름다운 사랑 이야기로도 유명하다. 비록 소설이지만 최인호의 『유림』에 잘 묘사되어 있다. 그녀의 묘는 구담봉 바로 위 장회나루 건너편에 있다. 그녀가 퇴계 선생과 이별을 아쉬워하며 남긴 시조 한 수가 애절하다.

이별이 하도 서러워 잔 들고 슬피 울 제
어느덧 술이 다하고 임마저 가는구나
꽃 지고 새 우는 봄날을 어이할까 하노라.

퇴계는 이별할 때 두향에게서 받았던 매화분을 평생 곁에 두고 매형(梅兄)이라 부르며 그녀를 대하듯 했다고 한다. 두 번째 부인과 사별한 후 초로의 나이에 만났던 젊은 그녀에게 보낸 시편 「상사별곡(想思別曲)」에서도 그녀를 그리워하는 정이 절절하다. 이 시에서 성현의 반열에 올랐던 퇴계 선생의 인간미를 느낄 수 있다.

소백산

小白山, *1,439m*

소백산 국립공원

백두대간에 자리하며 주봉은 비로봉이다. 산세는
웅장하나 완만하고 충북 단양과 경북 영주와 경
계를 이룬다. 철쭉과 설경이 유명하며 소수서원
과 부석사가 명소다. 1987년 국립공원으로 지정
되었다.

산행 노정

2022. 11. 19. (토) 흐림

코스 난이도: ★★★☆☆

왕복 11km 5시간(산행 4:30, 휴식 00:30)

어의곡탐방지원센터(07:50) ⇨ 쉼터(09:20) ⇨ 어의곡삼거리(10:15) ⇨ 비로봉(10:25~10:35) ⇨
쉼터(11:20~11:40 점심) ⇨ 원점 회귀(12:50)

산행 일지

□ 어의곡탐방지원센터 ⇨ 비로봉 ⇨ 원점 회귀

철쭉꽃이 피면 가기로 했던 소백산을 갑자기 가게 되었다. 당초 계방산으로 갈 계획이었지만 산불 예방 기간이라 통제되었기 때문이다. 게다가 강추위로 금년 봄 철쭉이 좋지 않았는데 내년에도 기약할 수 없기 때문이었다.

소백산은 단양과 영주 쪽 모두 올라갈 수 있다. 그리고 종주 코스는 죽령을 출발하여 연화봉과 비로봉을 거쳐 국망봉으로 이어지는 백두대간 마루금이다.

비로봉으로 가는 가장 짧은 코스는 어의곡탐방지원센터에서 출발하는 코스로, 어의곡과 을전탐방로로 나뉜다. 그러므로 비로봉만을 목표로 하는 경우 주로 이 길을 이용한다.

소백산은 사철 많은 사람들이 찾는 명산이지만 11월도 하순에 접어들었기 때문에 볼거리가 거의 없었다. 게다가 계곡을 따라 올라갔기 때문에 조망이나 기암괴석을 감상할 수도 없어 밋밋하고 지루하기 짝이 없었다.

그렇지만 산길 초입에는 일본잎갈나무 낙엽이 등산로는 물론 계곡에도 노랗게 쌓여 있어 특이했다. 일본 강점기에 들어온 이 나무는 60~70년대 조림을 위하여 많이 심어졌다고 한다.

해발 1,000m 고지부터 가파른 오르막길이 시작되었다. 낙엽이 진 황량한 잡목들 사이로 푸릇푸릇 조릿대가 모습을 드러냈다.

돌계단을 지나 350여 개의 나무 계단을 올라서면 쉼터(전망대)가 있다. 여기까지는 한 시간 반 정도가 소요됐는데 계속되는 오르막이기 때문에 다소 지루하기도 했다.

전망대라는 쉼터에서의 조망은 거의 볼 수가 없었다. 나무가 둘러싸고 있었기 때문이다. 쉼터에서 잠시 숨을 고르고 200여 개의 나무 계단을 다시 올라가면 산등성이 마루터기다.

빽빽한 잣나무 숲이 앞을 가로막았다. 잣나무는 산림녹화사업의 일환으로 식재한 것 같은데 심하게 밀식되어 간벌을 해 주어야 할 것 같다.

잣나무 사이로 올라가는 능선길은 마을 뒷산을 산책하는 듯한 기분이 드는 오솔길이었다.

잣나무숲이 끝나고 참나무숲이 이어졌다. 신갈나무 낙엽이 수북이 쌓인 길옆으로 조릿대가 하얗게 죽어 있었다. 말라 버린 가지 끝에는 아직도 꽃을 피웠던 흔적이 남아 있는데 조릿대는 대략 5~6년마다 꽃을 피우고 죽는다고 한다. 하지만 뿌리가 살아 있으면 다시 자란다고 하니 몇 년 후에는 다시 무성할 것이다.

참나무숲을 지나 나무 계단을 올라서면 어의곡삼거리다. 움달진 비탈에는 벌써 눈이 쌓여 있었고, 스멀스멀 기어 올라오던 먹구름이 온 산을 덮기 시작했다.

어의곡삼거리부터 비로봉까지는 약 400여 미터 거리지만 평지에 가까운 데크 길이다. 길옆으로는 나무 한 그루 없는 황량한 풀밭이다. 바람이 심하게 불기 때문인 것 같다.

비로봉에서는 정상석 주위만 겨우 보일 뿐 완전히 구름에 잠겼다. 거대한 백두대간 준령은 물론이고 가까운 연화봉 능선조차도 보이지 않았다. 바람 또한 세차게 불어 몸을 가누기 힘들었고, 추워서 바로 하산해야만 했다.

비로봉에서 서남쪽으로 내려가면 희방사와 죽령이다. 봄이면 연화봉 철쭉이 장관이라고 한다.

어의곡삼거리에서 곧장 내려가면 백두대간 국망봉을 넘어 을전 탐방로로 내려간다. 어차피 주차장으로 가는 길이라 순환하고 싶었지만 다음 달 15일까지는 산불 예방 기간이라 통제하여 갈 수가 없었다.

왔던 길을 다시 내려간다는 것은 지루한 일이었다. 그러나 주말인지라 산을 찾은 젊은이들이 많아 보기 좋았다. 바람직한 현상이며 기특한 일이다

지루한 내리막길, 새로 산 하이컷 등산화가 낯가림을 해서 매우 신경이 쓰였다. 복숭아뼈가 쓸리고 발목이 아팠다. 한동안 고생해야 할 것 같다. 두꺼운 양말을 겹쳐 신든지 일상생활에서도 신고 다니며 친해져야 할 것 같다. 등산화에 내 발을 맞추어야 하기 때문이다.

사물이나 사람도 처음에는 호감을 갖고 인연을 맺지만 시간이 지나면 생각과 다를 때가 많다. 특히 사람의 경우는 더욱 그렇다. 인간

관계는 항상 좋을 수만은 없다. 사회생활을 하다 보면 많은 사람들을 만나게 되고, 그들과 생활하는 과정에서 갈등은 필연적으로 발생하게 된다. 부부지간이나 피를 나눈 형제도 마찬가지다.

그러므로 갈등이 덜한 원만한 관계를 유지하기 위해서는 서로가 서로에게 맞추며 살아가야 한다. 나를 상대방에게 맞추려고 노력해야 한다. 특히 상호 간에 득이 되는 일이라면 자존심마저도 버릴 줄 알아야 한다. 하지만 그것은 말처럼 쉬운 일이 아니니 부단히 수양하고 노력해야 한다.

소백산 어의곡 코스는 산세가 완만하고 볼거리가 없어 등산의 묘미와 감흥은 떨어지지만, 산 아래 문화유산을 찾아보는 것은 흥미롭고 가치 있는 일일지도 모르겠다. 그러므로 산에서 내려와 소백산 자락을 돌아 남쪽에 자리한 영주로 향했다.

소백산과 그 이웃들

□ 소수서원 - 유네스코 세계문화유산(한국의 서원)

우리나라 최초의 서원인 소수서원(紹修書院)은 480년 전 중종 37년(1542)에 세워졌다. 당시 풍기군수 주세붕이 이 고장 출신 안향을 추모하기 위해 사묘(祠廟)를 세웠고, 이듬해 백운동 서원을 세웠다. 이후 풍기군수

로 부임한 퇴계 이황 선생께서 명종 4년에 소수서원이라는 어필 현
판을 하사받아 사액 서원이 되었다.

서원은 주로 제향 공간과 강학 공간 그리고 유식 공간으로 나뉘는
데, 소수서원은 제향 공간이 강당(강학당) 옆에 자리하고 있으며, 동·
서재(일신재와 직방재)도 강당 뒤에 있다. 이는 다른 서원처럼 전학후묘
나 전묘후학과 달리 건물 배치가 자유로운데 초기에 설립된 서원이
기 때문이라고 한다.

죽계천 변 경(敬)자바위와 취한대

한편, 유식 공간은 매우 수려하다. 입구부터 울창한 솔밭(학자림)이
잘 가꾸어져 있고 서원을 감싸고 도는 죽계천 가에 자리한 취한대가
아름답고 잔인한 역사를 간직한 경(敬)자 바위가 있다. 그리고 경렴
정 옆에 있는 500년이 넘었다는 은행나무가 이 서원의 내력을 말해
주는 것 같았다.

영정각에 모셔진 선현들께 예를 갖추고 나오는 길, 솔밭 귀퉁이에 자리한 당간 지주가 안쓰러웠다. 본래 이 자리는 숙수사라는 절이 있었다. 안향도 젊어서 이 절에서 공부했다고 한다.

어떤 서원은 절을 폐하거나 절터에 세웠는데, 그 터가 좋은 자리였기 때문일지도 모르겠다. 서원이 처음 건립될 즈음, 천 년 전부터 존재했던 불교를 대신하여 유교가 그 자리를 차지했는데, 불교의 정신문화뿐만 아니라 집터마저 대신한 것을 보면 많은 생각을 하게 했다. 소수서원은 국보 1점(안향 영정)과 보물 5점을 보유하고 있다.

□ **부석사** - 유네스코 세계문화유산(山寺, 한국의 산지승원)

안양루 앞에 보이는 소백산 능선

소백산 아래 자리한 영주 부석사는 676년(신라 문무왕 16)에 창건되었다. 의상대사와 선묘의 전설이 전해지는 곳으로, 무량수전 등 국보 5점과 보물 6점을 보유한 대 명찰이다.

일주문을 들어서면 가파른 비탈길 옆으로 사과밭이 있고, 자연석을 예술적으로 쌓아 올린 천왕문 축대가 참배객을 반긴다. 천왕문을 지나면 최근에 복원한 회전문이 나온다. 2단의 축대 위에 회랑 같은 부속 건물을 거느리고 있다. 회전문을 들어서 바라본 범종루가 액자 속 그림 같았다. 현판에는 '봉황산부석사'라고 쓰여 있다. 범종은 따로 범종각을 지어 옮겼으며, 대신 법고와 목어가 자리하고 있었다.

부석사는 주된 전각들이 거의 일직선상에 놓여 있는데, 범종루 뒤 '안양문'이라는 현판이 걸려 있는 건물이 안양루다. 그리고 그 밑을 머리를 숙이고 올라가면 무량수전이다. 수많은 계단을 올라가야 극락세계인 무량수전에 닿을 수 있는 것이다.

안양루에는 방랑시인 김삿갓 김병연(1807~1863)이 지었다는 시 「부석사(浮石寺)」가 걸려 있다. 소백산 절경을 바라보고 나이 들어 감을 한탄하며 썼다는 시다. 하지만 그는 평생을 방랑하며 살았다는데, 왜 여가가 없었을까?

浮石寺(부석사)

平生未暇踏名區(평생미가답명구)
白首今登安養樓(백수금등안양루)
江山似畵東南列(강산사화동남열)
天地如萍日夜浮(천지여평일야부)
風塵萬事忽忽馬(풍진만사홀홀마)
宇宙一身泛泛鳧(우주일신범범부)
百年幾得看勝景(백년기득간승경)
歲月無情老丈夫(세월무정노장부)

평생에 여가 없어 명승지를 못 갔더니

머리가 센 지금에야 안양루에 올랐네

그림 같은 강산은 동남으로 뻗어있고

천지는 부초 같이 밤낮으로 떠있다네

티끌 같은 세상일들 덧없이 지나가고

이 몸은 우주 간에 오리 마냥 떠있네

백 년 세월 명승지를 몇 번이나 구경할까

세월이 무정하구나 나는 이미 늙었다네

안양루에서 바라본 소백산은 장엄했다.

오늘 오전, 소백산은 구름으로 속살을 가려 볼 수가 없었는데 이는 산속에서 보지 말고 부석사에서 보라고 그랬던 모양이다.

부석사에 오거든 안양루에 올라 소백산 연봉들을 바라보며 세상 시름을 놓아 보기를 권한다.

풍기 I/C 앞에서 늦은 저녁으로 홍삼한방삼계탕을 먹고 귀가했다. 풍기는 인삼과 인견이 유명한 고장이다.

속리산

俗離山, *1,057m*

속리산 국립공원

백두대간 상에 자리하여 산세가 웅장하고, 수려하며, 아름다워 소금강이라고 불렸다. 최고봉은 천왕봉이지만 문장대가 경관이 뛰어나다.
1970년 국립공원으로 지정되었다. 명찰 법주사가 있다.

산행 노정

2022.2.2. (수) 흐림/맑음

코스 난이도: ★★★☆☆

순환 18km 9시간(산행 08:05, 휴식 00:55)

주차장(08:30) ⇨
세심정(09:25) ⇨ 문장대
(11:25) ⇨ 점심(11:40~12:05)
⇨ 신선대(12:45) ⇨
천왕봉(14:20~14:35) ⇨
세심정(16:20) ⇨
법주사(16:50~17:15) ⇨
원점 회귀(17:30)

산행 일지

□ 주차장 ⇨ 문장대 ⇨ 천왕봉

고운 최치원(857~?) 선생의 한시(山非離俗俗離山)에서 이름이 유래되었다고 하는 속리산을 임인년 설 다음 날 찾아갔다. 속리산 입구에서 만난 정이품송(正二品松 천연기념물 제103호)은 세월의 무게를 이기지 못하고 한쪽이 무너져 내렸다. 30여 년 전 칠순을 맞이한 어머니를 모시고 여행을 왔을 때는 당당하고 고운 자태였는데, 세상에 변하지 않는 것은 아무것도 없다고 했으니 어머니도 가시고 소나무도 몰골이 초라해졌다.

주차장에서 세조길을 따라 올라가면 '호서제일가람'이라는 현판이 걸려 있는 일주문이 나온다. 그리고 조금 더 올라가면 법주사가 있다. 법주사 앞에서 세심정까지 약 2.7km는 평탄한 길이다. 세조가 복천암 신미대사를 찾아가 설법을 듣고 신병을 치료하기 위하여 갔다고 하여 세조길이란다. 이 길은 남한강으로 흘러드는 달천 옆, 호젓한 오솔길로 정비가 잘 되어 있었다. 얼어붙은 저수지는 수달도 서식하는 1급수라고 한다. 옆으로는 세심정까지 올라가는 차도가 있다.

세심정을 지나 '이 뭣고 다리'를 건너 복천암을 지나면서부터 본격적인 산행이 시작된다. 흐렸던 하늘에서 눈이 내리기 시작했다. 문장대까지는 제법 경사가 있고 돌길과 계단이 반복됐다. 보현재와 냉천골 쉼터에서 숨을 고르고 두 시간여 만에 문장대 아래 공터에 도착했다.

눈 속에 파묻힌 오솔길을 따라 문장대로 올라가는 길, 급경사 계단이 앞을 막았다. 교행이 불가한 아주 좁은 계단을 올라서면 50여 명이 동시에 머무를 수 있다는 넓은 반석이 문장대다.

문장대에서 바라본 설경은 참으로 장관이었다. 황홀하기 그지없었다. 정신이 아득했다. 발아래 펼쳐진 속리산의 하얀 속살은 너무나 아름다웠다. 절경이었다. 이승에서 문장대에 세 번 오르면 극락에 간다고 했다는데, 이곳이 바로 극락인가 싶었다.

문장대에서 바라본 속리산 설경

고소공포증이 있는 사람은 올라가기 어렵다는 문장대에서 내려와 제법 넓게 펼쳐진 쉼터에서 점심을 먹고, 신선대로 향했다.

눈이 많이 내렸다. 정강이까지 빠졌다. 동절기 등산은 황홀한 설경을 감상하기 위함이기도 하지만 많은 어려움과 위험이 도사리고 있어 조심해야 한다.

그러므로 동절기 산행은 준비를 철저히 해야 하며, 산에 대한 정보와 지식도 알아 두어야 한다. 특히 처음 가는 산이라면 더욱 그렇다. 그리고 아무리 작은 산이라도 얕잡아 봐서는 안 된다. 겨울 산행에 대하여 몇 가지 체험과 경험을 공유하고자 한다.

① 겨울철 눈이나 비가 내린 다음 날 새벽에는 운전을 가급적 삼가야 한다. 새벽에는 블랙 아이스나 안개를 만날 수 있기 때문이다. 특히 산간 도로는 더욱 그렇다.

② 단독 산행은 피하고, 위험하고 험한 산은 신중해야 한다.

③ 등산복은 보온이 잘 되도록 기능성이 좋아야 하며, 등산화는 하이컷이 좋고 아이젠과 스패치를 준비해야 한다.

④ 배낭은 넉넉해야 하며 비상식량(고칼로리 건조식품)과 예비 배터리, 랜턴, 핫팩, 우의 등도 휴대해야 한다.

⑤ 산에서는 날씨가 급변하므로 기상 예보에 신경을 써야 한다.

⑥ 폭설(심설) 산행은 지치기 쉬워 체력 안배에 유의해야 한다.

⑦ 결빙 또는 적설 된 암릉 길에서 무모한 행동은 금해야 한다.

⑧ 등산로가 눈 속에 묻혀 길을 잃었을 때는 핸드폰 GPS로 위치를 확인하고, 경로를 벗어났다면 왔던 길로 되돌아가 다시 출발해야 한다. 그래도 찾지 못하면 과감히 하산해야 한다.

⑨ 겨울에는 일몰 시간보다 훨씬 일찍 하산해야 한다.

⑩ 조난을 당해 119에 구조를 요청한 경우는 식별이 가능한 표시를 해야 하고, 신고한 자리에서 이동을 해서는 안 된다. 특히 장시간 기다려야 할 경우에는 잠을 자서는 절대 안 된다.

문장대에서 천왕봉까지는 백두대간 마루금이다. 조릿대 사이로 난 길은 오르막과 내리막이 반복되는, 다소 지루한 길이지만 수시로 마주하는 기암괴석이 기기묘묘했고, 눈앞에 펼쳐진 설경과 상고대는 산객을 흥분시키기에 충분했다. 뒤를 돌아보니 문장대가 아스라이 멀어져 갔다.

능선 길을 40여 분쯤 가면 바위 밑에 작은 표지석이 있는데, 신선대다. 간단한 요깃거리를 살 수 있고 화장실도 이용할 수 있는 간이 매점도 있다.

문장대에서 신선대까지가 큰 파도가 일렁이듯 오르내림이 심한 길이었다면 천왕봉까지는 잔잔한 파도가 일렁이는 듯한 길이 조릿대 숲 사이로 끝없이 이어지고 있었다. 눈 덮인 나무들과 기암괴석들로 선계(仙界)의 어느 마을을 지나는 것 같았다. 온 산이 수묵화요 내가 그 속에 들어가 걷고 있었다.

옛날에는 속리산을 구봉산(九峯山)이라고 했다는데, 그만큼 봉오리가 많고 기암괴석이 많다는 의미일 것이다. 고릴라나 펭귄을 닮은 바위들이 지친 산객을 위로해 주었다. 바위마다 이름이 있겠지만 그 이름을 다 불러 주지 못한 것이 아쉬웠다.

비로봉을 지나 거북이가 바위를 기어 올라가는 듯한 형상의 바위 밑에서 바라본 천왕봉은 멀게만 보였다. 법주사로 내려가는 갈림길에서 600여 미터를 더 가야 천왕봉이다.

천왕봉 정상은 사방 조망이 가능했지만 공간이 매우 협소했으며, 눈 덮인 바위가 미끄러워 위험했다.

□ **천왕봉 ⇨ 법주사 ⇨ 원점 회귀**

천왕봉에서 법주사 갈림길로 다시 내려와 잠시 쉬었다 하산했다. 끝없이 이어지는 내리막길은 매우 힘이 들었다. 게다가 양지는 눈이 녹기 시작하여 여간 불편한 것이 아니었다. 잔설과 흙이 아이젠에 달라붙어 걷기가 거북했다. 수시로 털어 내야만 했다.

　상환석문 아래 자리한 상환암은 풍광이 아름답다고 하지만 하산 길이 급해 지나쳤다. 그리고 등산로에서 약간 벗어난 곳에 순조(조선 제23대)의 태실이 있지만, 시간이 촉박하여 지나쳐 세심정을 거쳐 길고도 지루한 산행 끝에 법주사에 도착했다. 법주사 금강문을 들어서자 석양의 금동미륵대불이 지친 산객을 위로해 주었다.

　법주사 답사까지 마치고 9시간 만에 원점으로 돌아와 길고 힘든 산행을 마쳤다.

속리산과 그 이웃들

□ **법주사** - 유네스코 세계문화유산(山寺, 한국의 산지승원)

　대한불교조계종 제5교구 본사인 법주사는 신라 진흥왕 14년(533년)에 창건된 가람으로, 유네스코 세계문화유산에 등재되었다. 1500년을 이어 온 고찰답게 많은 문화재를 보유하고 있다. 금강문을 지나 천왕문을 들어서면 거대한 5층 목탑인 팔상전이 자리하고 있고, 그 뒤로 아름다운 쌍사자 석등이 모습을 드러낸다. 그리

고 석등 뒤에는 정면 7칸 측면 4칸의 웅장한 중층 팔작지붕의 대웅
전이 자리하고 있다. 이 모든 건축물들이 일직선상에 놓여 있지만
석탑은 없다.

법주사는 국보 3점과 보물 14점을 보유하고 있는 박물관이다. 대
표적인 국보는 제55호인 팔상전과 제5호로 지정된 쌍사자 석등 그
리고 제64호인 석련지다. 목조 5층탑인 팔상전은 임진왜란 때 소실
된 후 1605년(선조 38년)에 중건한 탑으로 우리나라 유일의 고대 목탑
이다. 안에는 부처의 일생을 8개의 장면으로 그려 모셨다. 팔상전
뒤에 있는 쌍사자 석등은 두 마리의 사자가 석등을 힘차게 밀어 올
리고 있는 형상으로, 조각과 조형미가 매우 뛰어나다. 또한 국보 석
련지는 금강문을 들어서 왼쪽에 자리하고 있기 때문에 관심을 가지
고 살펴봐야 한다. 연못형 석조 구조물로 극락세계인 연지를 상징하
는 것으로 매우 아름답다.

귀갓길, 피곤하고 졸려 교통사고 우려가 있어서 수안보에서 저녁
식사를 한 후 온천수에 몸을 담그고 다음 날 귀가했다.

대야산

大野山, 931m

속리산 국립공원

속리산국립공원 안에 있으며, 주봉은 상대봉이다. 밀재부터 매우 가파르며 사방이 첩첩산중이다. 정상을 경계로 문경시와 괴산군으로 나뉘는데, 문경 용추계곡은 피서지로, 괴산 화양구곡은 명승지로 유명하다.

산행 노정

2024.3.24. (일) 흐림/맑음

코스 난이도: ★★★☆☆

왕복 10㎞ 5시간 20분(산행 4:40, 휴식 00:40)

대야산주차장(07:50) ⇨ 용추폭포(08:10) ⇨ 월영대(08:35) ⇨ 밀재(09:20) ⇨ 정상(10:20~10:30) ⇨ 밀재(11:15~11:35) ⇨ 월영대(12:15~12:25) ⇨ 용추폭포(12:50) ⇨ 원점 회귀(13:10)

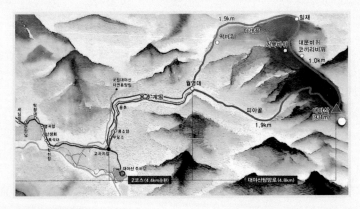

산행 일지

□ 주차장 ⇨ 상대봉(정상) ⇨ 원점 회귀

천연기념물로 지정된 괴산 미선나무가 하얗게 꽃을 피우고 있는 길을 따라 문경 가은읍 용추계곡주차장에 이르자, 이른 아침이라 그런지 차가 몇 대 없었다.

주차장에서 작은 언덕을 넘어가면 대야산장이다. 산장 앞에서 오른쪽으로 돌아가면 용추골이다.

비수기라 한산한 식당가를 지나 계곡을 따라가면 용소바위가 나온다. 용이 승천하면서 발자국을 남겼다는데, 별로 감흥은 없었다.

조금 더 올라가면 용추폭포다. 하트 모양의 3단 폭포가 특이했다. 피서지로 유명한 용추계곡을 대표하는 명소다.

월영대 지킴터를 지나 월영대까지는 평탄한 산책길이다. 가끔은 가벼운 옷차림의 관광객들도 볼 수 있는 구간이다.

월영대삼거리는 다래골과 피아골의 합수 지점이다. 왼쪽으로 가면 다래골 골짜기를 따라 밀재로 가는 길이며, 오른쪽 피아골 코스는 밀재보다 거리가 짧은 대신 힘든 길이다. 하지만 지금은 해빙기라 낙석 사고 위험이 있어 통제하고 있었다.

월영대는 계곡에 넓은 암반이 펼쳐져 있는 곳이다. 휘영청 달 밝은 밤이면 계곡물에 비친 달빛이 아름답다 하여 월영대라 이름 지었다고 한다.

조릿대숲 사이로 올라가는 길, 날씨는 흐렸지만 계곡물 소리와 새

소리가 하모니를 이루고 있었고, 나도 점점 대야산 속으로 젖어 들고 있었다.

내가 산으로 가는 것은 산이 나를 부르기 때문이다. 산에 사는 벗들과 살을 부비고 말을 섞으면, 시나브로 스며들어, 나도 산이 되어 가는 것이다.

밀재까지는 계곡길이라 조망을 기대하기는 어려웠고, 기암괴석도 찾아보기 힘들었다.

밀재는 충청북도 괴산과 경상북도 문경시 가은읍을 넘나들던 고갯마루로 백두대간 마루금이다. 옛날에는 벌꿀을 채취했던 곳이라고 한다.

밀재부터 대야산 정상 상대봉까지는 가파른 능선 길이다. 나무 계단과 데크 계단 그리고 어떤 곳은 밧줄을 잡고 바위 위로 올라가야 했다.

대문바위에 이르자 조망이 트이기 시작했다. 거대한 암괴가 칼에 잘린 듯 둘로 갈라져 있었다. 한 사람이 겨우 지나갈 정도로 틈새가 좁았지만 볼 만한 절경이었다. 사실 속리산은 기이한 바위가 많지만 대야산 밀재 코스는 기대에 미치지 못했다.

대문바위를 지나서도 가파른 길은 계속되었다. 오르막 경사도가 25%라지만 훨씬 더 가파른 것 같았다. 하늘로 치솟은 계단과 암릉 위를 사족 보행으로 더듬어 올라가야 했지만, 아름답고 장엄한 소나무가 운치를 더해 피로를 덜어 주었다.

주말이라 제법 많은 사람이 산을 찾은 모양이다. 젊은 사람들이 추월해 갔다. 나도 젊었을 때는 그랬으며 희열도 느꼈을 것이다. 하지만 이제 그들에게 추월 기회를 줄 수밖에 없는 나이가 되었다. 천천히 올라갈 수밖에 없는 일이다. 어차피 정상을 밟고 내려오는 것은

마찬가지이기 때문에 무리해서 따라갈 필요는 없다. 살다 보면 서두
를 일도 있게 마련이지만 행복한 삶은 여유를 가지고 분수에 맞게
사는 것이다.

정상 바로 밑에는 다리가 놓여 있다. 자그마한 다리지만 바람 때문
에 몸을 가누기 힘들어 두렵기까지 했다.

대야산과 속리산 능선

암봉 위에 자리한 정상은 10여 평 남짓 좁은 공간이었지만 멀리 속
리산 문장대와 천왕봉이 아스라이 보였으며, 가까이에는 좌우로 조
항산과 도명산이 누워 있었다. 그리고 사방이 첩첩산중으로 조망이
훌륭했다.

산 아래서는 산을 모른다. 눈앞에 보이는 것만이 산인 줄 안다.
하지만 산 위에 오르면 모든 산이 보인다. 가장 높은 산에 오르면
모든 산이 발아래다. 그러나 자만해서는 안 된다. 만산을 다 오를
수는 없다.

계절이 바뀌는 시기라 날씨도 몸살을 하는지 몸을 가누기 힘들 정도로 바람이 불었고, 추워 서둘러 하산할 수밖에 없었다.

하산 길에 밀재에서 점심을 먹고 경치 좋은 용추계곡 월영대 바위에 앉아 차 한 잔을 마시고 산을 내려왔다.

대야산은 계곡이 수려하여 여름 산으로 명성이 높다. 밀재에서 시작한 용추계곡 물은 선유동계곡을 지나 영강을 거쳐 낙동강으로 흘러가고 괴산 화양천은 달천과 합류한 후 남한강으로 흘러간다. 이제 화양천 물길을 따라 화양구곡 명승지를 답사하러 간다.

대야산과 그 이웃들

□ **화양구곡** - 명승 110호

속리산국립공원 안에 있는 화양구곡은 물이 맑고 풍광이 아름답다. 조선 중기 우암 송시열이 이곳에 은거하며 중국의 무이구곡에 버금간다고 하며 아홉 곳을 정해 이름을 지었다.

주차장에서 파곶까지는 왕복 8km 거리다. 두 시간 이상 걸어서 답사하고 고속도로 휴게소에서 저녁 식사를 한 다음, 귀가했다.

구분	내용 및 사진
제1곡	**경천벽:** 높이 솟은 암벽이 마치 하늘을 떠받들고 있는 듯하다고 하여 이름 지었다지만 약간 과장된 표현이다. 화양구곡 주차장 가기 전에 있다.
제2곡	**운영담:** 화양구곡 주차장에서부터 걸어 올라가야 한다. 맑은 날에는 구름 그림자가 계곡물에 비친다고 하여 운영담이다. 화양천을 가로막은 수리시설 보(洑) 상부에 있다.
제3곡	**읍궁암:** 넓고 둥근 바위 위에 작은 물웅덩이가 많이 있다. 우암은 효종이 승하하자 매일 새벽 이곳에서 울었다고 한다. 위에는 복원한 화양서원이 있다.
제4곡	**금사담:** 물속에 보이는 모래가 마치 금싸라기같이 아름다워 이름 지었다고 한다. 위에는 유학의 거두 우암 송시열이 수양했다는 암서재가 있으며, 그 위에는 고찰 채운암이 있다.
제5곡	**첨성대:** 도명산 등산로 입구에 있는 중첩된 암석으로, 위에서 천체를 관측할 수 있다고 한다. *사진은 역광 때문에 화질이 좋지 않아서 안내 표지판 것을 찍어 차용했다.
제6곡	**능운대:** 구름을 찌를 듯 높다고 하여 이름 지었지만 과장된 표현이다. 채운암 입구에 있다. 당시 권세가 대단했던 화양서원 인근에 암자가 있어 의아했지만, 우암과 관련된 암각 글씨를 지키기 위한 수직사찰로 묵인했던 것이라고 한다.

구 분	내용 및 사진
제7곡	**와룡암:** 용이 누워 꿈틀거리고 있는 모습과 닮았다고 한다. 모양이 매우 특이하다. 와룡암이라는 바위 글씨가 전서체로 새겨져 있다.
제8곡	**학소대:** 소나무들이 운치 있게 자라 조화를 이룬 절벽으로, 청학이 바위 위에 둥지를 틀고 알을 품었다 하여 학소대라 한다.
제9곡	**파천(파곶):** 학소대에서 1km 정도 밋밋한 오르막길을 올라가면 거북이를 닮은 바위를 만나는데, 거기서 조금 더 간 후 계곡으로 내려가야 한다. 암반 위 물결이 용의 비늘을 닮았다 하여 파곶이다. 바위에는 파관(巴串)이라는 바위 글씨가 새겨져 있다.

대야산

계룡산

鷄龍山, *845m*

계룡산 국립공원

금남정맥에 위치하며, 산세가 수려하고 유명 사찰과 온천 및 백제 역사 유적 등 명소가 많아 1968년 국립공원으로 지정되었다.
능선이 닭의 볏을 쓴 용의 모습과 닮았다고 한다.

산행 노정

2022.1.15. (토) 흐림/맑음

코스 난이도: ★★★☆☆

순환 10km 5시간 55분(산행 05:00, 휴식 00:55)

천정탐방지원센터(09:00) ⇨ 남매탑(10:15) ⇨ 삼불봉(10:40) ⇨ 관음봉(점심 12:00~12:40) ⇨ 은선폭포(13:35) ⇨ 동학사(14:20 ~14:35) ⇨ 원점 회귀(14:55)

산행 일지

□ 천정골탐방지원센터 ⇨ 관음봉 ⇨ 원점 회귀

   계룡산의 여러 등산로 중 천정탐방로는 천정골을 따라 올라가는 코스로, 완만하고 쉬운 길이다. 봄에는 야생화 군락지로 유명하다는데 겨울 산행이라 삭막하기만 했다.

   큰배재를 지나 조금 더 올라가면 청량사지 남매탑이다. 여기까지는 일반 관광객들도 가벼운 차림으로 올라오기도 한다.

   남매탑은 고려시대 조성된 7층 석탑(보물 제1285호)과 5층 석탑(보물 제1284호)이다. 각각 보물로 지정되어 있지만 탑의 형태로 보아 동시대에 세웠던 것은 아닌 듯하다. 그리고 5층탑의 상태가 매우 불안정해 보였다.

   남매탑을 지나면서부터 본격적인 산행이 시작되었다. 삼불봉 앞에서 갑사로 넘어가는 길과 관음봉으로 가는 능선길이 갈라진다. 삼불봉은 해발 775m로, 계룡산의 실제 주봉 역할을 하는 관음봉보다도 높다. 여기서 계룡산의 여러 봉우리들과 천황봉(천단)을 한눈에 조망할 수 있다. 특히 설경이 일품이라는데, 금년에는 눈이 적게 내린 탓인지 눈 덮인 산을 볼 수가 없었다.

   삼불봉에서 내려와 관음봉으로 가는 능선길이 '자연성릉'이다. 1.5km 정도 이어지는데, 계룡산에서 조망이 가장 아름다운 길이다. 계룡산 산행의 백미라 할 수 있다.

   조선 초 명신이었던 서거정(1420~1488)이 한시 계악한운(鷄嶽閑雲)에

계룡산   131

서도 이를 노래했다. 계룡산의 모습이 용의 형상인 만큼 거대한 용
(계룡) 한 마리가 운해 속으로 헤엄쳐 들어가려는 듯 꿈틀거리고 있었
다. 자연성릉 기다란 능선이 용의 잔등에 해당하니 내가 용을 타고
조화를 부리고 있지 않나 하는 즐거운 상상도 하면서 관음봉으로 향
했다.

주봉 천황봉에는 군사시설이 있고, 계룡대가 내려다보인다는 이
유로 통제하고 있으니 안타까운 일이다.

안테나가 보이는 천황봉(천단)

자연성릉에서 내려온 후 관음봉으로 올라가는 계단이 가마득했
다. 508 계단이다. 하지만 스틱에 몸을 의지하며 무념으로 한 계단
한 계단 올라서면 정상이다.

정상에는 정자가 있고 그 뒤에 정상 표지석이 있다. 정상석 앞에는
인증 사진을 찍기 위한 등산객들로 장사진을 이루고 있었다.

겨울이지만 겨울답지 않게 햇살이 고운 날이었다. 육각정 아래서
점심을 먹고 용의 뿔처럼 솟아있는 천황봉 레이다 기지를 바라보며
하산했다.

관음봉고개는 천황봉 쪽의 옛 종주 코스와 동학사, 갑사, 신원사로 내려가는 갈림길이다. 동학사 방향은 급경사 내리막인 데다 응달 구간이라 눈이 얼어붙어 아이젠을 착용하지 않으면 위험했다.

한 시간여 가까이 계속되는 하산 길은 대부분 계단으로 이어졌지만 미끄러웠고 힘들었으며 여간 조심스러운 것이 아니었다. 아이젠도 오래된 것이라 걸음도 불편했다.

은선폭포 상단까지 가파른 내리막길은 계속되었다. 폭포는 갈수기라 볼품없이 말라 있었다. 얼음이 없었다면 지나칠 뻔했다.

폭포를 지나서도 내리막 계단은 끝없이 이어졌다. 하지만 눈 덮인 계곡에 듬성듬성 모습을 드러낸 소나무가 겨울 정취를 더해 주었다. 한폭의 동양화를 보는 듯했다.

또한 동학사 절집들은 계룡이 알을 품은 듯한 형상을 하고 있었다. 천년 고찰 동학사는 청도 운문사와 같이 비구니 사찰로, 6·25 전쟁 때 소실되었으나 1975년에 새로 지어졌다고 한다. 주말이라 그런지 관광객과 참배객들로 붐볐다.

하산 후 계룡산을 돌아 유서 깊은 호국사찰 갑사(甲寺)로 향했다. 갑사는 마곡사 말사로 420년(백제 구이신왕 원년)에 아도화상이 창건했다고 한다. 국보 1점과 보물 7점을 보유하고 있는 유서 깊은 명찰이다.

갑사에는 특이한 탑이 하나 있다. 공우탑이다. 정유재란으로 불타버린 절을 중창하는 과정에서 황소 한 마리가 매일 공사자재를 운반했는데, 갑사가 완공되던 날 갑자기 죽었다고 한다. 이에 황소의 공을 기리고자 세운 탑이다. 모든 중생에게 자비를 베풀어야 한다는 부처님 가르침의 실천이다.

지금은 겨울이지만 가을 단풍으로 명성이 높은 갑사를 나와 유성 온천에서 짐을 풀었다.

계룡산과 그 이웃들

□ 공산성과 무령왕릉 - 유네스코 세계문화유산 백제역사유적지구

공산성

무령왕릉

공주는 여러 번 방문했지만 공산성 성곽 일주 답사는 이번이 처음이었다. 전라북도 장수군 뜬봉샘에서 발원한 금강이 휘감고 돌아가는, 둘레가 2.6km의 작은 성이지만 직접 올라가 보면 천혜의 요새임을 알 수 있다. 정문인 금서문과 금강과 맞닿은 공북루를 제외하고는 매우 가파른 지형이다.

하지만 공주는 한 나라의 도성으로서는 터가 좁아 보였다. 고구려 장수왕의 남하정책으로 개로왕이 전사하고 문주왕이 급하게 천도했기 때문일 것이다. 이후 60여 년을 도성으로서 그 역할을 다했지만, 부여로 다시 천도해야만 했다.

공산성에서 전망이 가장 아름다운 만하루와 연지를 지나 성벽 위

에서 바라본 금강은 그때의 일을 아는지 모르는지 무심하게 흐르고
만 있었다.

공산성 답사를 마치고 인근에서 나름 유명하다는 청국장을 점심
으로 먹고 무령왕릉과 국립공주박물관으로 향했다.

무령왕릉은 1,500여 년 전 쇠락해 가던 백제를 부흥시켰던 무령왕
부부의 왕릉이다. 1971년 여름 송산리 고분의 배수로를 정비하던 인
부가 가지런히 쌓인 벽돌을 발견하고 문화재관리국에 알려 발굴한
결과, 수천 점의 화려한 유물이 쏟아져 나왔고 무덤의 주인이 무령
왕 부부라는 사실도 알려져 세상을 놀라게 했다. 이는 기적이었다.

무령왕릉은 무덤의 수호신 '석수'가 지키고 있는 매표소를 지나면
만날 수 있다. 왕릉으로 가기 전 고분군 전시관에서 왕릉에 대한 이
해도를 넓히고 답사하는 것이 좋겠다.

비록 모형이지만 무령왕릉 내부를 재현해 놓은 것으로, 벽돌 문양
이나 축조 방식 등은 실로 놀랍다. 전시관에서 나오면 구릉지 위 고
분들을 만날 수 있는데, 봉분 외형만 볼 수 있다.

7호 고분인 무령왕릉은 5호와 6호 고분 사이에 있는데, 어떻게 일
제 강점기 문화재 도굴에 혈안이 되어 있던 일본인의 삽날을 벗어날
수 있었을까? 천운이었다고 말할 수밖에 없다.

무령왕릉을 답사하고 왕릉 유물로 가득 채워진 국립공주박물관을
둘러보았다. 올해가 왕릉을 발견한 지 50주년이 되었다. 그러므로
'무령왕릉 유물 특별전'이 열리고 있었다. 왕릉에서 발굴된 문화재
중 국보는 제154호부터 제165호까지 12종 17건에 이르고, 수많은
유물이 전시되어 있는 바, 국립공주박물관은 무령왕릉 박물관이라

해도 과언이 아닐 것이다.

100대 명산 중 첫 번째 산행과 그 이웃들을 찾아가 보았다. 앞으로 99개의 산이 나를 기다리고 있을 것이다. 가슴이 떨린다. 다리가 떨리면 가고 싶어도 못 간다고 했다.

내가 산에 오르기로 작정하고 산을 찾아갔기 때문에 산이 나를 품어 주었으며, 많은 것을 나에게 나누어 주었다. 생각해 보면 우리의 삶도 어떻게 생각하고 행동하느냐에 따라 달라진다. 일순간에 찾아온 생각을 바꾸면 세상이 달라진다. 또 많은 것을 경험하고 얻을 수 있다.

덕유산

德裕山, *1,614m*

덕유산 국립공원

백두대간에 자리한 산으로 북서쪽으로는 적상산이 있고, 향적봉에서 남덕유산까지 장대한 산줄기는 전북과 경남의 경계를 이룬다. 1975년 국립공원으로 지정되었으며, 구천동계곡과 스키장이 유명하다.

산행 노정

2024.1.29. (월) 맑음

코스 난이도: ★★★★☆

순환 20km 8시간 40분(산행 7:35, 휴식 01:05)

구천동주차장(08:45) ⇨ 백련사
(10:25~10:50) ⇨ 향적봉(12:50~13:05) ⇨
향적봉대피소(13:10~13:35 점심) ⇨
중봉(14:00) ⇨ 오수자굴(14:55) ⇨
백련사(15:55) ⇨ 원점 회귀(17:25)

산행 일지

□ **구천동주차장** ⇨ **백련사** ⇨ **향적봉**

덕유산은 한자로 '넉넉하게 덕을 베푸는 산'이라는 뜻으로, 푸근하고 편안한 느낌을 주는 산이다. 그리고 산 아래 명승지와 휴양 시설이 즐비하다. 그래서 그런지 연중 많은 사람들이 휴식과 건강을 위하여 찾고 있다.

덕유산 정상 향적봉으로 가는 길은 여러 갈래가 있다. 대표적인 코스는 구천동에서 출발하여 돌아오는 순환 코스와 육십령에서 구천동으로 이어지는 종주 코스가 있다. 그리고 일반 관광객들이 곤돌라를 타고 설천봉까지 올라간 다음 향적봉을 거쳐 중봉까지 다녀오는 쉬운 코스도 있다.

구천동 코스는 주차장에서 백련사까지 약 6km가 평이한 산책길이다. 구천계곡을 따라 백련사까지 도로가 나 있고, 계곡 옆으로 오솔길을 따라 올라갈 수 있는 어사길이 있다.

어사길은 소설 『박문수전』에서 암행어사 박문수가 무주구천동을 찾아가 어려운 민심을 헤아렸다는 설화에서 기인한 길이라고 한다. 중간중간 데크가 설치되어 있고, 도로와 연결된 아치형 다리도 많다.

어사길을 따라 올라가면 구천동 33경 중 제15경인 월하탄부터 제32경인 백련사까지의 비경을 즐길 수 있다. 하지만 지금은 겨울이라 계곡물이 얼어붙어 별로 감흥을 느낄 수 없었다. 겨울을 제외하고는 아름다운 코스이므로 여유가 있다면 비경을 하나씩 살펴보는 것도 의미가 있을 것 같다.

한 시간 반 정도 어사길과 도로를 넘나들며 걸으면 백련사가 나온다.

백련사는 신라 신문왕 때 창건된 사찰이다.

덕유산 등산은 백련사 앞에서부터 본격적으로 시작되는데, 왼쪽으로 가면 오수자굴을 경유하는 길로 비교적 쉽다. 하지만 백련사로 올라가면 거리가 짧은 대신 매우 힘든 길이다.

백련사에서 아이젠과 스패치를 착용한 다음 산행 길에 올랐다. 시작부터 가파른 길이었다. 향적봉까지는 오르막 경사도가 31%가 넘는 급경사 길이다. 백련사 뒤 산등성이에는 돌로 만든 계단(戒壇)이 있는데, 불교의 계법을 전수하던 곳이라고 한다.

남덕유산과 그 뒤로 보이는 지리산 100리 능선

정상 향적봉까지는 가파른 능선길을 올라가야 했다. 매우 힘든 길이다. 다행히 지난 주말에 많은 사람들이 다녀갔는지 등산로는 압설되어 발이 빠지거나 위험하지는 않았다. 급경사 길이라 길옆에는 체력 안배를 위한 쉼터가 조성되어 있고, 안전사고가 우려된다며 중간 중간 쉬어 가라는 안내 표지판도 많다. 조망도 거의 없는 길, 마지막 쉼터에서는 동쪽 가야산을 겨우 볼 수 있었다.

정상에 오르자 장대한 광경이 눈앞에 펼쳐졌다. 구름 한 점 없는 맑은 하늘과 남쪽 멀리 운해 위에 늘어선 지리산 100리 능선도 선명하게 그 존재를 말하고 있었다. 마치 한 폭의 수묵화를 보는 듯했다. 그리고 동남쪽으로는 가야산이 스카이라인 아래 흰 눈을 머리에 이고 장엄하게 자리하고 있었다.

그러나 향적봉에는 너무 많은 시람들이 올라와 정상석 앞에 장사진을 치고 있었다. 대부분 곤돌라를 타고 올라온 사람들이다.

향적봉 아래 대피소에서 늦은 점심을 먹고 눈 덮인 주목과 구상나무 군락지를 지나 중봉으로 향했다.

⬜ 향적봉 ⇨ 중봉 ⇨ 백련사 ⇨ 원점 회귀

중봉은 향적봉에서 건너다보이는 봉우리다. 그리고 중봉에서 동엽령으로 이어진 능선길이 한없이 넉넉해 보였다. 초여름 덕유평전에는 원추리 꽃밭이 끝없이 펼쳐진다고 한다.

중봉에서의 조망도 더없이 훌륭하고 아름다웠다. 파도처럼 일렁이는 능선들과 하얗게 드리운 운해 위로 솟아난 봉우리들이 마치 바다 위에 떠 있는 섬들 같았다.

중봉에서는 오수자굴로 내려가는 길과 동엽령으로 가는 길이 갈라진다. 참나무숲 사이로 난 눈밭을 지나 오수자굴로 가는 길은 밋밋한 내리막길로 한적했다. 그러나 많은 사람들이 다니는 덕에 길이 나 있어 길을 잃을 염려는 없었다. 하지만 폭설이 내려 길을 덮어 버린다면 여간 난감한 일이 아닐 것 같다.

서산대사 휴정(1520~1604) 스님은 〈踏雪偈(답설게)〉에서 눈 덮인 들녘을 함부로 걷지 말라고 했다. 바르지 못한 길을 가면 뒤따라오는 자들이 낭패를 볼지도 모르기 때문이다. 이는 함부로 인생을 살지 말라는 말씀으로 앞서가는 자는 바르게 생활하고 후학을 가르치라는 말씀이다.

오수자굴이 가까워지자 급경사 내리막길이 시작되었다. 위험하고 힘들었다. 가파른 하산 길 끝에서 만난 오수자굴은 신비로웠다. 오수자라는 스님이 득도했다는 굴속에는 고드름이 거꾸로 자라고 있었다. 제법 넓은 굴 안에는 수정처럼 빛나는 수많은 얼음 기둥이 서 있는데, 일부 몰지각한 사람들이 몇 개는 분질러 놓았다.

오수자굴을 나서 조금만 더 내려가면 계곡과 만난다. 그리고 평탄한 길이 백련사로 이어진다. 계곡 옆에는 눈이 두껍게 쌓여 있었지만 계곡 아래서는 봄이 오는 소리가 들렸다. 눈이 녹기 시작한 모양이다. 키가 큰 조릿대 숲을 지나면 다시 백련사 앞이다. 어사길과 나란히 나 있는 포장도로를 따라 내려가는 길가에는 '구천동 수호비'가 서 있다. 6·25 전쟁 때 퇴로가 막힌 북한군 패잔병들과 참혹한 전투가 벌어졌던 곳이다. 아름다운 비경 속에도 아픔은 숨어 있는 것이다.

아침부터 시작한 산행이 해가 질 무렵에야 끝났다. 저녁 식사를 해야 하는데, 구천동을 대표할 만한 음식을 찾지 못했다. 다른 관광지처럼 일반화되었기 때문이다. 그래도 구천동은 계곡 물길을 끼고 있어 다슬기 된장국과 제육볶음으로 식사를 하고 리조텔에 짐을 풀었다. 매우 피곤한 산행이었다.

덕유산과 그 이웃들

□ **무주 구천동 33경** - 명승 55호, 56호 등

　심산유곡 무주구천동은 옛날에는 살기가 어려웠던 고장이지만 뛰어난 절경을 자랑하는 곳이다. 원당천과 구천동계곡에 산재해 있는 비경은 참으로 신비하고 아름답다. 그러나 어떤 곳은 기내에 미치지 못한 곳도 있다.

구분	내용 및 사진
제1경	**나제통문:** 신라와 백제가 국경을 접했던 곳으로 단애절벽에 터널을 뚫은 곳이다. 원당천과 암벽이 조화를 이루고 있어 절경을 자아낸다.
제5경	**학소대:** 서벽정 아래 계곡에 있으며 넓은 반석과 커다란 바위 사이로 맑은 물이 흐른다. 와룡담(4경)과 함벽소(7경)가 바로 위, 아래에 접해있다.
제6경	**일사대(명승55호 일명 수성대):** 대한제국 말 순국한 송병선 선생이 후진 양성을 위해 지은 서벽정이 있다. 하지만 명성에 비하여 주변 관리가 소홀하다.

구분	내용 및 사진
제11경	**파회(명승56호):** 하천이 급하게 방향을 바꾸는 곳이다. 바위 위에 노송이 자라고 있는데 천송암이라 한다. 바위에는 춘추계원 이름이 새겨져 있다.
제12경	**수심대(명승56호):** 파회 바로 위에 있는 명승지다. 병풍처럼 둘러친 절벽이 금강산과 같다 하여 소금강이라 한다. 가을 단풍이 절경이다.
제15경	**월하탄:** 선녀들이 달빛 아래 춤을 추며 내려오듯 두 줄기 폭포수가 기암을 타고 내려와 작은 담(潭)을 이루고 있다. 하지만 겨울이라 계곡물이 얼어붙었다.
제16경	**인월담:** 구천계곡에서 여름이면 유일하게 하늘을 볼 수 있는 곳으로, 물 위에 도장을 찍은 듯 달이 선명하게 비추는 곳이다. 의병장을 숨겨 주었다는 전설이 있다.
제19경	**비파담:** 여러 물줄기가 비파를 닮았다고 한다. 7명의 선녀가 내려와 목욕을 하고 넓은 반석 위에서 비파를 뜯으며 즐겼다고 하는 전설이 있다.
제25경	**안심대:** 월하탄에서 시작한 어사길이 끝나는 곳이다. 과거 백련사를 오가는 사람들의 쉼터였다. 생육신 김시습이 관군을 피해 잠시 몸을 피했다는 전설이 있다.

구분	내용 및 사진
제27경	**명경담:** 물이 너무 맑아 거울처럼 비친다고 한다. 스스로 자신을 들여다보고 속세에 얼룩진 심신을 가다듬는 곳이다.
제28경	**구천폭포:** 층암을 타고 내려온 작은 2단 폭포다. 선녀들이 내려와 그 아래서 목욕을 즐겼다는 곳이다. 하지만 겨울이라 형태를 확인할 수 없었다.
제32경	**백련사:** 신라 신문왕 때 속세를 떠난 백련선사가 은둔했던 곳으로, 주변에 하얀 연꽃이 핀 것을 보고 길지라고 생각하여 백련암을 지었다.

적상산

赤裳山, *1,034m*

덕유산 국립공원

덕유산국립공원 안에 있는 산으로 연한 적색 계통
의 퇴적암 절벽이 치마를 두른 것 같다 하여 적상
산이라 했다. 양수발전소와 적상산사고가 있으
며, 무주읍에는 한풍루가 있다.

산행 노정

2023.7.28. (금) 맑음

코스 난이도: ★☆☆☆☆

왕복 4km 1시간 50분(산행 1:30, 휴식 00:20)

안국사(08:55) ⇨ 능선삼거리(09:10) ⇨ 향로봉(09:40~09:50) ⇨ 안렴대(10:25~10:35) ⇨ 원점
회귀(10:45)

산행 일지

□ 안국사 ⇨ 향로봉 ⇨ 안렴대 ⇨ 원점 회귀

적상산은 100대 명산에 속하지만 등산이 아주 쉬운 산이다. 종주를 하더라도 10여 킬로미터 남짓한 거리다. 이번 산행은 혹서기 등산이므로 최단 거리인 안국사 코스를 택했나. 안국사는 해발 1,000여 미터에 자리하지만 자동차로 올라갈 수 있다. 그 길은 가파르고 급한 커브 길이라 '하늘 길'이라고도 한다.

안국사 극락전 앞에서 좌측으로 돌아 탐방로 입구로 들어서자 최근 내린 폭우가 휩쓸고 간 흔적이 역력했다. 완만한 나무 계단을 올라서면 향로봉과 안렴대로 가는 갈림길이다.

향로봉으로 가는 길은 평탄한 능선길로, 산책로에 가깝다. 곳곳에 뱀이나 벌을 주의하라는 작은 표지판이 설치되어 있었다. 능선 좌측으로는 급경사 비탈을 이루고 있다. 이러한 비탈과 암벽을 이용하여 축성된 적상산성은 천혜의 요새였을 것이다. 허물어진 성벽을 살펴보니 편축법(片築法)으로 축성한 것 같은데, 복원한 일부 구간은 협축식(夾築式) 석성이다. 하기야 지형에 따라 여러 가지 축성 기법을 달리할 수 있는 것이다.

참나무 숲이 우거진 한적하고 밋밋한 길을 따라가면 향로봉이다. 정상은 여기보다 10여 미터가 더 높은 기봉이지만 통제 구간이었다. 조망은 서쪽 방향만 트여 있어 장엄한 덕유산의 모습은 볼 수가 없었지만 고속도로 건너 너울대는 산들이 아름다웠다.

향로봉에서 안렴대로 가는 길은 왔던 길을 다시 가야 했지만 지루하지 않았다. 길가에 화려하게 핀 독버섯들이 즐비했고, 산수국도 피어 있었다. 그리고 주흘산에서 보았던 가는잎그늘사초가 반갑게 말을 걸어왔다.

능선삼거리에서 안렴대로 향했다. 안렴대는 고려시대 거란전쟁 때 삼도안렴사가 이곳에 진을 치고 난을 피했다고 하는 데서 이름이 유래되었다고 한다. 그리고 병자호란 때는 적상산사고 실록을 이 바위 아래에 숨겼다고 한다.

안렴대에서 바라본 덕유산

안렴대에서 바라본 조망은 적상산의 백미였지만, 절벽 끝에 서면 아찔하고 빙하 크레바스처럼 갈라진 바위틈이 조심스러웠다. 바위 틈에는 한자가 음각되어 있었지만 해독할 수 없어 아쉬웠다.

두 시간 가까운 등산을 마치고 조릿대가 우거진 비탈길을 따라 내려와 안국사로 하산했다. 하지만 연이은 장맛비로 그늘진 나무 계단에는 미끄러운 이끼가 끼어 있어 넘어졌다. 그러므로 여름 혹서기나 장마철 산행에는 많은 주의가 필요하다.

① 한여름에는 장거리, 장시간 산행을 삼가고 한낮 산행은 피해야 한다.

② 일사병과 열사병 예방을 위해 계곡이 없고 바위 능선이 많은 산은 피해야 하며, 물은 평소보다 많이 가져가야 한다.

③ 모자와 선글라스 그리고 선크림 등을 준비하고 예비 옷을 가져가야 하지만, 민소매 옷이나 반바지 차림은 좋지 않다.

④ 뱀이나 벌, 벌레도 조심해야 한다. 벌레 기피제를 사용하는 것도 좋다.

⑤ 우기에는 단독 산행을 금하고, 수시로 일기 예보를 확인해야 한다.

⑥ 산행 중 폭우가 계속되면 계곡을 피해 지체 없이 하산해야 하며, 번개가 칠 때는 스틱을 접어야 한다. 야영을 할 때는 계곡에 텐트를 쳐서는 안 된다.

⑦ 장마철 암반이나 계단을 내려갈 때는 미끄럼 사고에 유의해야 하며, 산사태에 대한 지식도 익혀 두면 좋겠다.

적상산과 그 이웃들

□ 적상산 사고

안국사 아래 자리한 적상산 사고는 후금(청나라)의 발흥으로 묘향산사고가 위험해지자 광해 6년(1614년) 적상산성으로 옮겨 온 것이다. 하지만 본래 적상산

사고 터는 적상호수가 건설되면서 수몰되었다.

그러므로 현재 사고는 옛터에 복원한 것이 아니다. 옛 사고 건물 중 선원각은 안국사로 옮겨져 천불전으로 사용되고 있다. 적상산사고 실록은 일제 강점기에 서울 장서각으로 옮겨졌지만 한국 전쟁 때 북으로 넘어갔다고 한다.

번듯하게 복원해 놓은 실록전(전시실) 계단에는 비가 새고 있었고, 찾는 이가 거의 없었다.

사고(史庫)에서 조금 더 아래로 내려가면 적상호다. 이 호수는 양수발전을 위한 인공 호수다. 양수(揚水) 발전이란 물을 위로 끌어올려 터빈을 돌려 발전한다는 말이다. 즉, 위아래 두 개의 호수가 있는데, 전력 수요가 적은 밤에는 남는 전력으로 아래 호수의 물을 상부로 끌어올리고 전력 수요가 많은 낮에 물을 흘려보내 발전하는 것이다. 친환경적이다.

적상호 아래 자리한 적상산 전망대는 덕유산을 볼 수 있고 가을이면 단풍 명소로도 유명하다.

다시 '하늘길'을 굽이돌아 내려가면 천일폭포를 지나 머루와인동굴이다. 이곳은 양수발전소 건설 당시 공사를 위한 터널로 사용되었던 곳이다. 사철 15℃ 안팎을 유지하여 와인 저장고로 최적이라지만 지금은 내부를 화려하게 장식하여 관광객을 끌어모으고 있다. 한여름 더위를 식히기 적당한 곳이다.

다음 답사지 무주읍 한풍루로 향했지만 점심시간이 훨씬 지나 한풍루 아래서 '두부짜박이'를 먹었다. 가성비가 좋았다.

□ 한풍루(寒風樓) - 보물 제2129호

무주 공설운동장 옆에 있는 한풍루를 백호 임제는 호남의 누정 삼한(三寒-무주 한풍루, 남원 광한루, 전주 한벽루) 중 하나라고 했다. 아름다운 누각이다. 하지만 이 누각은 남대천 가에 있었던 조선시대 관아 건물 중 하나였다.

팔작지붕 2층 누각으로 정면은 3칸이지만 측면은 1층이 네 칸이고, 2층은 두 칸으로 매우 특이하다. 현판은 석봉 한호 글씨며, 임제(林悌, 1549-1587)는 시를 남겼다.

그는 호방한 성격의 소유자로, 벼슬에 큰 뜻이 없어 전국을 유람하다 무주에 들러서 쓴 시가 「한풍루」다.

그의 시조 중에는 기생 한우(寒雨)와 주고받은 「한우가」와 황진이 무덤을 지나가다 남긴 「청초 우거진 골에」가 유명하지만 그는 이 시로 인하여 필화를 입기도 했다.

100대 명산과 문화유산 ❶

변산

邊山, *508m*

변산반도 국립공원

호남정맥 변산지맥에 자리하며 내변산과 외변산으로 나뉜다. 1988년 변산반도국립공원으로 지정되었다. 명찰 내소사와 직소폭포, 변산바람꽃 등이 유명하며, 인근에 곰소만과 채석강 등 명소가 많다.

산행 노정

2022.9.30. (금) 맑음

코스 난이도: ★★★☆☆

순환 7㎞ 4시간 15분(산행 03:20, 휴식 00:55)

내소사 일주문(10:10) ⇨ 내소사(10:20~10:40) ⇨ 관음봉삼거리(11:25) ⇨ 관음봉(11:55~12:10) ⇨ 세봉(12:35) ⇨ 세봉삼거리(점심 12:50~13:15) ⇨ 원점 회귀(14:25)

산행 일지

□ 내소사 일주문 ⇨ 관음봉

산행은 내소사 가기 전에 시작하고 하산은 입암 마을로 내려와야 했기 때문에 산행 전에 내소사부터 답사 했다.

백제 무왕 때 창건된 내소사 일주문에는 '능가산 내소사'라는 현판이 걸려 있다. 변산을 과거에는 능가산이라 했기 때문이다.

일주문을 들어서면서부터 이어지는 600여 미터 정도의 전나무 숲과 가을이면 사천왕문 앞 단풍나무 터널이 보는 이의 넋을 빼놓는다. 그리고 경내의 거대한 당산나무는 불교가 민속신앙과 습합된 흔적임을 잘 보여 주고 있다.

대웅전 앞 봉래루의 덤벙주초는 어울리지 않게 크지만 멀리서 보면 조화롭다. 대웅전(보물 제291호)은 단아하고 아름다우며, 내부 단청은 사람이 아닌 새(관음조)가 그렸다는 전설이 전해질 만큼 황홀하다. 그러나 퇴색되어 아쉽다. 후불 벽화인 백의관음보살상 또한 웅장하고 경이롭다. 그리고 단청을 벗겨내 속살이 드러난 꽃살문이 더욱 아름다웠으며, 원교 이광사가 쓴 대웅전 현판도 눈여겨볼 일이다.

내소사 답사를 마치고 되돌아 나와 전나무길에서 오른쪽으로 접어들면 재백이고개 탐방로 입구다. 오르막 경사도가 25% 정도 되는, 은근히 가파르고 정비되지 않은 거친 길을 가야 했다.

등산로 초입에서 1km 정도 힘겹게 올라서면 만나는 작은 암석 봉우리가 벌통봉이다. 관음봉이 건너다보이며, 멀리 곰소만의 조망도 훌륭했다.

조릿대 사잇길을 올라서면 관음봉 삼거리다. 여기서부터 오른쪽은 관음봉으로 가는 길이며, 왼쪽으로 내려가면 재백이고개를 지나 직소폭포로 가는 길이다. 내변산의 명소인 직소폭포로 가지 못하고 관음봉으로 가야 하는 발걸음이 아쉽다.

관음봉으로 가는 길은 잠시 내리막길이 이어지다가 다시 급격한 오르막이 시작되며 철제 잔도가 관음봉 허리에 걸려 있다. 관음봉으로 굽이돌아 올라가는 계단 또한 매우 가팔랐다.

계단 위에서 내려다보면 병풍처럼 펼쳐진 내변산의 연봉들과 직소폭포에서 흘러내린 계곡물이 머문 저수지가 아름다웠다.

정상 200여 미터 앞부터 야자 매트가 깔려 있는 밋밋한 오르막길이며, 그 위가 관음봉이다.

□ **관음봉 ⇨ 원점 회귀**

변산 최고봉은 의상봉이지만 통제 지역이라 관음봉이 주봉 역할을 하고 있다. 정상에서의 조망은 곰소만이 손에 잡힐 듯 가깝지만 박무가 훼방을 놓았다. 그리고 정상 표지석은 나무 밑에 자리하고 있고 역광이라 사진이 좋지 않았다. 바람 한 점 없는 정상 쉼터에서 잠시 쉬었다 세봉으로 향했다.

세봉까지는 암릉과 숲길이 교차하며 오르내림이 반복되지만 곰소만 일대의 조망은 일품이었다, 그리고 단풍이 들기 시작한 단애절벽 아래로 내소사 절집들이 모여 있었으며, 전나무 숲이 끝나는 지점부터 곰소만까지 쭉 뻗은 도로가 손에 잡힐 듯했다.

맹감나무 열매가 빨갛게 익기 시작하는 세봉에서 세봉삼거리까지는 400여 미터의 가까운 거리다.

세봉삼거리는 내소사 일주문으로 가는 길과 가마소삼거리로 내려가는 길로 갈라진다. 이곳에서 늦은 점심을 먹고 하산했다.

세봉삼거리부터 일주문까지는 비교적 평이한 내리막길이지만 군데군데 암릉길이 도사리고 있어 위험했다. 일부 구간에는 작은 바위들이 수직으로 절리 되어 아름다웠고, 소나무 사이로 보이는 관음봉과 곰소만 또한 절경이었다.

등산로에는 절리 되어 떨어져 나온 자갈돌들이 하얗게 깔려 있었는데, 일부러 깔아 놓은 것 같았다.

내소사와 곰소만

주상절리 갈라진 바위틈에 뿌리를 내리고 있는 향나무가 경이로웠다. 고목이지만 키가 작은 나무는 많은 생각을 하게 했다. 향나무는 저 자리에서 싹을 틔울 수밖에 없는 숙명이었겠지만 저렇게 명품으로 자란 것이 놀라웠다. 하지만 지나온 시절은 참담한 인고의 세월이었을 것이다.

좁은 바위틈을 비집고 물을 찾아 연약한 뿌리의 생장점을 키워 박아야 했으며, 여름 뜨거운 바위 열기와 혹한의 찬바람을 견뎌 냈을 것이다.

우리도 마찬가지다. 언제, 어디서, 누구에게서 태어났는가도 중요하겠지만 열악한 삶이 주어졌더라도 매사에 열심히 살면 명품이 된다는 사실은 평범한 진리지만 산에서 또 배웠다.

산행길이 끝나갈 무렵 가파른 내리막길을 내려서자 난데없는 모기떼가 극성을 부렸다. 저들도 살기 위한 몸부림일 것이다.

감이 익기 시작한 입암 마을을 지나 일주문으로 가는 길섶, 바위틈에는 철 지난 상사화 몇 송이가 빨갛게 피어 지친 산객을 위로해 주었다.

변산과 그 이웃들

□ 매창 공원

부안읍 매창공원은 조선 3대 여류 시인 중 한 명인 이곳 출신 매창 이향금(1573~1610)을 추모하기 위하여 조성한 공원이다. 예전에는 잡목이 우거진 수풀 사이에 외롭게 누워 있었는데 이제 묘역이 잘 정비되어 고  맙다. 조선 중기 동시대(16세기)의 3대 여류 시인 중 시골 벽촌에서 화려하지 않은 청초한 야생화와 같은 삶을 살다 간 매창은 지방 하급

관리(아전)의 딸로 태어나 기생으로 살았지만, 그의 시문과 거문고 가락을 그리워한 많은 시인 묵객들의 사랑을 받았다. 특히 평생의 정인이었던 천민 출신 시인 유희경을 그리워하며 남긴 시조가 「이화우(梨花雨)」다. 그 역시 천민이었기에 더욱 마음이 갔을지도 모른다. 공원에 조성된 그녀의 시비 중 이화우를 옮겨 적어 본다.

이화우 흩날릴 제 울며 잡고 이별한 님
추풍낙엽에 저도 날 생각하는가.
천리에 외로운 꿈만 오락가락하노라.

한편, 매창과는 다르게 양반가에서 태어난 허초희(난설헌)는 재주는 뛰어났으나, 개인사의 불행으로 박복한 삶을 살다가 단명하여 경기도 광주 중부고속도로 옆 애기무덤과 같이 누워 있고, 개성의 황진이(명월)는 화려한 삶을 살았지만 노후는 불행했다.

□ 곰소 염전

곰소만으로 가는 길, 석양에 반짝이는 간척지 황금 들녘이 황홀했다. 염전 앞에는 이름난 빵집이 자리하고 있다. 젊은이들의 취향에 맞게 제품을 개발하여 입소문을 타고 번창 중이란다. 시골 빵집도 아이디어가

좋으면 각지에서 사람들이 몰려드는 좋은 세상이다.

빵집 앞에서 길을 건너면 염전이다. 염전 하면 먼저 떠오르는 것이 전 국민을 울렸던 오래된 영화 〈엄마 없는 하늘 아래〉다. 지금도 눈시울이 뜨겁다. 염전은 낭만이 있는 곳이 아니라 영화에서처럼 치열한 삶의 현장인 것이다.

드넓게 펼쳐진 염전 끝에는 나문재인지 칠면초인지 석양 아래 붉게 타고 있었다.

곰소소금은 허영만 화백의 『식객』에도 등장하는데 '소금은 바다의 속살이다'라고 했으며, '맛은 은근한 뒷맛이 있어야 한다'고 했다. 맞는 말이다.

늦은 시간이라 염부들의 일하는 모습은 볼 수 없었고, 물 위에 산그림자가 어리기 시작했다.

곰소만은 젓갈로도 유명하다. 근해에서 나는 작은 생선과 어패류를 곰소 천일염으로 발효시켜서 만들었기 때문이다. 그러나 이제 곰소젓갈도 곰삭은 옛 맛을 잃어 가고 있었다. 주관적이지만 요즘 사람들의 입맛에 맞게 달고 짜기만 했기 때문이다.

젓갈의 단맛을 싫어하기 때문에 달지 않은 새우젓(육젓)을 사 가지고 숙소 인근에서 저녁 식사를 했다.

부안은 백합조개로 유명하다. 제철은 아니어도 백합탕을 먹고 싶었지만 이곳도 중국산이 판을 치는 바람에 바지락탕으로 대신하고 격포해수욕장에 있는 숙소에 들었다.

□ 채석강 - 명승 13호

채석강은 연중 많은 사람들이 찾는 명소다. 어제 오후에 답사할 예정이었으나 물때가 맞지 않아 아침 간조 시간에 맞추어 찾아갔다. 채석강 답사는 물때를 알아보고 가는 것이 좋겠다.

채석강(彩石江)은 약 7천만 년 전(중생대 백악기)에는 호수였으며, 바닥에 형성된 퇴적암이 지각 변동과 바닷물의 침식 작용으로 마치 수만 권의 책을 쌓아 올린 듯한 층을 이루고 있다.

채석강은 바다에 접해 있지만 시인 이태백이 즐겨 찾았다던 중국의 강, 채석강과 흡사하다 하여 붙여진 이름이라고 한다.

책을 쌓은 듯, 물결이 굽이치듯 형성된 단애절벽은 물에 젖어 검게 빛나는 하층부와 다양한 색상의 상층부가 조화를 이루었고, 절벽에는 구절초가 아름답게 피어 있었으며, 드넓은 암반은 갈매기들의 놀이터였다.

상경하는 길에 새만금방조제와 고군산군도을 찾아갔다. 고군산 군도는 이제 더 이상 섬이 아니다. 새만금방조제와 교량으로 연결되었기 때문이다. 과거에 고군산 군도는 군사적 요충지였다. 왜구를 방어하기 위하여 수군이 주둔하기도 했었다. 이 밖에도 고군산군도에는 많은 이야기들이 숨어 있다.

선유도 일대를 돌아보고 망주봉이 바라다보이는 횟집에서 생선회와 매운탕으로 점심을 먹고 상경했다.

선유도 갯벌과 망주봉

내장산

內藏山, 763m

내장산 국립공원

호남정맥에 위치한 산으로, 대한 8경과 호남 5대 명
산 중 하나다. 1971년 국립공원으로 지정되었으며
내장산 지구와 백암산 지구로 나뉜다.
내장사 단풍이 유명하며 정읍에는 무성서원이
있다.

산행 노정

2023. 11. 3. (금) 흐림/맑음

코스 난이도: ★★★☆☆

순환 12km 6시간 40분(산행 5:30, 휴식 01:10)

내장산제1주차장(06:40) ⇨ 일주문(07:05) ⇨ 까치봉(08:35) ⇨ 신선봉(09:45~10:10) ⇨ 연자봉
(10:55) ⇨ 전망대(11:40) ⇨ 내장사(12:15~12:25) ⇨ 일주문(12:35) ⇨ 도보 ⇨ 원점 회귀(13:20)

산행 일지

▢ 내장산 제1주차장 ⇨ 까치봉 ⇨ 신선봉

평일 새벽 6시 반인데도 제1주차장이 거의 찼다. 내장산은 유명한 단풍 명소로 지금이 적기이기 때문이다. 주차장에서 1km쯤 걸어가서 셔틀버스로 갈아탄 다음 일주문 앞(케이블카 승강장)에서 산행을 시작했다.

일주문에서 단풍나무 터널을 지난 다음, 천왕문 앞에서 왼쪽으로 돌아 올라가면 연자봉과 까치봉으로 가는 길이 갈라진다. 연자봉으로 가는 길은 초반부터 가파른 길로 체력 소모가 많은 반면, 까치봉으로 가는 길은 완만한 금선계곡을 따라가기 때문에 장거리 산행을 위한 워밍업을 하기에 알맞은 구간이다. 하지만 까치봉 입구부터 급경사가 시작된다.

계곡을 따라 까치봉 입구까지 가는 길에는 굴거리나무 군락지다. 내장산은 굴거리나무 북방 한계선이므로 생물학적 가치가 높아 천연기념물로 지정하여 보존하고 있다. 이 나무는 새잎이 나고 난 다음에 지난해 묵은 잎이 진다고 하여 '교양목'이라고도 하는 상록수다. 겨울 한라산에서 많이 볼 수 있는 나무다. 그리고 단일목으로 서 있는 단풍나무 한 그루 또한 천연기념물이다.

금선계곡을 따라 올라가는 길을 '조선왕조실록이안길'이라고 하는데, 임진왜란 때 위험해진 전주사고 실록과 태조 어진을 이곳 내장산으로 옮겨 약 1년간 수호하였기 때문이다.

임진왜란 후 광해군은 전주본을 모본으로 하여 5대 사고 실록을 다시 정비했다. 그러므로 유네스코 세계기록유산으로 남게 된 것이다. 이러한 사실을 기념하기 위하여 조성한 길이 이안길이다. 실록을 이안(移安)하는 과정을 동상을 세워 보여 주고 있다.

계곡을 넘나드는 나무다리를 건너 까치봉 입구에 이르면 본격적으로 급경사 오르막길이 시작된다. 나무 계단과 돌계단이 반복되는 길로 매우 힘들다. 하지만 중계소 탑을 조금 못 미치는 지점에 이르자 아침 햇살을 받은 내장산이 속살을 드러내 감탄을 자아내게 했다.

까치봉으로 올라가는 금선계곡

까치봉 입구에서 까치봉까지는 약 1.2km의 거리지만 경사도가 무려 37%에 달해 1시간 이상 소요되었다. 힘이 부쳐 잠깐씩 쉬었다 가야 했다. 까치가 날개를 펴고 있는 형상이라 하여 이름 지어진 까치봉에서는 사방 조망이 가능했다.

까치봉에서 하단삼거리까지는 다시 급경사 내리막길이 이어지고, 좁고 아찔한 릿지를 지나가야 했지만 조망은 더없이 훌륭했다. 좌측으로는 서래봉을 중심으로 여러 봉우리들이 장엄하게 이어지며 우측으로는 정읍 시가지가 한눈에 내려다보였다. 하지만 간간이 밀려온 먹구름이 훼방을 놓았다. 구름 그림자가 봉우리들을 가리고 있어 선명한 가을 산을 온전히 보기가 어려웠다.

까치봉 하단삼거리부터는 밋밋한 길이다. 참나무와 산대나무가 어우러진 산길을 지나면 정상 신선봉이다. 하지만 조망은 거의 없었다. 잡목 때문이다. 평일인데도 제법 많은 사람들이 올라와 있는 정상에서 아침 겸 점심을 먹고 하산했다.

□ 신선봉 ⇨ 연자봉 ⇨ 전망대 ⇨ 원점 회귀

신선봉에서 문필봉을 지나 연자봉에 이르는 길도 만만치 않았다. 신선삼거리까지는 급경사 내리막길이다. 내리막 경사도가 무려 41%나 된다고 안내판에 적혀 있었다.

연자봉 쪽에서 올라오는 등산객들이 매우 힘들어했다. 하지만 문필봉을 지나 연자봉까지는 비교적 걸을 만한 길이다.

등산로에는 낙엽이 수북이 쌓여 바스락거렸다. 저 낙엽들도 한때는 찬란했던 계절이 있었을 것이다. 그러나 때가 되면 자연의 순환에 대비하기 위하여 잎을 떨군다. '시몬, 너는 좋으냐? 낙엽 밟는 소리가…' 레미 드 그루몽의 시 「낙엽」에서 시인은 낙엽을 밟으면 영혼처럼 운다고 했다. 이는 치열했던 여름날의 삶을 이야기하는 것이다. 사연 없는 삶이 어디 있으랴. 그러나 인간은 자연의 순리에 따르지 않고 욕망에 사로잡혀 이를 거스르는 일이 너무나 많다. 어찌 보면 낙엽 같은 인생이지만 욕망의 한계를 가늠하고 억제하지 못하는 것 또한 인간이다.

연자봉에 이르면 지나왔던 신선봉과 문필봉 그리고 건너편 장군봉이 손에 잡힐 듯했고, 백련암과 내장사가 서래봉 아래에 둥지를 틀고 있다. 연자봉에서 전망대까지는 급경사 내리막길로 가파른 계단의 연속이었다. 매우 어려운 길이었다.

케이블카 승강장을 지나면 전망대다. 전망대에 올라앉아 우화정을 바라보며 커피 한잔으로 피로를 달래고 내장사로 향했다. 전망대부터도 내리막길은 계속되었다. 석축을 쌓아 지그재그 아리랑길로 만들어 놓아 매우 이채로운 길이었다.

내장사에 도착하자 허전하기만 했다. 대웅전이 인간의 욕망 때문에 한 줌 재로 사라졌기 때문이다. 그러나 내장사 단풍은 사연을 아는지 모르는지 잔인할 정도로 곱고 화려하기만 했다.

일주문을 나서 셔틀버스를 타고 가야 했지만 우화정 단풍과 2.5km에 이르는 도로변에 늘어선 화려한 단풍나무에 현혹되어 주차장까지 걸어갔다.

내장산과 그 이웃들

□ 내장사 단풍나무

내장사는 단풍나무로 유명하다. 내장사 단풍나무들 중 가장 오래된 것은 금선계곡 입구에 있는 나무로, 수령이 약 290여 년이 됐다고 한다. 천연기념물 제563호로 지정되어 있다.

그리고 일주문에서 천왕문까지 108그루 단풍나무 고목이 일품인데 단풍 터널로도 유명하다. 하지만 단풍이 든 나무도 있고 아직 들지 않은 것도 있어 기대했던 만큼은 아니었다.

일주문에서 제1주차장까지 2.5km에 이르는 도로 옆에도 단풍나무가 늘어서 있어 장관을 이뤘다. 특히 일주문 앞 우화정 주변 단풍은 관광객들로부터 많은 사랑을 받고 있지만, 이 부근 단풍이 가장 먼저 물든다고 하더니 벌써 많이 졌다.

우화정 단풍

내장사부터 단풍나무 터널을 지나 주차장까지 걸어온 다음 늦은 점심을 먹기 위하여 정읍 시내로 향했다.

정읍에서 유명하다는 단풍한우 전문점에서 식사를 하려고 했으나 브레이크 타임이라 한우탕(곰탕) 한 그릇으로 대신하고 다음 답사지인 무성서원으로 향했다.

정읍 무성서원은 고운 최치원 (857~?)이 태산(태인) 태수를 역임한 것을 기려 1615년에 세워졌다.

무성서원교를 건너 마주한 홍살문은 현가루 앞에 있어야 맞는 것 같은데 약간 벗어나 있어 어색했다. 아무래도 현가루 앞에 민가가 들어서 있기 때문인 것 같다.

현가루를 들어서면 숙종의 사액 편액이 걸린 강당(명륜당)이다. 강당은 정면 5칸 측면 2칸의 팔작지붕 건물로 양쪽에 방을 드린 단아하고 소박한 건물이다. 앞뒤가 트여 있어 바로 뒤 내삼문이 훤히 보였다.

내삼문 뒤에 자리한 태산사는 서원이 세워지기 전 고려시대부터 최치원을 추모하기 위하여 세워졌으며, 지금은 최치원과 정극인 등 7분을 배향하고 있다고 한다. 대부분의 사당은 내삼문이 잠겨 있는데 이곳은 개방되었으며, 옆에는 노거수 은행나무가 노랗게 물들어 있었다.

그리고 유생들의 공간인 동재 강수재가 별도로 담밖에 떨어져 있는 것이 특이했는데 무성서원의 건물 배치는 전형적인 서원 배치 형식에서 벗어나 있다.

한편 면암 최익현 선생 등 지역 유생들이 을사늑약에 항거하기 위하여 이곳에서 의병을 일으키기도 했는데, 강수재 앞에 이를 기념하기 위하여 세운 병오창의기적비가 서있다.

태산사에 모셔진 고운 최치원 선생은 6두품으로 계급의 한계를 뛰어넘지 못하고 전국을 떠돌다 가야산으로 들어가 생을 마감했다고 전해지는데, 선생의 유명한 시(詩)「추야우중(秋夜雨中)」은 노년의 심정을 대변하는 것 같아 애잔하다.

□ **벽골제** - 사적 제111호

벽골제는 우리나라에서 가장 오래된 수리 시설로, 백제 비류왕 27년(330년)에 축조되었으며 이후에도 여러 왕조를 거치며 개축되었다고 한다.

현존하는 제방의 길이는 2.53 km이며, 본래 5개의 수문이 있었

벽골제 수문(장생거)

다고 하지만 현재는 장생거와 경장거 2개뿐이다.

거대한 벽골제 공사는 매우 어려웠던 모양이다. 전설에 의하면 축조 당시 어려움을 겪자 감독관 꿈에 현인이 나타나 푸른 뼈를 넣고 쌓으라는 조언을 듣고 말 뼈를 묻어 공사를 마무리했다고 한다. 그래서 벽골제다.

가을이면 지평선 축제가 열리는 벽골제 테마 공원 안에는 박물관과 미술관 그리고 농경 문화를 체험할 수 있는 부속 시설 등이 있다. 또한 제방 아래는 거대한 두 마리의 용 조형물을 전시해 놓아 이채롭다. 이는 하류의 수호신인 백룡과 중류의 청룡이 서로 다투는 장면이라고 한다. 이들은 하류와 중류에 살았던 사람들의 갈등일 수도 있다.

장생거 제방에서 바라보면 도로 건너편, 북쪽으로 나지막이 보이

는 언덕이 '신털미산(초혜산)'이다. 이는 조선조 태종 때 제방을 보수하던 사람들이 짚신에 묻은 흙을 털어 낸 것이 쌓여 산처럼 변한 것이라고 한다. 지금은 소나무와 대나무가 주인이다.

벽골제는 모악산 등산 후 답사할 계획이었으나 사정이 여의치 않아 이번 상경 길에 답사했다.

100대 명산과 문화유산 ❶

백암산

白岩山, *741m*

내장산 국립공원

내장산국립공원에 속한 산으로, 봄이면 백양, 가을이면 내장이라 했듯이 경관이 수려하다. 명승 학바위(백학봉)와 백양사 고불매가 유명하다. 장성에는 필암서원과 장성호수가 있다.

산행 노정

2024.2.25. (일) 흐림/안개

코스 난이도: ★★☆☆☆

순환 14km 6시간 35분(산행 5:45, 휴식 00:50)

*회귀: 약 5km, 2시간 20분 소요

백양사주차장(09:50) ⇨ 약사암갈림길(10:15) ⇨ 영천굴(10:35) ⇨ 회귀(왕복 1km, 00:45) ⇨ 약사암갈림길(11:00) ⇨ 운문암입구(11:35) ⇨ 능선사거리(12:00) ⇨ 사자봉(12:10) ⇨ 상왕봉(12:35~13:00 점심) ⇨ 묘지갈림길[백양계곡 방향](13:45) ⇨ 회귀(왕복 4km, 1:35) ⇨ 상왕봉(14:35) ⇨ 백양사(15:50~16:15) ⇨ 원점 회귀(16:25)

산행 일지

□ 백양사주차장 ⇨ 상왕봉 ⇨ 백양계곡 갈림길 ⇨ 상왕봉

백학봉(학바위-명승 제38호)과 쌍계루

백양사 일주문을 지나 성보박물관 앞에 주차한 후 산행을 시작했다. 안개가 휘감고 도는 백학봉을 바라보며 쌍계루를 지나 백양사 돌담을 끼고 돌아갔다. 길가에는 천연기념물로 지정된 아름드리 비자나무들이 이름표를 달고 서 있었고, 굴거리나무도 고개를 숙이고 인사하는 듯했다. 그리고 국태민안을 기원하는 '국기제단'을 지나 조금 더 올라가면 약사암 갈림길이다.

이 길은 약사암을 지나 백학봉까지 1,670개의 계단을 올라가야 하는 힘든 길이며, 이후는 평이한 능선을 타고 상왕봉까지 가는 길이

지만 해빙기 낙석 및 낙빙 사고 예방을 위해 영천굴부터 통제하고 있었다. 안전을 위한 규칙이니 어길 수는 없는 일이다. 약효가 탁월하다는 영천굴 암반수 한 모금으로 땀을 식히고 백양사를 바라보며 갈림길로 다시 내려와야 했다.

운문암 입구까지는 포장도로다. 은근한 오르막길을 올라가는 것은 여간 지루한 것이 아니었다. 하지만 며칠 동안 내린 비와 눈 때문인지 계곡물이 불어나 생긴 작은 폭포들이 눈과 귀를 즐겁게 해 주었다.

운문암 입구부터 산길로 접어들었다. 밋밋한 오르막 돌계단이 이어져 별로 힘들지는 않았지만 지난밤에 내린 눈이 제법 쌓여 조심스러웠다.

능선사거리는 사자봉과 몽계폭포 그리고 상왕봉으로 갈라지는 길목이다. 사자봉까지는 가까운 거리지만 아무도 올라가지 않았는지 눈 위에는 산짐승 발자국뿐이었다. 가파른 계단을 올라가 사자봉에 발자국만 남기고 급히 내려왔다.

사자봉에서 상왕봉까지도 가까운 거리다. 간밤에 내린 눈이 절경을 이루고 있었다. 아름답고 황홀했다. 정상 가까이는 바위가 온통 회색인 암반길이다. 멀리서 보면 흰색으로 보였을 것이다. 그래서 백암산이라 하는 모양이다.

상왕봉은 안개 속이었다. 북으로는 순창새재를 지나 내장산으로 가는 길이며, 남쪽은 무등산을 조망할 수도 있었을 텐데 아쉬웠다. 산을 오르기 전부터 앞서 올라갔던 안개가 산 위에서 기다리고 있었던 것이다. 안개보다 먼저 올라갔더라면 운해를 볼 수 있었을 것이며, 안개가 걷힌 다음이라면 조망이라도 가능했을 것이다.

안개도 시절 인연이니 이를 탓할 수는 없다. 무념무상으로 그 길을 간다면 오히려 편할 수도 있다. 눈앞에 번잡한 것들이 보이지 않기 때문이다.

상왕봉에서 백학봉까지는 고도차가 100m 남짓의 능선길이다. 등산로만 눈이 녹아 지그재그 사행하듯 까맣게 길이나 있어 길라잡이 노릇을 했다.

기린봉을 지나 눈 속에서 만난 노송 백학송은 한 폭의 몽환적 동양화를 보는 듯했다.

백학봉은 영천굴에서는 통제되었지만 상왕봉에서는 갈 수 있을 것이라고 생각했었다. 그러나 백학봉을 400m 남겨 둔 묘지 갈림길부터도 통제되었다. 그러므로 급경사길 백양계곡으로 내려가야 했지만 불가능했다. 아이젠에 습설이 달라붙어 미끄러지기만 했다. 발을 뗄 수조차 없어 다시 상왕봉으로 회귀할 수밖에 없었다. 산에서는 안전이 제일 우선이기 때문이다.

□ **상왕봉 ⇨ 백양사 ⇨ 원점 회귀**

봄이 오기 전 2월, 습기가 많은 춘설(습설)이 쌓인 경사로에서는 아이젠도 소용이 없다는 사실을 체험하고 상왕봉까지 2km 남짓한 능선 길을 다시 돌아가야 했다.

정상 바로 아래는 고도와 방향을 표시한 이정표가 서 있었는데, 해발 고도가 100m나 차이가 났다. 산에서 종종 만나는 오류다. 하산 후 관계기관에 시정을 요청했다.

운문암 입구부터 주차장까지는 포장도로다. 지루한 도로를 피하려면 사자봉에서 가인마을로 내려가는 길도 있다. 그러나 초행길이며 눈길이라 안전하게 왔던 길로 하산했다. 주차장까지는 3km 남짓 되는 거리다.

백암산 아래 자리한 백양사는 명찰이다. 백제 무왕 때 창건된 천년 고찰로 대한불교조계종 제18교구 본사다. 많은 문화재를 보유하고 있지만, 대웅전에서 바라본 백학봉이 절경이다.

그리고 이맘때쯤 개화한다는 고불매가 일품이라는데 아직 일러 피지 않았다. 오늘 오르지 못한 백학봉과 아직 피지 않은 고불매 앞에서 노산 이은상(1903~1982) 선생의 시 「백암산(白巖山)」을 찾아 읽으며 아쉬움을 달래야만 했다.

백암산과 그 이웃들

□ **필암서원** - 유네스코 세계문화유산(한국의 서원)

백암산 백양계곡에서 흘러내린 물은 산 아래 장성호수에서 잠시 머물다 황룡강으로 흘러간다. 그리고 황룡강 옆 마을에는 필암서원 이 자리하고 있다.

필암서원   장성호

필암서원은 문묘에 배향된 18명의 현인 중 한 사람인 문정공 하서 김인후(1510~1560) 선생을 기리기 위해 1590년에 세워졌다. 그러나 1672년 황룡강 수해로 피해를 입어 이곳으로 이전됨으로써 마을 이름도 필암리가 되었다. 그러므로 필암서원은 다른 서원과 다르게 마을 한가운데 자리하고 있어 매우 친근한 느낌이 드는 곳이다.

하서 선생은 성균관에서 퇴계 선생과 함께 학문을 닦았다. 인종의 스승이었으며 두루 관직을 거쳤지만 을사사화 이후 고향 장성으로 돌아와 성리학 연구에 전념하였다.

그의 학문 기조는 의리를 실천하는 데 있었다. 그리고 하서집에 수록된 「자연가(自然歌)」를 보면 그는 노장사상에도 심취했던 것 같다.

青山도 절로 절로 綠水도 절로 절로
山 절로 水 절로 山水 間에 나도 절로
그 中에 절로 자란 몸이, 늙기도 절로 절로.

서원의 건물은 은행나무 고목이 서 있는 확연루부터 사당까지 평지에 늘어서 있다. 정면 3칸 팔작지붕 누각인 확연루를 들어서면 정면 5칸 맞배지붕의 강당(청절당)이 등을 지고 있다. 매우 특이한 배치다. 사당(우동사)과 마주 보고 있는 것이다. 사당은 정면 3칸 맞배지붕으로 창살이 단정했다. 사당 옆에는 이제 막 꽃봉오리를 열기 시작한 매화나무 몇 그루가 서 있었다. 올해 처음 보는 매화가 반갑기 그지없었다.

사당 앞에는 아담하고 아름다운 경장각이 자리하고 있다. 인종이 내린 묵죽도와 판각을 보관하던 곳이다. 현판 글씨가 예사롭지 않은데, 정조의 어필이라고 한다.

또한 특이하게 사당 앞에는 계생비(繫牲碑)가 서 있다. 이는 제사에 쓰일 가축을 매어 두었던 비석이라는데, 의아하다.

서원 답사를 마치고 장성 읍내로 나와 한우구이로 저녁 식사를 했다. 장성한우는 지난번 내장산에서 먹지 못했던 정읍 단풍한우에 버금가기 때문이다.

□ 장성댐

장성에서 숙박한 후 상경하는 길에 장성댐도 둘러봤다. 호남고속도로를 타고 올라가다 보면 우측에 자리한 거대한 댐으로 황룡강을 가로막아 물을 가둔 곳이다.

장성댐은 영산강 유역 종합 개발 사업의 일환으로 1976년 준공되었다. 높이 36m, 길이 603m의 사력댐으로 1977년에 국민관광지로 지정되었다. 여유가 있다면 백양사 가는 길에 잠깐 들러 수변길을 걸으며 백암산을 바라보는 것도 좋겠다.

팔영산

八影山, *609m*

다도해해상국립공원

호남정맥 고흥지맥(팔영분맥)에 있으며, 암봉으로 이루어져 산세가 험하지만 조망이 훌륭하다. 2011년 다도해해상국립공원에 편입되었다. 명찰 능가사가 있으며, 나로도에는 우주센터가 있다.

산행 노정

2024.4.5. (금) 흐림/맑음

코스 난이도: ★★★☆☆

순환 8㎞ 5시간(산행 4:05, 휴식 00:55)

능가사주차장(10:05) ⇨ 흔들바위(10:50) ⇨ 제1봉유영봉(11:20) ~ 제8봉 적취봉(13:00 휴식 30분) ⇨ 깃대봉(13:15~13:40 점심) ⇨ 탑재(14:20) ⇨ 원점 회귀(15:05)

산행 일지

□ 능가사 ⇨ 팔봉 ⇨ 깃대봉(정상) ⇨ 탑재 ⇨ 원점 회귀

성주봉에서 바라본 선녀봉과 여자만

　팔영산은 높지는 않지만 해발 100m 이하에서 산행을 시작할 뿐만
아니라 산세가 험준하여 만만한 산이 아니다.

　벚꽃이 만발한 능가사에서 야영장을 지나가면 유영봉으로 가는
길이다. 계곡을 따라가는 길은 호젓한 산길이다. 사철 푸른 사스레
피나무가 군락을 이루고 있었다. 그리고 참나무도 새잎을 내기 시작
했고, 진달래도 간간이 피었다.

　정비가 잘 된 길을 따라 올라가면 흔들바위가 덩그러니 놓여 있다.
이름이 흔들바위지 흔들릴 것 같지 않았다.

　팔영산 제1봉인 유영봉은 가장 낮은 봉우리지만 조망은 으뜸이다.

선녀봉 너머로 보이는 '여자만'이 손에 잡힐 듯 가까웠다.

옛날에 저 바다에는 고기를 잡던 배들이 오갔을 것이다. 내 고향에도 유리같이 잔잔한 바다가 있었고, 작은 섬 뒤로 돛단배가 지나가곤 했었다. 이제 그 바다에서 삶을 영위하던 사람들은 대부분 떠나고 없다. 지금은 간척지가 된 유년의 바다를 추억하며 성주봉으로 건너갔다.

유영봉에서 적취봉까지 여덟 개 봉우리는 서로 어깨를 나란히 하고 있다. 가파른 암봉을 오르고 내리는 길이 험하고 아찔했다. 봉우리마다 올라가기 전에 그 봉우리에 대한 내력을 시 구절로 설명해 놓았다. 잠시 쉬어 가라는 의미일 것이다.

수직에 가까운 계단을 오르내려야 하고 바위 끝에 아스라이 걸쳐 있는 난간에 의지하며 사족 보행으로 올라가야 하기 때문에 스틱을 접고 장갑을 껴야 했다. 특히 오노봉에서 두류봉을 올라가는 길은 최고의 난이도를 자랑했다. 힘에 부치고 두려움이 엄습하여 균형을 잃을 염려도 있었다. 그럴수록 낮은 자세를 유지해야 한다. 고소공포증이 있는 사람은 오르기 힘든 코스다. 하지만 뒤를 돌아보거나 아래를 내려다보지 않으면 두려움도 느낄 여유가 없다. 올라가야 한다는 일념 때문이다.

그러나 봉우리마다 올라섰을 때는 성취감과 눈앞에 펼쳐진 아름다운 풍경이 고생을 보상해 주었다. 우리가 살면서 수많은 난관이 앞을 가로막더라도 이를 극복하고 목적한 바를 이루었을 때는 지나왔던 길이 고생길이 아니라 보람의 길이었다는 사실을 경험해 본 사람은 안다.

제8봉인 적취봉을 내려와 정상 깃대봉으로 가는 길은 정비가 잘된 평탄한 길이다.

팔봉산은 여덟 개의 봉우리라지만 실은 10개다. 유영봉에서 건너다보이는 선녀봉과 정상인 깃대봉을 포함하기 때문이다.

양지꽃이 피기 시작한 깃대봉에서 돌아 나와 적취봉 아래서 탑재 방향으로 하산했다. 이 길도 내리막 경사도가 22%가 넘는 가파른 길이지만 유영봉 코스에 비하면 힘이 덜 드는 코스다. 평일인데도 많은 등산객들이 올라오고 있었다. 그리고 등산로 곳곳에 명언, 명구를 적은 표지판이 있어 지루함을 덜어 주었다.

군자는 늠름하고 유연하며 교만하지 않는 법이다

— 논어

편백나무 숲이 인상적인 길을 따라가면 임도와 만나는 탑재다. 임도를 가로지른 지름길로 내려서 우측으로 계곡을 끼고 지루한 길을 따라가면 능가사다.

팔봉산 연봉들이 올려다보이는 능가사는 대웅전이 보물 제1307호로 지정되어 있는 고찰이다. 두 그루의 늙은 왕벚나무와 색시같이 다소곳이 고개 숙인 만첩수양홍도화가 묘한 조화를 이루며 흐드러지게 꽃을 피우고 있었다.

구분	내용 및 사진	
제1봉 491m	유영봉 : 유달(劉炟)은 아니지만 공명의 도 선비레라 / 유건은 썼지만 선비풍채 당당하여 / 선비의 그림자 닮아 유영봉 되었노라. 능가사부터 2.5㎞를 올라가야 하며 조망이 훌륭하다.	

제2봉 538m	**성주봉** : 성스런 명산주인 산을 지킨 군 주봉아/ 팔봉 지켜주는 부처 같은 성인 바위 / 팔영산 주인 되신 성주봉이 여기 로세 봉우리 아래 철쭉이 소담하게 피었다.	
제3봉 564m	**생황봉** : 열아홉 대나무통 관악기 모양새 로 / 소리는 없지만 바위모양 생황이라 / 바람결 들어보세 아름다운 생황소리 아기자기한 암봉들 사이로 여자만 바다 가 펼쳐진다.	
제4봉 578m	**사자봉** : 동불의 왕자처럼 사자바위 군림 하여 / 으르렁 소리치면 백수들이 엎드 리듯 / 기묘한 절경 속에 사자모양 갖췄 구려 천등산과 운암산, 그 너머로 장흥 천관산 이 보이는 듯하다	
제5봉 579m	**오노봉** : 다섯 명 늙은 신선 별유천지 비 인간이 / 도원이 어디메뇨 무릉이 여기로 세 / 다섯 신선 놀이터 오노봉 아니더냐 새들의 쉼터인지 표지석 위에 새똥이 하 얗다.	
제6봉 596m	**두류봉** : 건곤이 맞닿는 곳 하늘문이 열 렸으니 / 하늘길 어디메뇨 통천문이 여 기로다 / 두류봉 오르면 천국으로 통하 노라 가장 힘들고 위험한 구간이며 절벽 아래 가 아찔하다.	

제7봉 598m	**칠성봉** : 북극성 축을 삼아 하루도 열두 때를 / 북두칠성 자루 돌아 천만년을 한결같이 / 일곱 개 별자리 돌고도는 칠성바위 8개 암봉 중 가장 높다. 두류봉과 사이에 통천문이 있다.	
제8봉 591m	**적취봉** : 물총새 파란색 병풍처럼 첩첩하며 / 초목의 그림자 푸르름이 겹쳐쌓여 / 꽃나무 가지 엮어 산봉우리 푸르구나 봉우리 아래 간척지를 조망할 수 있는 전망대가 있다.	
정 상 609m	**깃대봉** : 적취봉에서 500여 m 거리지만 평지나 다름없다. 팔영산 최고봉이지만 산 아래 다도해를 조망하는 것 이외에는 별 감흥이 없다. 통신시설 안테나가 거슬린다.	
그 외 선녀봉 518m	**선녀봉** : 곡강에서 강산폭포를 지나 올라오면 선녀봉이다. 유영봉에서 산길로 1㎞ 정도 떨어져 있지만 지척으로 보인다. 팔봉산은 8개 봉우리라지만 깃대봉과 선녀봉을 합해 10개의 봉우리다.	

팔영산과 그 이웃들

□ 나로우주센터 우주과학관

　우주과학관은 고흥반도에서 내나로도를 건너가면 외나로도 끝에

자리하고 있다. 특별한 목적이 없
으면 가기 힘든 곳이지만 팔영산
등산 후 먼 길을 돌아 바다를 건
너갔다.

우주과학관은 지상 2층 건물과
돔 영상관 그리고 야외 전시장으
로 구성되어 있는데, 주 전시관에는 기본 원리 존과 로켓 존, 인공위
성 존, 우주탐사 존, 로켓 전시실이 있다.

1층 전시실 로비에는 거대한 로켓 엔진이 전시되어 있으며, 기본
원리 존은 우주과학의 기본 원리를 체험하고 배울 수 있는 곳이다.
조선시대 신기전 모형도 전시되어 있다. 로켓 존은 로켓의 구성 및
발사에 관하여 설명하고 있고, 모형 관제센터로 들어가 체험해 볼
수 있으며, 달 탐사관도 흥미롭다.

2층 인공위성 존에는 실물 위성인 천리안과 아리랑 위성 등을 전
시해 두었는데, 생각보다 컸으며, 우주정거장 또한 흥미로운 공간이
다. 우주탐사 존과 로켓 전시실에서는 다양한 우주 체험과 로켓의
역사, 지식을 공부할 수 있는 공간이다.

돔 영사관은 상영 시간이 정해져 있어 관람하지 못했으며, 우주 발
사 기지는 통제하여 들어갈 수 없었다. 대신 실물 크기의 나로호 발
사체 모형을 살펴보고 녹동항으로 향했다.

녹동항에는 다도해 섬들을 연결하는 연안여객터미널이 있으며,
그 건너편이 소록도다. 한센병원과 박물관이 있는 곳이다.

녹동항의 야경을 바라보며 수협활선어회센터에서 자연산 광어회
와 특산품 유자 막걸리로 식사를 하고 숙소에 들었다.

벌교읍은 행정 구역이 보성군에 속하지만 고흥으로 가는 길목이며, 고흥반도와 접해 있다. 그러므로 산물이 풍부하며 풍요롭고 역사가 있는 고장으로 인접한 낙안읍성과는 물길이 닿아 있다.

벌교(筏橋)는 우리말로 '뗏목다리'인데, 보통 명사를 고유명사화한 것이다. 옛날에는 강물과 바닷물이 섞이는 지점에 뗏목다리가 있어 벌교라고 했다. 하지만 영조 때 선암사 승려가 무지개 모양의 돌다리를 세웠는데 바로 홍교(보물 제304호)다. 전체 3칸으로, 길이가 27m이며, 높이 3m로 크고 웅장하며 아름답다.

그리고 벌교는 일제 강점기 때는 수탈의 현장이었고, 해방 후 격동기에는 이념 갈등으로 인한 동족상잔의 현장이기도 했다. 조정래의 대하소설 『태백산맥』의 공간적 배경이다.

조정래의 『태백산맥』은 정작 태백산맥과는 거리가 멀다. 주 무대는 지리산이다. 작가는 후에 태백산맥은 민족의 등뼈로, 끊어진 등뼈를 다시 잇는다는 심정으로 제목을 지었다고 했다. 역사지리지 『산경표』에서 지리산은 백두대간이며 조계산은 호남정맥이다. 그리고 이어지는 벌교 제석산은 지맥이다. 그러므로 제석산에서 조계산을 넘어 지리산으로 이어지는 산줄기는 태백산으로 연결되기는 한다.

벌교에는 홍교뿐만이 아니라 태백산맥문학관 등 볼거리가 많으며 먹거리 또한 풍부하다. 그중 유명한 것이 꼬막이다. 읍내에는 꼬막거리가 조성되어 있다. 스무 가지가 넘는 찬을 겸한 꼬막정식을 먹고 귀가했다.

홍도 깃대봉

旗峰, *368m*

다도해해상 국립공원

붉은색을 띤 규암질 바위섬으로, 최고봉은 깃대봉이다.

1965년 천연기념물 제170호로, 1981년 국립공원으로 지정되있고, 2012년 한국 관광 100선 중 1위에 선정되었다. 섬 일주 관광은 유람선을 타야 한다.

산행 노정

2024.5.3. (금) 맑음

코스 난이도: ★☆☆☆☆

왕복 4km 1시간 40분(산행 1:30, 휴식 00:10)

흑산초등학교홍도분교(15:45) ⇨ 제2전망대(16:10) ⇨ 정상(16:30~16:40) ⇨ 제2 전망대(17:00) ⇨ 몽돌해변(17:25)

산행 일지

□ 홍도분교 ⇨ 정상(깃대봉) ⇨ 몽돌해변

　홍도는 목포에서 뱃길로 115km 떨어져 있는 바위섬으로, 쾌속선
으로 두 시간 반이면 갈 수 있으며 흑산도에서는 22km로 30분이면
갈 수 있다. 100대 명산 중 하나인 깃대봉은 홍도 최고봉으로 남녀
노소 많은 사람들이 찾는 명소다.

　홍도분교 앞에서 시작한 산행은 원추리 군락지 사이로 난 800개가
넘는 계단을 올라가야 한다, 하지만 계단이 완만한 데다 지그재그라
생각보다 힘들지 않았다. 계단을 올라서면 어두컴컴한 동백나무 원
시림을 만나게 되고, 풍어를 기원하는 민속신앙의 대상인 청어미륵
과 연리지를 지나면 제2전망대가 나온다.

　이곳까지는 땀이 조금 나는 길이지만 전망대만 지나면 거의 평지
에 가까운 편한 길이다. 지난겨울부터 피었을 동백꽃이 아직 몇 송

홍도 깃대봉　　　　　　　　　　　　　　　　　　　　　　　　　185

이 남아 있었다. 숲속 오솔길을 따라가다 산 아래 바다까지 구멍이 뚫려 있다는 숨골재와 숯가마터를 지나면 정상이다.

정상에서의 조망은 흑산도와 홍도 부속 섬들이 내려다보이며, 가거도도 어슴프레 조망할 수 있다.

하산은 홍도 2구로 내려갔다 되돌아오기도 하지만(등산로는 홍도 1구와 2구를 연결하는 마을길이었다) 시간이 촉박하여 왔던 길로 내려와 홍도분교 뒤 몽돌해변으로 내려갔다.

□ 홍도 유람선 관광

섬 전체가 천연기념물로 지정된 홍도 여행의 백미는 섬을 한 바퀴 돌아오는 유람선 관광이다.

홍도에서 가장 아름다운 풍광을 자랑하는 10곳을 선정하여 홍도 10경이라고 하지만 바다에서 바라본 홍도는 스쳐 지나가는 곳마다 동양화를 전시해 놓은 거대한 해상 화랑 같다.

유람선은 오전, 오후 두 번 운항하는데 소요 시간은 약 2시간 30분이며, 막바지에 이르면 소형 선박이 접근하여 생선회를 팔기도 한다. 베트남 하롱베이에서 보았던 풍경이다.

구분	내용 및 사진
제1경	**남문바위** : 홍도항 인근에 자리한 섬으로 홍도 절경의 으뜸이다. 거대한 구멍이 뚫려있어 만조 시 소형선박이 지나갈 수 있다고 한다.

제2경	**실금리굴** : 굴속에서 가야금을 타면 아름다운 소리가 멀리까지 울려 퍼지는 신비한 석굴이다.	
제3경	**석화굴** : 석양에 바라보면 굴속이 햇살에 반사되어 오색 창연한 꽃이 핀 것처럼 아름답다.	
제4경	**탑섬** : 수많은 탑의 형태로 이루어진 무인도로 편히 쉴 수 있는 평지가 있고 낚시터로 이름난 곳이다.	
제5경	**만물상** : 암석 생성과정에서 생긴 특이한 형태로 보는 사람마다 서로 다르게 느끼는 만 가지 물상이 새겨져 있는 것처럼 보인다.	
제6경	**칠남매(슬픈여)바위** : 부모를 기다리던 칠남매가 바다로 걸어 들어가 굳어버린 바위, 칠남매가 부모를 부르는 것처럼 보인다.	

홍도 깃대봉

제7경	**부부탑** : 아이 없는 부부들이 탑에서 기원하면 아이를 얻게 되고 부부금실을 좋게 하는 영험이 있다 하여 부부탑이라 부른다.	
제8경	**독립문 바위** : 옛날에 중국으로 가는 배들이 드나들었다고 하는 석문이며 모양이 서울 독립문과 비슷하다고 하여 이름 지어졌다.	
제9경	**거북바위** : 홍도를 수호하는 수호신으로 용신을 맞이하고 액귀를 쫓는다 섬 사람들의 생사화복을 관장하며 풍어와 안전항해를 돕는다.	
제10경	**공작새바위** : 공작새가 마치 하늘로 날아오르는 듯한 형상이며 주변 산세가 빼어나다.	

홍도(깃대봉)와 그 이웃들

□ 목포 - 흑산도

목포는 흑산도를 경유하여 홍도로 가는 항구도시다. 그러므로 아침 일찍 출발하는 흑산도행 배를 타기 위해서는 목포에서 1박을 하는 것이 여유롭다.

어차피 목포에서 하룻밤을 묵을 예정이라면 유달산을 올라가 보는 것도 의미 있는 일일 것이다.

유달산(해발 228m) 등산로는 여러 갈래가 있지만 케이블카를 타고 가는 방법도 있다. 북항에서 케이블카를 타고 바다 건너 고하도에서 내려 해변 데크를 걸어 본 후, 다시 고하도를 출발하여 유달산 중턱에서 내려 정상(일등바위 바위)까지 다녀오는 것이다. 예전에 신안관광호텔에서 자고 다녀온 적이 있다.

유달산 승강장에서 일등바위까지는 수많은 계단을 오르고 내려가야 하며, 정상 아래부터는 수직에 가까운 계단을 올라가야 하는데, 정상에서의 조망은 매우 훌륭했다.

목포는 유달산과 고하도 케이블카 말고도 '근대 역사의 거리'나 삼학도, 갓바위, 노적봉 등 수많은 명소가 있지만 내일 아침 흑산도로 건너가야 하기 때문에 연안여객선터미널 근처에서 목포의 로컬 푸드 연포탕을 먹고 숙소에 들었다.

흑산도는 신라 말(828년) 장보고가 산성을 쌓으면서 사람이 살기 시작했다고 하는데, 홍도를 비롯한 68개 섬으로 이루어진 흑산군도 중 가장 큰 섬이다.

목포에서 흑산도 예리항까지는 약 93km 거리로 쾌속선으로 두 시간이면 갈 수 있다.

목포에서 도초도와 이웃한 비금도까지는 많은 섬들이 어깨를 맞대고 옹기종기 모여 있는 해상국립공원이다. 섬과 섬 사이에는 낚싯배들이 한가롭게 떠 있었다. 고산 윤선도(1587~1671) 선생이 노래한 풍경이 오버랩 되는 바닷길이다.

　어부사시사(춘사4)

　　우는 것이 뻐꾸긴가 푸른 것이 버들인가
　　어촌 두어 집이 안갯속에 날락 들락
　　맑고 깊은 못에 온갖 고기 뛰어논다.

도초도에서 잠시 정박했던 배가 한 시간여 만에 흑산도 예리항에 도착했다.

홍도 관광은 흑산도 관광을 겸하는 경우가 일반적이다. 오전에 흑산도 일주도로 버스 투어를 한 다음 홍도로 가는 것도 좋다.

예리항을 출발한 버스는 열두 구비 산길을 돌아 '흑산도 아가씨 노래비'가 서 있는 상라봉주차장에 도착했다. 상라산성 봉화대에 오르면 예리항 일대와 바다 건너 홍도가 내려다보인다.

흑산도는 바다와 접한 산길을 오르내리는 골짜기마다 마을이 있다. 상라봉에서 내려와 특수공법 교량과 구멍 바위를 지나면 '흑산도 아가씨' 노랫말의 배경이 되는 심리마을이다. 그리고 다시 만나는 고개가 갯마을 한을 품고 넘었다는 한다령이다.

한다령을 돌아 내려가면 사리마을이 있다. 유배 온 손암 정약전 선생이 사촌서당을 세우고 훈장을 하며 현지 여인과의 사이에 아들 둘을 낳고 살면서『자산(현산)어보』를 썼던 곳이다.

고갯길을 또 넘어가면 면암 최익현 선생이 일본의 개항 요구를 반대하다 유배 온 진리마을이 있다. 그는 일제에 의해 대마도로 유배 간 후 신념을 지키다 순절했다.

흑산도로 유배 온 지식인들이 주어진 현실에 순응하며 사는 것과 죽음을 두려워하지 않는 신념에 충실한 삶을 사는 것 중 어느 것이 더 행복한 삶이었을까?

바다가 깊어 검푸르며 소나무가 많아 멀리서 보면 검게 보인다는 흑산도, 버스 투어를 마치고 예리항으로 돌아왔다.

홍도로 가는 배 시간이 여유가 있어 방파제까지 돌아보았다. 항구에는 내일부터 시작하는 홍어축제를 준비하느라고 분주했다. 그리고 방파제로 가는 길에는 고래공원도 있다. 일제 강점기 때만 해도 흑산도는 고래잡이가 성했다고 한다.

방파제 앞에는 흑산도 아가씨 동상이 서 있고 가수 이미자 씨의 핸드 프린팅(손바닥 동판)이 있다. 그리고 방파제 끝에는 예쁜 등대도 있다.

흑산도를 대표하는 먹거리는 홍어다. 지금이 제철이다. 싱싱한 홍어애(간)와 찰진 홍어회 한 접시에 탁주를 겸한 점심을 먹고 홍도행 쾌속선에 몸을 실었다.

월출산

月出山, 809m

월출산 국립공원

땅끝기맥 최고봉으로, 주봉은 천황봉이다. 천태
만상의 기암괴석이 절경을 이루며 구름다리가 유
명하다. 1988년 국립공원으로 지정되었다. 명찰
무위사와 도갑사가 있으며, 명소는 왕인박사 유적
지가 있다.

산행 노정

2023.6.23. (금) 맑음

코스 난이도: ★★★★☆

순환 6㎞ 5시간 50분(산행 4:55, 휴식 00:55)

천황탐방지원센터주차장(10:25) ⇨ 천황사삼거리(10:45) ⇨ 바람폭포(11:25) ⇨ 육형제바위 전망
대(11:50~12:00) ⇨ 통천문(12:40) ⇨ 천황봉(12:50~13:20 점심) ⇨ 통천문삼거리(13:35) ⇨
구름다리(15:00~15:15) ⇨ 천황사(15:55) ⇨ 원점 회귀(16:15)

산행 일지

□ 천황탐방지원센터 주차장 ⇨ 바람폭포 ⇨ 천황봉

 4시간 반을 운전하여 도착하자 월출산이 한번 안아 보자는 듯 팔을 벌리고 있었다. 전에는 안갯속에 몸을 숨기는 날이 많았었는데, 오늘은 온전히 속살을 드러내고 있었다.

 주차장에서 탐방로 입구까지는 포장된 도로다. 탐방로를 들어서면 고산 윤선도(1587-1671) 선생의 시비가 서 있다. 선생은 고향으로 가는 길에 월출산을 보면서 수많은 생각을 했을 것이다. 임금을 향한 충정이 시에 잘 담겨 있다. 하지만 그의 시비에는 시를 쓰게 된 배경이 유배를 가다가 썼다고 했는데, 해남이 고향인 선생은 보길도로 유배 간 적이 없다. 그는 혼탁한 세상을 등지고자 낙향한 것이다. 관계기관에 시정을 요구했다.

조무요(朝霧謠)

月出山 높더니마는 미운 것이 안개로다
天皇 제일봉을 일시에 가렸구나.
두어라, 해 퍼진 후면 안개 아니 걷히랴.

　신우대밭을 지나면서부터 너덜겅 위에는 동백나무 군락지가 펼쳐
져 있고, 바람폭포는 물이 적어 겨우 바위를 적실 정도였다. 폭포 위
로 올라서자 눈앞에 황홀한 전망이 펼쳐졌다. 건너편 시루봉과 책바
위가 검푸른 녹음 위로 위용을 자랑하고 있었으며, 사자봉 아래 붉
은 구름다리가 아스라이 모습을 드러냈다.
　육형제바위 전망대에서 바라본 월출산은 환상적이었다. 이 바위
는 형제들이 오순도순 정담을 나눈 모습이라고 하는데, 내 눈에는
투구를 쓴 병사들이 도열하여 천황을 호위하고 있는 것 같았다. 그
러나 바위는 옛날부터 그 자리에 그렇게 있었다. 사람들이 기묘한
형상을 보고 상상하여 이름을 지었던 것이다.
　사람도 마찬가지다. 세간에 그 이름이 잘못 오르내리면 편견을 가
지고 보게 되므로 삶은 매사에 신중하고 경계해야 한다.
　정상이 아직 멀었는데 매우 힘들었다. 하지만 해탈한 듯 무념으로
올라가면 산성대 입구에서 올라오는 길과 만난다. 도갑사나 경포대
코스 등 다른 길에 비하여 바람골 천황사 코스는 거리가 짧은 대신
난이도가 최상급이다.
　정상을 300여 미터 앞둔 통천문 삼거리다. 하늘로 올라가는 문이
니 쉽기야 하겠는가. 겨우 한 사람이 지나갈 정도의 좁은 바위틈을
통과하여 올라가면 천황봉이다.

우람한 정상석이 놓여 있는 천황봉은 제법 넓은 편이었다. 바닥에는 박석이 깔려 있고 옛날에 하늘에 제사를 지냈다는 내력을 적은 '소사지' 비석도 서 있었다.

정상 조망은 영암과 강진 일대의 들판이 한눈에 들어왔으며, 멀리 휘감고 돌아가는 영산강이 아스라이 보였지만 목포나 강진 앞바다는 보이지 않았다. 그러나 바람재를 지나 구정봉을 넘어가는 도갑사 코스는 또 다른 월출산처럼 아름다웠고 반대편 달구봉까지 이르는 기암 절경도 숨을 멎게 했다.

산수국과 양지꽃이 피어 있는 정상에서 점심을 먹고 하산했다.

하산 길 구름다리 코스는 극악의 난이도를 자랑하는 어려운 구간이라는데 걱정이다.

□ 천황봉 ⇨ 구름다리 ⇨ 원점 회귀

사자봉과 기암 절경

통천문 삼거리부터 경포대삼거리까지는 수직에 가까울 정도의 급
경사 계단을 내려가야 했다. 삼거리부터 잠시 완만한 길이 이어지다
가 가파른 암릉길로 접어들었다.

　한참을 내려가다 자일이 걸려 있는 사자봉 중턱에서 다시 봉우리
를 돌아 올라가야 했다. 이 길은 지옥으로 들어가는 길처럼 험하고
잔인했다. 가도 가도 좀처럼 거리가 줄어들지 않았다.

　경포대삼거리부터 구름다리까지는 위험 구간으로 겨울에는 통제
된다고 한다. 하지만 조망은 더없이 아름다웠다.

　사자봉 중턱에 걸려 있는 잔도를 건너 수직으로 걸린 철 계단을 내
려서면 천하 절경이 눈앞에 펼쳐진다. 천황봉을 우러러보는 바람골
기암괴석들이 황홀했으며 발아래 걸린 구름다리도 아름다웠다. 신
공의 자연과 인공의 구조물이 잘 어울렸다.

구름다리

120m 높이의 허공에 걸린 구름다리는 1978년 세워져 월출산 명물이 되었지만 노후되어 2006년에 길이 54m, 폭 1m로 재시공했다고 한다. 다리 끝 쉼터에서 차 한 잔을 마시고 약간의 흔들림이 있는 다리를 건넜다.

사자봉 아래에 자리한 천황사까지는 계속되는 바위투성이 길을 한참 내려가야 했다. 천황사는 고찰 '사자사' 폐사지에 새로 지은 절집이다. 명성에 비해 규모가 작았다.

하산 후 해남 산소에 성묘를 하고, 둘이 먹기에는 많은 양의 로컬푸드 '닭 한 마리'로 저녁 식사를 한 다음 숙소에 들었다.

월출산과 그 이웃들

□ 무위사

무위사 극락보전

아침 일찍 설레는 마음으로 무위사로 갔다. 해남 대흥사 말사인 무위사는 신라 원효대사가 창건했다는 유서 깊은 사찰이다. 30여 년 전 유홍준 선생의 『나의 문화유산 답사기』를 읽고 맨 먼저 찾아갔던 남도 답사 일번지다.

새로 세운 일주문을 들어선 후 사천왕문을 지나게 되면 범종각과 종무소 및 공양간을 거느린 보제루가 모습을 드러낸다.

보제루 밑을 지나 계단을 올라서면 정면 3칸 주심포 맞배지붕의 극락보전은 단아하고 소박한 모습으로 보는 이의 마음을 편안하게 해 주었다. 극락보전 앞 연꽃 문양의 배례석과 당간지주 또한 반가웠다. 극락보전은 지난번 산행에서 답사했던 부석사 무량수전과 수덕사 대웅전과 꼭 닮은 형제 같았다.

국보로 지정된 극락보전에는 아미타여래삼존불과 벽화가 성스러웠으며, 뒤에 모셔진 백의관음도가 무위사의 백미로 아름답고 신비스러웠다. 그 밖의 수많은 보물들은 성보박물관으로 옮겨 모셔져 있으니 관람해 보시기 바란다. 이른 시간이라 박물관을 관람하지 못하고 노거수의 배웅을 받으며 일주문을 나섰지만 옛날의 무위사가 아니었다. 불사를 크게 하여 낯설기까지 했다.

□ 월남사지

무위사에서 월출산 기슭을 돌아가면 명승지 백운동 원림이다. 호남의 3대 정원 중 하나지만 다산의 족적과 12경을 돌아보기에는 시간이 부족하여 다음을 기약하고 월남사지로 향했다.

고인돌 같은 바위 몇 개가 누워 있는 강진다원 녹차밭을 지나면 월출산 경포대탐방지원센터 아래가 월남사지다. 양자봉 아래 자리한 월남사지에서는

월남사지 삼층석탑

뜻밖에도 특별한 행사가 있었다. 수백 년 동안 폐허가 되었던 절터에 금당을 복원한 후 낙성식 및 삼존불 점안식이 있었던 것이다. 스

님들의 바라춤 등 다양한 문화 행사를 체험할 수 있어 횡재한 기분이었다.

고려 때 창건된 월남사는 임진왜란 전까지는 거찰이었다. 주변에 산재한 유구가 이를 말해 주고 있다. 무위사보다도 규모가 훨씬 컸던 사찰이었음이 분명했다.

보물로 지정된 월남사지 삼층석탑은 백제계 석탑이다. 부여 정림사지 오층석탑을 많이 닮았지만 훨씬 더 늘씬했다. 흔히 이 탑을 모전석탑이라고 부르는데, 아니다. 돌을 작게 다듬어 세운 석탑이다.

월남사는 본래 쌍탑 일금당의 가람배치였다고 하는데, 복원한 금당 위치도 현존하는 동탑에서 약간 서쪽으로 치우쳐져 있다. 나중에 서탑도 복원할 모양이다.

석탑에서 100여 미터 떨어진 곳에는 역시 보물로 지정된 진각국사비가 있다. 진각국사는 보조국사 지눌의 문하에서 선학을 공부했던 고승으로, 월남사를 창건했다고 한다.

비신은 파괴되어 일부만 남아 있고 귀부의 비희(용의 아홉 아들 중 첫째)는 귀갑 문양이 선명했으며, 여의주를 물고 있는 모습이 매우 용맹스럽게 생겼지만 자그마한 꼬리가 앙증맞았다.

□ **구림마을 상대포와 왕인박사 유적지**

월출산을 다시 돌아 영암으로 향했다. 영암에서 목포로 가는 영암백리벚꽃길 옆에는 도갑사와 구림마을 유적지가 있다. 도갑사는 해탈문이 국보이며 그 밖에도 많은 문화재를 보유하고 있지만, 예전에 답사한 적이 있고 시간이 없어 지나쳤다.

구림마을은 왕인박사와 도선국사가 태어난 곳이다. 왕인 박사는 백제 아신왕 때 일본 왕의 초청으로 천자문과 논어를 가지고 건너가 일본 왕실의 스승이 되었다. 그러므로 그는 일본 아스카 문화를 꽃피운 비조로 추앙받고 있다.

구림마을 상대포

그가 일본으로 떠났다는 상대포는 당대에는 큰 항구였다고 한다. 월출산에서 발원한 군서천은 영산강으로 흘러들어 간다. 1751년 이중환이 저술한『택리지』에 의하면 신라 말 최치원 등도 이곳에서 중국으로 유학을 떠났다고 한 것을 보면 상당 기간 국제항구로서 역할을 했던 것 같다. 그러나 지금의 지리 지형을 살펴보면 과연 국제항구로서 구실을 했을까 하는 의구심이 들었지만 당시의 상대포는 지금 역사공원으로 꾸며진 곳과는 많은 차이가 있었을지도 모르겠다. 충분한 고증을 거쳤을 것이라 믿는다.

유서 깊은 구림마을 뒤에는 왕인박사 유적지가 자리하고 있다. 그의 탄생지라고 추정되는 곳에 대규모 관광지를 개발했지만 찾는 이가 많지 않았다. 기념관인 영월관과 박사의 가묘 그리고 예쁜 연못인 성담과 여러 유적지를 살펴보았고, 바위 두 개가 덩그러니 놓여 있는 탄생지를 둘러보았지만 박사가 공부했다는 책굴은 너무 멀어 답사하지 못하고 문을 나섰다.

바다와 접해 있던 영암 독천은 낙지 요리가 유명하다. 갈낙탕도 일품이지만 늘 먹었던 연포탕으로 점심을 하고 귀가했다.

무등산

無等山, *1,187m*

무등산 국립공원

호남정맥 최고봉으로, 유네스코 지정 세계지질 공원이며 천연기념물인 입석대와 서석대 등 주상절리대가 유명하여 2013년 국립공원으로 지정되었다.

명찰 증심사와 원효사, 그리고 명승지 소쇄원 등이 산 아래에 있다.

산행 노정

2024.6.4. (화) 맑음

코스 난이도: ★★★☆☆

순환 13㎞ 6시간 35분(산행 05:45, 휴식 0:50)

주차장(09:25) ⇨ 증심사 입구(09:55) ⇨ 당산나무(10:10) ⇨ 중머리재(10:55) ⇨ 장불재(11:40) ⇨ 서석대(12:15~12:35) ⇨ 정상(인왕봉 12:45) ⇨ 서석대(13:00) ⇨ 중봉(13:35) ⇨ 중머리재 (14:15) ⇨ 증심사(15:00~15:30) ⇨ 원점 회귀(16:00)

산행 일지

□ 증심사공영주차장 ⇨ 서석대(인왕봉)

정상으로 가는 길은 여러 갈래지만 증심사에서 출발하거나 원효사에서 올라가는 코스가 일반적이다.

증심사공영주차장에서 상가를 지나 밋밋한 포장도로 옆 광주천을 끼고 올라가면 의재 허백련 화백의 미술관을 지나게 되고, 그 끝에 증심사가 있다.

일주문을 지나 오른쪽으로 들어서면 중머리재로 가는 길이 나온다. 대나무가 우거진 돌계단을 올라서면 예쁜 교회가 보이는데, 신림교회 오방수련원이다. 교회에서 조금 더 올라가면 거대한 느티나무 노거수가 버티고 서 있다. 당산나무다. 수령이 무려 500년이나 된다고 한다.

당산나무에서 중머리재로 가는 길은 정비가 잘 된 길이지만 경사도가 20%가 넘는 오르막길이다. 게다가 2km 가까운 길이라 은근히 힘들고 인내력을 요하는 길이다. 길옆에 자리한 대나무 밭에는 어린 죽순들이 우쭉우쭉 자라고 있었다.

중머리재는 무등산의 주요 갈림목이다. 여러 갈래의 산길이 만나는 곳으로 공터에는 쉼터가 있어 쉬어 가기 좋은 곳이다.

중머리재에서 장불재로 넘어가는 길은 비교적 완만한 길이다. 때죽나무 하얀 꽃들이 떨어져 길을 덮고 있었고, 풍화되어 굴러 내려온 주상절리 돌들이 쌓인 너덜겅을 건너야 했다. 그리고 계곡에는 자그마한 웅덩이가 있는데, '광주천의 발원지 샘골'이라는 표지판이 서 있다. 이 길은 옛날에 화순 사람들이 넘나들던 길이며, 故 노무현 대통령도 중심사에서 이곳까지 다녀갔었다는 표지석이 등산로 초입에 세워져 있다.

장불재에서 서석대로 가는 길에는 유난히도 탐스러운 찔레꽃이 만발했는데 향기 또한 넋을 잃게 했다.

길게 늘어선 능선과 주상절리대를 바라보고 밋밋한 길을 따라 올라가면 입석대. 거대한 바위기둥이 장엄하게 숲을 이루고 있는 석림이다.

□ **서석대(인왕봉)** ⇨ **중봉** ⇨ **원점 회귀**

입석대를 지나 서석대까지는 경사도가 30%가 넘는 가파른 오르막길이다. 게다가 주상절리 암괴를 밟고 올라가야 하기 때문에 힘들고 위험했다.

서석대 위에서는 광주 시내가 한눈에 들어오고 부드러운 능선을 조망할 수 있는데, 대부분 둥글둥글한 모습이다. 어찌 보면 백마능선은 풍만한 여인네의 몸체를 닮았고 또 다른 능선은 무등산 수박 같기도 했다.

무등산의 무등(無等)은 불교에서 온 말로 세상은 평등하여 등수가 없다는 말이다. 산에 오르는 사람은 다 똑같다. 남녀노소 지위고하를 막론하고 같은 것이다. 욕망이 앞서 등수를 논하여 각박해진 세상살이가 무등산에 올라 보면 가치 없는 것이라는 것을 안다. 둥글둥글 세상을 살아가는 것도 현명한 방법이다.

몇 해 전까지만 해도 무등산은 서석대까지만 올라갈 수 있었다. 서석대에서 건너다 보이는 정상 3봉(인왕봉, 지왕봉, 천왕봉)은 군부대가 주둔하고 있었기 때문에 통제했었다. 그러나 등산객들과 관계기관의 요청에 따라 최근에 인왕봉만은 개방했다.

주상절리대 위의 인왕봉은 가파른 데크 계단을 올라가야 했으며, 동쪽 군부대가 보이는 방향은 차단벽으로 막아 놓았다.

서석대 병풍바위

서석대에서 중봉으로 내려가는 길 바로 아래로는 거대한 암괴가 모습을 드러냈다. 병풍바위다. 입석대와 규봉 등과 더불어 무등산 3대 주상절리대로 천연기념물 제465호로 지정되었다. 입석대와 규봉은 풍화가 많이 진행되어 원주 모양이지만 서석대는 진행이 덜 되어 병풍 모양을 하고 있다.

서석대에서 목교 쉼터까지는 가파른 내리막길이었지만 목교부터 중봉까지는 말 등처럼 평평한 길이다. 나무 한 그루 없는 이곳은 가을이면 억새가 장관이라고 한다. 중봉에서 오른쪽으로 내려가면 동화사터와 늦재를 지나 원효사로 가는 길이다.

중봉에서 암석투성이의 가파른 길을 따라 내려가면 다시 중머리 재다. 힘든 길이었다. 중심사에서 정상으로 가려면 장불재로 돌아가는 것이 상대적으로 쉬운 것 같다. 오르막길을 선호하는 사람이라면 중봉으로 올라가는 것도 좋을 것이다.

중머리재에서 중심사까지는 왔던 길을 되돌아가야 했기 때문에 지루했지만 바위취가 하얗게 꽃을 피워 피로를 덜어 주었다.

천년고찰 중심사는 순천 송광사 말사로 비로전 철조비로자나불좌상이 보물로 지정되어 있고 수많은 문화재를 간직한 유서 깊은 절집이다.

해가 서산으로 기우는 즈음이다. 해 질 녘이면 누군가가 그리워질 때가 있다. 이에 귤옥 윤광계(1559~1619) 선생의 한시 한 편으로 그리움을 달래며 산문을 나섰다.

山寺待人(산사대인) - 橘屋集

林外斜陽盡(임외사양진)
西臺暮磬殘(서대모경잔)
僧家無吠犬(승가무폐견)
時自上樓看(시자상루간)

산마루턱 석양빛이 기울고
저물녘 서대(西臺)의 경쇠소리 은은하게 들릴 뿐
절간에는 개 짖는 소리조차 없이 적막한데
때마침 누각에 올라 행여 임이 오기를 기다리네.

무등산과 그 이웃들

□ 소쇄원(명승 제40호)과 식영정(명승 제57호)

한국을 대표하는 정원은 창덕 궁 후원이지만 호남을 대표하는 3대 정원은 담양 소쇄원과 보길도 세연정 그리고 강진의 백운동 원림이다.

무등산 아래 자리한 소쇄원은 전형적인 한국의 정원으로, 정암 조광조 선생이 기묘사화로 변을 당하자 그의 제자였던 소쇄옹 양산보가 낙향하여 은둔하고자 지었다.

매표소를 지나면 빽빽한 대나무 숲이 정신을 맑게 하고 소박한 초가지붕의 대봉대가 손님을 맞이한다. 그리고 정겨운 토담에는 '오곡문(五曲門)'이라 쓰여 있다. 필체가 예사롭지 않다.

담장 밑으로 난 암문을 들여다보면 바위 위로 계곡물이 굽이굽이 흐르고, 외나무다리와 광풍각이 어우러져 풍광이 오묘하다.

'소쇄처사양공지려(瀟灑處士梁公之廬)', 즉 양공의 집이라고 새겨진 담장을 지나면 제월당이다. 소쇄원 주인의 사적 공간으로, 양쪽에 돌계단을 둔 기단 위에 세운 아담한 팔작지붕 건물이다. 왼쪽에는 방 한 칸을 두었다.

제월당을 나서면 'ㄷ'자로 꺾어진 담장 안에 노거수 한 그루가 주인인 양 자리하고 있고, 머리를 숙여야만 통과할 수 있는 작은 문을 나서 내려가면 광풍각이다.

광풍각은 소쇄원에서 사랑채 역할을 했던 곳으로, 경관이 뛰어나다. 정면 측면 각각 3칸의 팔작지붕 건물이다. 옆으로는 파랗게 이끼 낀 바위 위로 물이 다섯 번이나 꺾여 돌아 내려간다. 매우 정갈하고 운치가 있는 정자로 선비 정신을 대변하는 것 같았다. 현판 글씨 또한 바람에 날리는 듯 필체가 시원하다.

우리나라 원림 정원은 동양 3국 중에서도 일본의 차경정원과 중국의 거대한 인공정원과는 차원이 다른 자연 친화적이다. 정원 안에 들어앉아 있으면 세상 시름을 잊게 하는 선계나 다름없기 때문이다.

여담으로 동서고금을 막론하고 대부분의 남자들은 고독한 존재인지도 모르겠다. 자연으로 들어가 자기만의 공간을 갖고자 하는 것이 그들의 로망이기 때문이다. 지금도 도시의 많은 남자들이 교외에 움막이라도 짓고 싶어 하며, 그렇지 못할 경우 집안에 서재라도 갖기를 소망한다.

우리나라는 '누정(樓亭)의 나라'라고도 한다. 경관이 수려한 곳이면 어김없이 누정이 자리하고 있지만 무등산 자락에는 특히 많은 정자가 있다. 소쇄원을 비롯하여 인근에는 식영정과 명승 107호인 환벽당 그리고 독수정, 취가정 등이 있고 조금 떨어진 곳에는 명승 58호인 명옥헌이, 그리고 송강정, 면앙정 등이 산재해 있다. 그리고 이곳에서 수많은 가사문학 작품이 탄생했다. 우리 가사문학의 산실이기도 하다. 이를 증명하듯 행적 구역도 5년 전 담양군 가사문학면으로 개칭했다.

식영정은 지대가 높은 언덕 위에 지은 팔작지붕 단층 건물이다. 서

하당 김성원이 1560년 장인 석천 임억령 선생을 위해 지은 정자다. 해남 장촌 사람 석천은 이곳에서 송강 정철과 고경명 등 제자들을 양성했는데, 가사문학의 대가인 송강 정철은 「성산별곡」과 「사미인곡」 등 수많은 작품을 이곳에서 남겼다. 식영정은 성산 자락에 있다.

정자 앞에는 곧고 바르며 고고한 소나무 한 그루가 서 있고, 뒤에는 배롱나무가 몇 그루 있다. 옛날 정자 아래에 있었던 중암천(자미탄)에는 배롱나무꽃이 만발했었다는데, 아마 그 후손인지도 모르겠다. 식영정 아래는 지은 지 오래되지 않은 부용당과 연지 그리고 서하당 정자가 자리하고 있다.

소쇄원과 식영정의 풍광을 살펴보고 이곳과 인연이 있었던 선인들의 삶을 생각해 보며 답사를 마치자 날이 저물었다. 광주로 들어가 송정리 명물 떡갈비를 먹고 숙소에 짐을 풀었다.

주왕산

周王山, *721m*

주왕산 국립공원

낙동정맥에 위치한 산으로, 1976년 국립공원으로 지정되었다. 최고봉은 가메봉이지만 주봉을 완등으로 인증하고 있다. 명승지는 주방천을 끼고 올라가는 용추협곡과 주산지며, 주왕산 인근이 안동이다.

산행 노정

2022.7.20. (수) 맑음

코스 난이도: ★★★☆☆

순환 12㎞ 5시간 45분(산행 04:50, 휴식 00:55)

상의주차장(09:10) ⇨ 대전사(09:20~09:35) ⇨ 주봉(10:55~11:05) ⇨ 칼등고개삼거리(11:25) ⇨ 후리메기삼거리(12:20~12:40) ⇨ 용연 폭포(13:10~13:20) ⇨ 대전사(14:40) ⇨ 원점 회귀 (14:55)

산행 일지 - 명승 11호(용추협곡) 및 105호(주산지)

□ 대전사 ⇨ 주봉

　신라시대 의상대사가 창건했다는 설화와 당나라 사람 주왕의 아들이 세웠다고 전해지는 대전사 뒤에는 주왕산의 랜드마크인 기암(旗巖)이 우뚝 솟아 있다.

　대전사 뒤 기암교를 기점으로 오른쪽으로 접어들면 주봉으로 가는 길이며, 왼쪽 다리를 건너가면 용추협곡으로 가는 길이다.

　주봉으로 오르는 길은 비교적 가파른 구간이지만 대부분 흙길이고, 정비가 되어 있어 별로 힘들이지 않고 전망대까지 오를 수 있다. 전망대에서 바라본 주왕산은 기암괴석이 병풍처럼 둘러쳐져 있어 옛날에 석병산이라 불렸다고 하는데, 실감이 났다. 다시 길을 잡고 한참을 올라가 작은 언덕을 넘어서자 낙뢰 주의 표지판이 설치되어 있었다. 궂은날에는 벼락이 수시로 내리치는 모양이다.

주봉을 300여 미터 앞둔 지점부터는 가파른 오르막길이다. 대부분 계단으로 이어져 있지만 바람 한 점 없는 무더운 여름이라 땀이 비 오듯 쏟아졌다.

등산로 옆 소나무들이 껍질이 일부 벗겨진 채로 서 있었다. 이는 60년대 중반 벌목을 하기 전에 송진을 먼저 채취했던 흔적이라고 한다. 국립공원으로 지정된 후 벌채가 중단되었다지만 60여 년이 지난 세월에도 그 상흔이 고스란히 남아 있었다.

□ **주봉** ⇨ **후리메기삼거리** ⇨ **용추협곡** ⇨ **대전사**

주봉에는 표지석 하나가 흙바닥 위에 덩그러니 놓여 있었고, 활엽수로 둘러싸여 조망할 수 없었다. 휴식을 겸해 간식을 먹는데, 말벌이 훼방을 놓아 급하게 후리메기삼거리로 이동했다.

가메봉으로 가는 갈림길을 지나 능선을 따라가는 길은 칼등 같았다. 양옆으로 가파른 경사를 이루고 있어 거대한 토성 같기도 했다. 평탄한 흙길이었지만 무덥고 지루했으며, 새들도 숨을 죽이고 있는지 적막하기만 했다.

숲에는 쓰러진 고목들이 나뒹굴고 있었는데 15년 전 돌풍으로 피해를 입은 수목들이란다. 이 나무들은 균류와 미생물의 영양 공급원이 되는 자연 생태계의 중요한 역할을 담당한다고 안내판에 쓰여 있었다. 나무가 죽어서도 많은 쓰임이 있듯이 사람도 뒤에 오는 이들을 위해 도움이 되는 삶을 살아야 한다.

칼등고개삼거리를 조금 지나서부터 내리막길이다. 일부 구간은 암릉길이기도 했다. 또한 계단 등 안전 시설물들이 노후되어 보수가 시급했다. 울창한 숲에는 활엽수가 주종을 이루고 있지만 소나무 군락지도 많았다. 산림녹화사업으로 식재한 것 같다.

후리메기삼거리를 500여 미터
쯤 남겨 둔 지점부터는 평탄한 길
이 이어지며 대전사로 가는 용추
협곡길과 만난다.

용연폭포는 도로 아래에 있었
지만 이정표를 잘못 해석하여 반
대쪽으로 갔다가 아내가 바로잡아 줘 고생을 덜었다. 부부는 인생의
도반이라고 했으니, 맞는 말이다. 아내와 함께 산에 다닐 수 있음에
감사하며 고맙다.

용연폭포는 2단 폭포로, 상단에는 3개의 하식동굴이 있어 지질학
적 가치가 높다고 하며, 하단 폭포도 장관이었다. 관광객들은 대전
사에서 용추협곡을 따라 폭포까지 오는 모양이다.

용연폭포를 뒤로하고 하산하는 길, 대전사까지 이어지는 이 길은
가을 단풍으로 유명하다. 길옆으로 단애절벽이 하늘을 찌르는 듯했
다. 유네스코 세계 지질공원으로 지정된 용추협곡(명승 11호)이다. 용
추폭포와 학소대, 그리고 사람 얼굴을 닮은 시루봉 등이 유명하다.
한편, 주왕이 숨어 지냈다는 주왕굴을 보려면 우회해야 했는데, 가
지 못한 것이 아쉽다.

주왕산 국립공원 내에 있는 주산지(명승 105호)로 향했다. 상당히 먼
거리였다. 영화 촬영지로 유명해진 주산지는 300년 된 인공 저수지
로, 제법 넓었다. 사철 많은 관광객이 찾는 곳이지만 가뭄으로 인해
바닥을 드러내고 있어 아쉬웠다.

　호텔로 가는 길가에는 사과밭이 즐비했다. 청송은 사과로도 유명한 고장이다. 가을이라면 사과 한 박스쯤 사고 싶었겠지만, 철이 아니라 곧바로 주왕산온천호텔로 향했다. 이 온천은 알칼리성(pH 9) 온천으로 국내 최고의 수질을 자랑한다고 한다. 아내는 매우 만족해했다.

　저녁 식사를 위해 달기약수터를 찾아갔다. 약수로 끓여 낸 백숙이 일품이기 때문이다. 토종닭을 통째로 삶은 것이 아니라 특이하게 가슴살을 따로 떼어내 다져 석쇠에 구워 냈으며, 날개 또한 구이로 제공되었다. 그리고 닭다리와 녹두를 넣어 끓인 죽이 담백했다. 식사 후 약수 한 병을 떠 가지고 호텔로 돌아와 내일 안동 여행을 위해 일찍 잠자리에 들었다.

주왕산과 그 이웃들

□ 병산서원 - 유네스코 세계문화유산(한국의 서원)

주왕산 물줄기는 낙동강으
로 흘러든다. 낙동강 가에
자리한 병산서원과 하회마
을은 안동의 명소 중에서도
으뜸이다. 마을로 들어서기
전에 서애 류성룡 선생을 모
신 병산서원부터 답사했다.
이 서원은 배롱나무(목백일홍, 자미화) 꽃이 일품이다.

1613년(광해군 5년)에 건립된 병산서원은 1863년(철종 14년)에 사액
서원이 되었다. 보물로 지정된 만대루는 정면 7칸 2층 누각이며, 국
내 서원 중 누마루가 가장 크다. 기둥은 반듯하지 않고 굽은 나무를
그대로 사용하여 이채롭고 아름다웠다.

만대루 뒤에는 동, 서재를 거느린 강당 입교당이 자리하고 있다.
그리고 제향 공간인 존덕사가 약간 동쪽으로 치우쳐 있다. 존덕사
앞에는 수령이 무려 400년이 넘었다는 배롱나무가 아직도 화려하게
꽃을 피우고 있어 경이로웠다. 특히 존덕사를 제외하고는 단청을 하
지 않아 더욱 기품이 있었다. 단청을 했더라도 배롱나무 자태에 묻
혀 버렸을 것이다.

배롱나무는 선비들의 사랑을 받았던 나무로 서원이나 정자에 많
이 심었다. 참고로 향교에는 은행나무가 주로 심어졌는데, 이는 공
자가 살구나무 아래서 제자들을 가르쳤다는 고사와 열매처럼 많은
제자들이 나오기를 원해서 심었다는 설이 있다.

부속 시설로는 단아한 광영지가 아름다웠고, 특이하게 생겼을 뿐
만 아니라 지붕이 없는 달팽이 모양의 재래식 화장실도 눈길을 끌었
다. 이는 하인들의 변소였다고 한다.

서애 류성룡 선생(1542~1607)은 임진왜란 때 영의정을 지내면서 국란을 극복한 명제상이었다. 그러나 북인들의 참소로 낙향한 후 국보 『징비록』을 저술하였다. 즉, 전란을 교훈 삼아 똑같은 불행이 반복됨을 막고자 했음이다.

선생은 노후에 고향에 은거하면서도 나라 걱정이 많았는데, 그 심정을 헤아릴 수 있게 해 주는 한시 한 편(추일서회시이생찬-秋日書懷示李甥 燦)을 찾아 읽으며 선생의 본가가 있는 하회마을로 향했다.

□ 하회마을 - 유네스코 세계문화유산(한국의 마을)

하회마을은 병산서원에서 강변을 따라 걸어갈 수도 있지만 차도가 없어 서원 뒤 화산(원병산)을 돌아가야만 했다. 낙동강 물이 'S' 자로 마을을 감싸고 돈다고 하여 하회(河回)라 하였다. 이 마을은 풍산 류 씨가 600여 년간 대대손손 살아온 씨족마을로, 서애 선생이 나고 자란 마을이다.

하회마을은 자가용으로 마을 안까지 들어갈 수는 없다. 주차장에 차를 대고 하회장터(상가)를 지나 매표소 앞에서 셔틀버스를 이용해야만 한다. 마을 입구까지는 2분 거리다. 마을길은 정비가 잘 되어 있었다.

마을에는 명소가 많지만 보물로 지정된 양진당과 충효당 그리고 삼신당 신목이 유명하다. 양진당은 풍산(안동시 풍산읍)에서 이곳으로 이주해 온 풍산 류 씨 대종택이며, 충효당은 서애 류성룡 선생의 종택이다. 특히 충효당 앞에는 엘리자베스 영국 여왕이 방문 기념으로 심었다는 구상나무가 잘 자라고 있었다.

양진당과 충효당을 들러보고 강변으로 나서자 비가 내리기 시작했다. 깨끗이 하얗게 핀 텃밭 뒤로 나지막한 초가들이 정겨웠다. 비를 피해 서둘러 나가는 길, 수령이 600년이 넘었다는 삼신당 당목은 스산하여 영기(靈氣)마저 느껴지는 듯했다.

부용대에서 바라본 하회마을

하회마을 건너편 부용대는 자동차로 가야 했다. 깎아지른 듯한 절벽 위 부용대에 올라서자 낙동강 건너 하회마을이 한눈에 내려다보였다.

음력 칠월이면 절벽에 줄을 매달아 불꽃을 피우고 강에서는 배를 타고 이를 즐겼다고 하는데, 선유줄불놀이다. 지금도 가을이면 정기적으로 공연을 해 많은 관광객들이 찾아온다고 한다. 이 줄불놀이는 양반들의 유희지만 서민들의 놀이인 하회별신굿탈놀이(국가무형문화재 제69호)가 훨씬 더 잘 알려져 있다.

안동에는 유명한 먹거리들이 많다. 안동찜닭과 간고등어, 헛제삿밥, 안동국시 등이 그것이다. 그리고 요즘은 안동댐 잉어찜도 먹을만한데 예전에 아내와 함께 지나는 길에 먹었던 잉어찜이 생각나 나름 유명하다는 집을 찾아가 식사한 후 귀가했다.

남산

南山, *468m*

경주 국립공원

남산은 낙동정맥에서 분기한 호미지맥(남산분맥) 상에 있으며, 금오산이 최고봉이다. 1968년 국립공원으로, 2000년 유네스코 세계문화유산으로 지정되었는바, 신라의 역사 유물, 유적, 왕릉이 산재해 있다.

산행 노정

2023.3.5. (일) 맑음

코스 난이도: ★★☆☆☆

순환11km 5시간 15분(산행 4:20, 휴식 00:55)

통일전주차장(06:50) ⇨ 칠불암(08:10~08:25) ⇨ 신선암마애보살상(08:35~08:50) ⇨ 이영재 (09:55) ⇨ 금오봉(10:40~10:45) ⇨ 상사바위(11:05) ⇨ 국사곡삼층석탑(11:30) ⇨ 원점 회귀 (12:05)

산행 일지

□ 통일전주차장 ⇨ 칠불암 ⇨ 금오산(봉)

통일전주차장에서 산행을 시작했다. 마을 초입에서 만난 서출지는 정월 대보름에 왜 찰밥을 먹어야 하는지에 대한 이야기가 전해 오는 곳이다. 마을 길로 접어들자 닭 우는 소리가 들렸다. 먼 옛날 계림의 닭 소리가 들리는 듯했고, 남산 아래 염불사지 쌍탑(보물 제2194호)이 왠지 쓸쓸해 보였다.

입산 게이트를 들어서 만난 계곡은 속살을 드러내고 있었다. 산이 높으면 골도 깊고 물도 많은 법인데 남산은 산이 낮기 때문에 그런 모양이다.

길가에 널려 있는 평범한 돌들도 뒤집어 보면 신라의 숨결이 숨어 있을지 모른다는 상상도 해 본다.

한 시간쯤 올라가면 만나는 약수터, 안심당 바로 위가 칠불암이다. 계단 옆 신우대가 인상적이었다. 병풍처럼 둘러쳐진 바위에는 삼존불이 모셔져 있고 그 앞 4면 바위에는 사면불이 모셔져 있어 칠불이다. 아침 햇살을 받아 더욱 경건한 모습이었다.

서산마애삼존불이 매우 서민적이고 해학적이며, 천진난만한 모습이라면 칠불암 삼존불은 입을 굳게 다물고 눈을 가늘게 뜨고 내려다보는 모습이 매우 근엄하며 귀족적이었다.

오늘 산행은 칠불과 그 위에 모셔진 신선암마애보살반가상을 친견하기 위함이기도 하다. 마애불까지 올라가는 길은 가파른 암릉이지만 계단이 놓여 있어 어렵지 않았다.

마애보살반가상을 마주하는 순간 숨이 멋는 듯했다. 단아한 모습으로 구름 위에 놓인 의자에 왼쪽 발을 올리고 한 손에는 꽃을 들고 앉아 있는 모습과 머리에는 보관을 쓰고 알 듯 모를 듯한 미소를 머금고 사바세계를 내려다보고 있는 모습이 가히 걸작이었다. 용장골 마애불보다 훨씬 더 아름다운 모습이었다. 마애불의 최고봉이 아닐까 생각한다. 건너편 경주 평야와 그 뒤로 이어진 연봉들 사이로 넘실대는 운해 또한 장관이었다.

신선암 마애보살반가상과 운해

고위봉에서 이영재까지 1.6km 구간이 봉화대능선이다. 소나무 숲 아래 진달래가 꽃망울을 머금고 있어 한 달쯤 후면 만개할 것이다. 4월의 산행 코스로 추천하고 싶은 곳이다. 이영재를 앞둔 지점부터 급경사 내리막길이고, 이영재를 지나면 임도. 삼화령을 지나 금오봉까지는 1.5km 구간이 밋밋하고 지루하기 짝이 없는 포장도로다. 남산길 임도는 통일전에서 시작하여 금오봉 아래를 지나 포석정까지 이어지는 약 9km 길이다. 둘레길처럼 가볍게 산행하는 사람이 많았다.

□ 금오산(봉) ⇨ 상사바위 ⇨ 원점 회귀

　남산의 주봉인 금오봉에는 휴일이라 많은 등산객과 관광객이 올라와 있었다. 저마다 정상석 앞에서 사진을 찍기에 바빴다. '남산에 오르지 않고서는 경주를 보았다고 말할 수 없다'고 했다. 그만큼 남산은 불교문화유산의 보고요 야외 박물관이기도 하다. 남산에는 절터 110여 곳과 불상 80체, 탑 60여 개가 있다.

　남산 답사는 이번이 두 번째다. 첫 번째는 15년 전 일이다. 경주 마라톤 대회에서 풀코스(42.195km)를 완주하고 다음 날 남산의 불교 유적을 답사하고자 삼릉공원을 기점으로 금오봉을 거쳐 용장골로 내려갔었다. 삼릉계곡은 수많은 문화유산이 산재해 있기 때문에 남산의 대표적인 답사 코스다.

　아름다운 솔밭 사이에 자리한 삼릉을 지나면 만날 수 있는 석불좌상은 머리가 없다. 그래서 많은 생각을 하게 했다.

　그리고 상선암 위에 불쑥 머리를 내민 마애석가여래불이 바위에서 금방이라도 나툴 것 같아 매우 경이롭고 신비로웠다.

　금오봉을 넘어 용장골로 내려가는 길, 매월당 김시습이 최초의 한문 소설 『금오신화』를 집필했다고 알려진 용장사지에는 암반 위에 삼층석탑이 자리하고 있으며, 그 아래 아담한 마애여래좌상은 단아한 모습이었다.

　불운한 천재 매월당 김시습(1435~1493년)이 한밤중에 『금오신화』를 집필한 후 지었을 한시 「서금오신화후(書金鰲新話後)」를 생각하며 설잠

교를 건너 용장골로 내려갔다.

용장마을에서 삼릉 주차장으로 가기 위해 버스를 기다리다 '사고디 (다슬기)탕'을 점심으로 먹고 힘들었던 남산 답사를 마쳤던 적이 있다.

금오봉을 지나 상사바위 아래까지 계속되는 임도는 약 3km 구간 이며, 상사바위를 조금 지나 통일전으로 내려가는 길은 급경사 내리 막길이다.

길옆에 비켜 있는 국사곡 제4사지 삼층석탑을 답사하고 서출지로 내려와 태종 무열왕과 문무왕 그리고 김유신 장군의 영정이 모셔진 통일전 앞에서 산행을 마쳤다.

남산과 그 이웃들

□ 경주 가는 길

부산 금정산 등산을 마치고 경주로 향했다. 경주는 고속도로를 이 용하면 빠르게 갈 수 있지만 일부러 31번 국도를 이용하여 울산을 지나 동해안을 옆에 끼고 올라갔다. 동해바다와 역사 문화유적을 만 나보고 싶었기 때문이다.

대왕암을 지나 이견대를 바라보고 대종천을 건너면 감은사지다. 이곳은 불교와 유교(충효) 그리고 민간신앙인 '용 사상'이 잘 습합된 곳이다. 무열왕 김춘추의 아들 문무왕이 고구려를 멸망시키고 반쪽 통일의 대업을 이루었다. 하지만 백제와 연합했던 왜의 침입이 걱정 되어 불심으로 이를 막아 보고자 절을 세우기 시작했다. 이곳은 지리적으로 경주로 들어가는 길목이기 때문이다. 하지만 절을 완공하지 못하고 서거했으며, 사후에도 그는 동해의 용이 되어 왜적을 물리치고자 했다.

문무왕의 아들 신문왕은 부왕이 짓기 시작한 절을 완성했다. 그리고 동해에 묻힌 아버지의 은혜에 감사하는 의미에서 감은사라 하였다. 금당 아래는 용이 서리도록 공간을 마련해 두었다. 지금으로부터 1,340년 전 일이다. 금당의 유구와 거대한 동·서 쌍탑만이 그때의 일들을 말하고 있는데, 어디선가 만파식적 피리 소리가 들리는 듯했다. 주변에 대나무밭이 둘러싸고 있다.

경주로 들어가는 길목에는 호국사찰 기림사가 있다. 함월산 기림사는 두 개의 영역으로 나뉜다. 대적광전과 진남루가 있는 고즈넉한 역사 공간과 그 위에는 새로 지은 절집들이 있다. 답사 후 응진전 천연덕스러운 오백나한님들의 배웅을 받으며 나오는 길, 멀지 않은 곳에 선무도의 본산 골굴사가 있지만 늦은 시간이라 신라 천년의 고도 월성으로 서둘러 갔다.

감은사지 서탑과 금당 유구

월성과 해자

경주는 중학교 수학여행 때 처음 방문했으며, 신혼여행 후에도 몇 차례 찾아갔었다. 그동안 박물관과 역사 유적 및 명소를 답사했으며, 경주 동아마라톤 때는 직접 신라의 옛 땅을 달렸다. 마라톤 건각들의 발소리가 마치 화랑들의 말발굽 소리처럼 들리는 듯했었다. 하지만 신라의 심장이었던 월성 답사는 이번이 처음이다.

월성은 신라의 궁궐이 있었던 도성으로 천연의 해자인 남천 옆에 자리한 요새였다. 삼국사기에 의하면 파사왕 22년(101년)에 쌓았다는데 둘레가 1,023보(약 1.8km)쯤 되는 자그마한 성이었다. 경주분지 위에 반달처럼 솟아 있는 구릉지에 축성하여 반월성이라고도 했다.

궁성 아래는 남천이 흐르고 북으로는 북천이 흐르며, 두 개의 하천을 품고 있는 형산강은 동해(포항)로 흘러 나가 외적 방어와 경제적, 지리적 이점이 충분했던 곳이다. 월성 아래로 흘러가는 남천은 지금은 갈수기라 수량이 많지 않지만 2,000년 전에는 지금과는 다른 모습이었을 것이다.

현재 월성 안에는 발굴 작업이 한창 진행되고 있었다. 성벽 위로 올라서자 토성 아래 해자와 경주 일대가 한눈에 들어왔다. 우리가 익히 아는 첨성대나 계림, 대릉원, 국립경주박물관, 월지와 동궁 터 등 수많은 유적들이 눈 아래 펼쳐졌다.

하지만 성터는 얼마 전까지만 해도 황량하기 그지없었을 것이다. 전통가요 〈황성옛터〉의 가사는 고려 도성(만월대)의 폐허를 노래한 것이지만, 여기서도 별반 다를 것이 없었다.

월성을 답사하고 나오는 길, 성벽 아래 조선시대 만든 석빙고가 보물로 지정되어 있었지만 낯설었다.

월성 뒤에 자리한 동궁과 월지(안압지)는 문무왕이 삼국을 통일한 후에 만든 별궁 터다. 동궁은 왕자가 기거했던 곳이었으며, 월지는 신라시대 전형적인 정원 모습을 살펴볼 수 있는 인공 저수지로 월성의 후원쯤 되는 곳이다. 풍류와 연회 장소로 쓰였다. 최근에 발굴된 월지에서는 수많은 생활 문화재가 출토되었고 복원된 임해전과 부속 건물은 야간 조명이 화려하여 월지와 더불어 많은 관광객을 끌어모으고 있다.

월성과 동궁(월지) 답사를 마치고 보문단지로 향했다. 결혼 40주년을 기념하기 위함이었다.

우리가 결혼기념일에 주고받은 선물은 다름 아닌 건강이다. 아직은 서로가 건강하기 때문에 100대 명산을 함께 오르고 여행할 수 있음에 감사하고 고마울 뿐이다. 행복은 건강하지 않으면 함께할 수 없다.

그동안 결혼 생활을 원만히 영위할 수 있었던 것은 서로가 가정에 충실했었고, 작은 불화에도 자존심 세우지 않고 먼저 사과했으며, 처가나 친가 문제로 갈등하지 않았기 때문이다. 또한 경제적으로 어려웠지만 금전 관계가 투명했기 때문에 가능했던 일이다.

보문단지 양식당에서 저녁을 먹고 신혼여행 때 묵었던 불국사 앞 호텔에 짐을 풀었다.

□ **양동마을** - 유네스코 세계문화유산(한국의 역사 마을)

경주 양동마을과 옥산서원은 유네스코 지정 '한국의 역사 마을'과 '한국의 서원'이다. 하지만 경주 남산 등산 때는 일정상 답사하지 못했다. 그러므로 가지산 등산을 마치고 상행 길에 답사했다.

형산강으로 흘러 들어가는 안락천 옆에 자리한 경주 양동마을은 안동 하회마을과 함께 세계문화유산으로 등재되었지만 동구부터 하회마을에 비하여 매우 조용하고 아늑했다. 한옥 건물로 지어진 양동초등학교를 지나 개울을 건너면서부터 마을이 시작된다.

월성 손 씨와 여강 이 씨의 양대 문벌로 이어져 온 동족마을로 기와집과 초가집이 나지막한 구릉지에 모여 있었다.

대표적인 건물로는 보물 제412호로 지정된 향단이다. 조선시대 성리학자이며 문신이었던 회재 이언적 선생이 경상감사로 있을 때 지은 집으로, 독특한 형식이다. 안채는 주인이 살고 있으므로 행랑채 외형만 관람이 가능했다. 또 다른 보물 제442호인 관가정은 회재 선생의 외가인 월송 손 씨 우재 손준동의 고택('ㅁ'형)으로 늙은 향나무가 운치 있으며 형산강 주변 들판이 한눈에 들어왔다. 그리고 보물 제411호로 지정된 무첨당은 회재 선생의 종가 제청이다. 큰길에서 한참을 들어가야 했다. 사당으로 올라가는 계단 아래 늙은 매화가 고왔다. 매화는 고목에 피어야 운치가 있다.

양동마을에는 이 밖에도 이언적 선생이 태어난 송첨종택(서백당)과 아름다운 정자인 심수정 등 많은 문화재가 있다. 그리고 기와집뿐만 아니라 초가집도 많다. 기와집은 대부분 양반가이며, 초가집은 가랍집이라 하여 외거 노비들 집이라지만 꼭 그렇지만은 않다.

고향 마을을 찾아간 것처럼 차분하고 포근한 마음으로 이곳저곳을 둘러보고 나서 마을 안에 있는 식당에서 청국장비빔밥을 먹고 멀지 않은 옥산서원으로 향했다.

□ **옥산서원** - 유네스코 세계문화유산(한국의 서원)

경주 옥산서원   정혜사지 13층 석탑

옥산서원은 문묘에 배향된 18명의 현인 중 한 사람인 문원공 회재 이언적(1491~1553) 선생을 기리기 위해 1572년 세워졌다. 회재 선생은 양동마을 사람으로, 성리학을 정립한 인물로서 퇴계 이황에게 지대한 영향을 끼쳤으며 유학의 핵심 이념인 인(仁)의 정신을 탐구하였

다. 그러므로 강당을 구인당(求仁堂) 사당은 체인묘(體仁廟)라 했을 것이다.

옥산서원은 계곡 깊은 곳에 자리하여 사찰 같은 느낌이 들며 공간도 매우 협소했다. 건물 배치는 특이하게 누각보다 외삼문(亦樂門)이 앞에 있다. 그리고 누각인 무변루는 강당과 마주 보고 있어 내부 지향적이다. 강당과 동·서재 그리고 무변루가 거의 붙어있어 'ㅁ' 자형 구조를 가지고 있으며, 조금 높은 곳에 내삼문과 사당이 자리하고 있는 전학후묘 배치다.

대부분의 서원이나 향교는 동입서출(東入西出)이 원칙이다. 그러나 이곳 역락문에는 서쪽 계단이 없다. 동인이었던 영남학파는 서인(노론)과 대립 관계에 있었기 때문이라고도 한다.

누각은 유식 공간이지만 강당을 향하고 있어 강학에 전념하라는 뜻도 있다고 한다. 누각은 구조적으로도 특이했다. 양쪽에 방을 두었는데 온돌이다. 게다가 굴뚝 모양도 천원지방을 의미하는지 둥근 것과 네모난 것이 동서로 나 있다. 그리고 맞배지붕 옆에는 누마루와 보첨(눈썹지붕)을 붙였다.

강당은 헌종 5년(1839년)에 전소된 것을 재건했다. '옥산서원' 편액은 추사 김정희가 썼다지만 불편해 보였다. 익히 보았던 추사체와는 다르기 때문이다. 그리고 구인당과 무변루 현판은 석봉 한호 글씨다.

강당 앞에 있는 정료대(불우리)는 석등 기둥을 닮았는데 폐사지에서 가져온 것이다. 체인묘 담 밖에는 오래된 은행나무가 있다.

서원 앞 계곡은 또 다른 유식 공간이었을 것이다. 경관이 뛰어났다. 넓은 암반 위로 흐르던 물길을 돌려 인공폭포를 만들어 놓았다. 바위에 새겨진 '세심대'는 퇴계 선생 글씨다.

옥산서원은 특이하게 제향에 쓰이는 제물로 통돼지를 올린다고 한다. 하지만 제사 풍속에 대해서는 시비하지 말라고 했다.

서원에서 계곡을 따라 올라가면 독락당(옥산정사)이다. 선생께서 낙향하여 머물렀던 곳으로 보물 제413호로 지정되어 있으며, 조각자 나무도 천연기념물(제115호)이다.

독락당에서 조금 더 올라가면 국보 제40호로 지정된 정혜사지 13층 석탑이 있다. 탑은 1층 기단 위에 13층 탑신을 올렸는데 거대한 1층에 비하여 위로는 급격히 작고 좁아지는 특이한 형태를 보이고 있다.

아이러니하게도 회재 이언적 선생은 젊어서 정혜사에서 학문을 닦았다고 한다. 하지만 당시는 유불 상호 보완 관계에 있었기 때문에 이상할 것도 없다. 선생의 시 「무위(無爲)」에도 불가(佛家)의 냄새가 난다.

팔공산

八公山, 1,193m

팔공산 국립공원

낙동정맥에서 분기한 팔공지맥에 있는 산으로, 2023년 국립공원으로 승격되었다.
팔공산은 불교문화의 성지로 동화사, 은해사, 선본사(갓바위) 등이 유명하며, 대구시 달성군에는 도동서원이 있다.

산행 노정

2023. 12. 16. (금) 흐림

코스 난이도 : ★★★☆☆

순환10㎞ 5시간 35분

(산행 4:45, 휴식 00:50)

동화사주차장(07:45) ⇨ 탑골안내소
(07:55) ⇨ 케이블카상부 신림봉
(08:55) ⇨ 낙타봉(09:25) ⇨ 철탑삼거
리(09:55) ⇨ 비로봉(10:35~11:15) ⇨
동봉(11:35) ⇨ 철탑삼거리(12:10) ⇨
염불암(12:40~12:50) ⇨ 도로 ⇨
주차장(13:20)

산행 일지

□ 동화사 주차장 ⇨ 탑골안내소 ⇨ 비로봉(정상)

팔공산 등산로는 복잡하다. 동화사, 은혜사, 갓바위, 수도사, 파계사 등에서 올라가는 코스와 수태골 코스가 있으며, 가장 짧은 하늘정원 코스도 있다. 하지만 동화사 코스가 일반적이다. 동화사 주차장에서 시작하는 길은 부도암을 지나 염불암까지 바로 올라가는 포장도로 길도 있지만 탑골안내소를 기점으로 올라가는 것이 산행의 묘미를 더할 수 있다.

간밤에 내린 비로 흠뻑 젖은 동화사 주차장에 주차를 하고 왔던 길로 되돌아가야 했다. 생태 터널을 지나 동화문(팔공총림동화사)을 통과한 다음, 오른쪽 '케이블카 타는 곳'으로 접어들면 탑골 등산로 입구다.

작은 개울을 옆에 끼고 소나무가 우거진 길을 따라 올라가면 깔딱고개다. 급경사 길은 어느 산에나 있기 마련이지만 이곳은 250여 개 계단만 올라가면 되기 때문에 별로 어렵지 않았다. 그렇지만 바위투성이의 거친 길이 계속되었다. 한 시간 가까이 오르자 조망이 터졌지만 안개가 훼방을 놓아 아쉬움을 더했다. 그리고 정상은 비로봉이지만 이정표에는 동봉으로 가는 길만 표기되어 있어 약간 불안하기도 했다.

작은 정자를 지나 올라서면 케이블카 상부 정류장(신림봉)이다. 이른 시간이라 케이블카를 타고 온 사람은 없었지만 소원바위에는 동전이 수도 없이 붙어 있었다. 영험한 바위란다.

신림봉 명패가 새겨진 석상을 지나 조금 내려가면 냉골 삼림욕장이다. 해발 700m에 위치한 산속이라 도심보다 기온이 10℃ 정도 낮다고 하니 여름에는 인기 있는 피서지일 것이다.

다시 오르막길을 따라 한참을 올라가면 낙타봉이다. 낙타봉에서의 조망도 안개 때문에 흐릿했지만 소나무 사이로 염불암이 내려다보였다.

비로봉에서 바라본 청운대 설경

철탑삼거리는 수태골과 염불암에서 올라오는 길과 만나는 지점이다. 여기서부터 비로봉까지는 1km가 채 되지 않지만 제법 가파르며 바위투성이 길이라 힘들었다.

비로봉이 가까워지자 멀리 방송국 송신 안테나가 보이기 시작했고, 하얗게 눈이 쌓여 있었다. 어제 내린 비가 산정에서는 눈으로 바뀌었던 모양이다. 나무마다 상고대가 피어 황홀했으며, 아직 떨어지지 않은 마른 단풍 위로 쌓인 눈이 환상적인 분위기를 연출해 냈다.

비로봉은 하늘에 제사를 모셨다는 제천단이 있다. 팔공산은 신라

오악 중 하나였기 때문이다. 정상 공간은 매우 협소했으며 송신탑 펜스가 조망을 방해했지만 그 아래는 터가 제법 넓었다.

정상에서 남쪽으로 바라다보이는 산이 앞산이고 그 아래가 대구 시가지다. 대구는 내가 처음으로 어렵게 집을 장만했던 곳이다. 이후 부동산 가격이 올랐고 이를 바탕으로 서울에 작은 집을 마련할 수 있는 기반이 되었다. 살면서 경제에 무관심해서는 안 된다. 항상 관심을 가지고 공부를 해야 한다. 하지만 뜻대로 안 되는 것도 많다. 주식은 투자한 종목마다 실패했으니 공부가 부족했던 것인가? 귀가 얇아 무모했던 것이다.

정상에서는 바람이 심하게 불었다. 그리고 평일인데도 제법 많은 사람들이 올라와 계속 머무를 수가 없었다.

□ 비로봉 ⇨ 동봉 ⇨ 염불암 ⇨ 원점 회귀

비로봉에서 동봉(미타봉)은 가까운 거리다. 약사여래입상까지는 내리막길이다. 우리네 모습과 많이 닮은 6m 높이의 불상은 오른쪽으로 고개를 약간 돌리고 내려다보고 있는 형상이다. '어디가 아파서 왔느냐'고 묻는 것 같았다.

급경사 계단을 올라서면 동봉이다. 상고대가 곱게 핀 동봉에서의 조망은 훌륭했다. 건너편 비로봉의 7개 송신탑이 이채로웠으며 동서로 이어진 팔공산 암봉들이 길게 누워 있었다. 하지만 칼바람이 불고 추워서 서둘러 하산할 수밖에 없었다.

다시 철탑삼거리다. 여기서부터 염불암까지도 급경사 내리막길의 연속이었다. 하산 길에 간간이 흩날리던 눈발이 염불암에 이르자 더욱 세차게 쏟아졌다. 염불암에는 선각마애불과 보살좌상이 하얀 바위 양면에 새겨져 있다. 결가부좌를 틀고 앉아 있는 모습이 경건했다. 고려 초기 작품이라고 한다.

염불암부터 동화사까지는 포장도로로 대구 올레길 7코스에 속한다. 2km 정도의 밋밋하고 지루한 내리막길이지만 소나무 숲이 아름답고 계곡물이 겨울답지 않게 힘차게 흘러내리고 있어 제법 운치가 있었다.

산행을 마친 후 답사한 동화사는 팔공산이 병풍처럼 둘러싸고 있는 천년 고찰로 대한불교조계종 제9교구 본사다. 수많은 부속 암자를 거느리고 있으며, 꽃살문이 아름다운 대웅전을 비롯하여 많은 문화재를 보유하고 있다. 특히 임진왜란 때 영남도총섭으로 활약했던 유정 사명대사와 인연이 깊은 절이다.

오늘은 날씨 변덕이 심한 날이었다. 새벽에는 비가 내렸고 아침에는 안개가 끼었으며, 낮에는 바람도 심하게 불었고 오후에는 눈도 내렸다. 폭설로 인한 고속도로 정체는 끝이 없었다. 게다가 산을 내려와 먹었던 도넛에 문제가 있었던지 화장실을 세 번이나 다녀온 다음에야 귀가할 수 있었다. 고행길이었다.

팔공산과 그 이웃들

□ **도동서원 - 유네스코 세계문화유산(한국의 서원)**

현풍 도동서원은 한훤당 김굉필(1454~1504) 선생을 배향한 서원으로 1568년 세워졌다.

도학(道學)의 대종(大宗)이라는 선생은 소학을 중시했다. 김종직의 제자며 조광조의 스승으로 갑자사화로 생을 마감했다.

거대한 은행나무를 마주 보고 있는 수월루를 들어서면 왜소한 환주문을 만난다. 선비는 스스로 몸을 낮춰야 한다는 의미라고 한다. 석축 위의 아름다운 토담은 중정당 및 사당과 함께 보물로 지정되었다.

동·서재를 거느린 팔작지붕의 거대한 강당(중정당)은 정면 5칸의 건물로 양쪽에 방을 두었으며, '도동서원' 현판은 선조의 어필이다. 또한 6개의 기둥 위 하얀 테두리가 특이한데, 이는 선비 중 으뜸 되는 선비를 모셨다는 의미라고 한다.

선생은 한양에서 태어났지만 그의 시에서는 목가적 정서가 흠뻑 배어 있다. 유배지를 전전하며 전원생활을 동경했는지도 모르겠다.

삿갓에 도롱이 입고 세우중(細雨中)에 호믜 메고
산전(山田)을 훗매다가 녹음(綠陰)에 누어시니
목동(牧童)이 우양(牛羊)을 모라 잠든 나를 깨운다.

강당 아래 기단 석축이 매우 특이하고 기하학적 무늬가 아름답다. 그리고 낙동강의 범람을 막기 위함이라는 용두(龍頭)가 도드라져 있으며 나중에 박아 놓은 듯한 세호(細虎) 두 마리가 오르내리고 있는데, 세호는 망주석에서 많이 보았던 것인데 의아했다. 사당으로 올라가는 계단의 소맷돌이 서원의 연륜을 말해 주고 있었다.

도동서원 답사를 마치고 30여 년 전 근무할 때 먹었던 할매곰탕을 먹고 대구로 갔다.

□ 달성공원(서문시장)

달성은 신라 때 축성된 토성이다. 대구 사람들조차 이곳이 토성이라는 사실을 잘 모른다. 둘레가 1,300m에 이르는데, 신라의 월성처럼 낮은 구릉에 축조된 성이며, 상부에는 후대에 축조한 석성의 흔적도 보인다.

성안에는 경상감영이 있었지만 밖으로 이전하였고, 일제 강점기 때 관풍루만 다시 옮겨와 성벽 위에 덩그러니 세워졌다. 그러나 다시 본래 자리로 옮겨갈 예정이라니 다행이다.

달성공원은 대구시 중심지에 위치해 시민들에게 휴식 공간과 볼거리를 제공하고 있는데 성벽 밑으로 빙 둘러 동물사(動物舍)가 들어서 있으며, 고목들이 즐비하여 편안한 느낌을 준다. 그리고 이상화 시비를 비롯하여 수많은 기념비가 있다.

또한 대구 향토역사관은 대구의 역사와 문화를 알아볼 수 있는 작은 박물관이다. 달성공원 방문 시 관람하면 좋겠다.

달성공원을 나서 가까운 거리에 있는 서문시장으로 향했다. 서문시장은 지금은 사라진 대구 읍성 서문 밖에 있었다 하여 명명된 전통시장이다. 200여 년 이상의 역사를 자랑하는 우리나라 3대 시장 중 하나다. 일제 강점기에는 항일운동의 중심지였으며 지금은 정치적으로 보수의 심장이다. 시장 곳곳을 둘러보며 주전부리도 사 먹은 다음 이불 커버를 사 가지고 은혜사로 갔다.

은혜사는 대한불교조계종 제10교구 본사다. 신라 때 창건된 고찰로 수많은 암자를 거느리고 있지만 본찰은 조선 말 화재로 소실되어 중창되었다. 그러므로 본찰보다는 문화유산이 많은 암자들을 아울러 답사하는 것이 바람직하다. 은혜사를 나와 동화사 앞 호텔로 향했다. 내일 팔공산 등산을 하기 위함이다.

가야산

伽倻山, 1,433m

가야산 국립공원

수도지맥에서 약간 벗어나 자리한 산으로, 경상남도와 북도의 경계를 이룬다. 주봉은 상왕봉(우두봉)이며 단풍과 기암절경의 만물상이 유명하다. 1972년 국립공원으로 지정되었으며 명찰 해인사가 있다.

산행 노정

2022.6.8. (수) 안개/흐림

코스 난이도: ★★★☆☆

왕복 9km 5시간 50분(산행 4:45, 휴식 1:05)

백운동탐방지원센터(05:45) ⇨ 서성재(07:15~07:35) ⇨ 칠불봉(08:35~08:45) ⇨ 우두봉(08:55~09:15) ⇨ 서성재(10:10~10:25) ⇨ 원점 회귀(11:35)

산행 일지

□ 백운동탐방지원센터 ⇨ 우두봉 ⇨ 원점 회귀

가야산 정상으로 가는 길은 크게 두 갈래다. 합천 해인사를 기점으로 하는 코스와 성주 백운동에서 올라가는 코스가 그것이다. 당초 해인사에서 올라가려고 했으나 숙박이 여의치 않아 백운동에서 자고 새벽 일찍 호텔을 나섰다.

밤새 내리던 비는 그쳤지만 안개가 자욱했다. 백운동탐방지원센터에서도 서성재로 가는 길은 두 갈래다. 왼쪽은 만물상으로 가는 길이며, 오른쪽은 용기골 골짜기를 따라 올라가는 길이다. 만물상 코스는 기암절경의 가야산 비경을 감상할 수도 있지만, 힘든 길이다. 게다가 짙은 안개로 위험할 뿐만 아니라 절경을 볼 수 없을 것 같아 오른쪽 골짜기를 따라 올라가기로 했다.

용기골 코스는 경사가 완만하고 정비가 잘 되어 있어 비교적 쉬운 길이다. 백운 1교를 지나면 가야산성 안내 표지판을 만나는데, 이 성은 대가야의 수도를 방어하는 요충지이자 이궁으로 이용되었을 가능성이 있다고 한다. 용기골 계곡을 중심으로 좌우 만물상 상아덤과 동성봉 능선을 따라 쌓은 포곡식 산성이다.

계곡에는 비가 내렸는데도 수량이 많지 않았고, 나무에서는 잔바람에도 물방울이 계속 떨어져 비가 내리는 것 같았다.

백운 3교를 지나 백운암 터에서 숨을 잠시 고르고 올라가면 서성재다. 산성의 서쪽 성문이 있었을 것으로 추정되는 곳으로, 만물상 코스와 맞닿아 많은 등산객들이 쉬어 가는 곳이다.

안개가 스멀스멀 기어 올라오는 서성재에서 간단히 식사를 하고 정상으로 발길을 재촉했다. 서성재를 지나서도 평이한 길은 한동안 계속되었다. 안개는 우리를 앞질러 빠르게 올라갔다. 하산하던 등산 객이 정상에서의 운해가 절경이었다며 빨리 올라가면 볼 수도 있을 지 모르겠다고 했다. 하지만 마음만 바쁠 뿐 걸음은 점점 느려지고 있었다.

서성재부터도 완만한 오르막길이 계속되었지만 30여 분이 지나면 서 계단이 나타났고, 가파른 오르막길이 시작되었다.

안개가 온 산을 뒤덮은 지루하고 힘든 산행이었다. 물방울이 제법 커졌다. 는개다. 짙은 안개는 산 아래서 보면 구름이다.

멀리 보이는 우두봉

칠불봉을 500여 미터 남겨 둔 지점부터는 급경사 난코스가 이어졌 다. 암릉을 넘나드는 계단을 쉼 없이 돌아 올라가야 했다. 하지만 너 덜길을 지나자 기적처럼 구름이 걷히기 시작하더니 바로 앞에 칠불 봉이 모습을 드러냈다. 지친 산객에게 조화를 부려 자비를 베푼 것

100대 명산과 문화유산 ❶

이다. 그리고 맑게 갠 우두봉 전경이 한눈에 들어왔다. 경이로웠다. 장엄하기까지 했다. 칠불봉에서 소의 머리를 닮았다는 우두봉까지는 200여 미터의 가까운 거리다.

우두봉은 우뚝 솟은 돔형 바위 봉우리지만 정상은 제법 평평했다. 가장자리는 아찔한 낭떠러지다. 산정에는 우비정(牛鼻井)이라는 작은 샘이 있는데, 신비로웠다. 하지만 개구리가 주인이었다. 샘 옆에는 한시 한 편이 소개되어 있다.

우두봉에서의 조망은 합천 방향은 구름 속에 숨어 있었고, 성주 쪽만 개었다. 다시 구름이 우두봉을 감싸고 돌았다.

내려가야 할 시간이다. 하산 길도 합천 해인사로 내려가는 길과 성주 백운동으로 되돌아가는 길로 나뉜다. 해인사 길은 보물 제222호로 지정된 마애불도 친견할 수 있고, 경사도 완만하다지만 왔던 길로 되돌아가야만 했다. 교통편 때문이다.

산목련(함박꽃) 칠불봉과 소나무

우두봉 아래 해인사 갈림길에서 예쁜 꽃을 만났다. 이름을 몰라 검색해 보니 산목련이란다. 그러고 보니 연꽃을 많이 닮았다. 이 꽃은 함박꽃이라고도 하는데, 북한에서는 목란이라고 부른다고 한다.

계속되는 가파른 길을 더듬어 내려오는데 잘생기고 건강한 소나무들이 지친 산객을 위로해 주었다. 가야산 소나무들은 하나같이 멋있다.

서성재를 지나자 다시 곰탕 같은 안개 속이다. 하지만 빽빽한 낙엽수림이 몽환적 분위기를 연출하고 있었다. 가을이면 참으로 고운 단풍길일 것 같다.

백운 1교를 다시 건너 원점으로 무사히 회귀했지만 아쉬움이 남았다. 만물상을 보지 못했으며, 아름다웠다는 운해를 보지 못한 것이다. 운해를 보기 위해서는 안개가 올라오기 전에 일찍 산에 올라가야 한다는 교훈도 얻었다.

산다는 것은 아쉬움의 연속이다. 지나온 길에는 항상 아쉬움이 남는다. 그러므로 아쉬움을 덜 남기기 위해 노력해야 한다.

가야산과 그 이웃들

□ 홍류동 계곡(명승 제62호)과 해인사 팔만대장경판(유네스코 세계기록유산)

성주 나들목을 나와 59번 국도에서 가야천을 따라 올라가면 해인사다. 해인사는 여러 차례 다녀갔었고, 젊었을 때는 아내와 단풍이 고운 남산 제1봉을 올라가기도 했었다. 그러나 오랜만이라 낯설었다.

해인사로 들어가는 골짜기는 매우 깊지만 아름답다. 대장경 테마파크부터 해인사까지가 '가야천소리길'이다. 누구나 가벼운 옷차림으로 산책할 수 있는 약 7km의 계곡이다.

가야천을 끼고 한참을 가다 보면 구원리 도자기 마을이 나타난다. 예전에 다녀갔던 적이 있는 마을이다. 도자기에 구매자가 원하는 글이나 그림을 그려 기념으로 만들어 팔았기 때문이다. 하지만 산속에 도자기 생산지가 있다는 사실에 의아했다. 도자기 생산 입지 조건은 도자기를 굽기에 적합한 흙(고령토)과 나무(땔감)와 운송이 용이한 강이 있어야 하지만, 이곳은 산속이라 운송이 어려울 것 같았기 때문이다. 그러나 가야천 물길을 보면 이해가 된다. 우기에는 수량이 많았을 것이다.

해인사 매표소부터 해인사까지 10리 길이 홍류동 계곡이다. 홍류동이란 봄에는 진달래, 가을에는 단풍이 계곡물과 어우러져 아름답다고 하여 붙여진 이름이다. 농산정 등 정자가 운치를 더해 준다.

고운 최치원 선생(857~?)이 은둔했으며 둔세시를 남기고 신선이 되었다는 이야기가 전해 오는 곳이다. 선생의 시 「제가야산독서당(題伽倻山讀書堂)」에서 보면 '행여나 세상 시비하는 소리 들릴까 봐 흐르는 물에 귀를 씻는다'고 했다.

홍류동 계곡에는 뒤에 온 유학자나 승려들이 그를 흠모하여 많은 시를 곳곳에 남겼다고 하지만 찾지 못하고 해인사 일주문을 들어섰다.

해인사 일주문

팔만대장경판고

삼보사찰 중 법보사찰인 해인사는 팔만대장경판이 세계기록유산으로 등재되어 있다.

단아한 일주문을 지나면 해인총림 봉황문이다. 특이하게 사천왕상이 조소가 아니라 회화였다.

가파른 계단을 올라가면 대적광전이다. 해인사는 삼보사찰인데도 세계문화유산으로 지정되지 않았다. 이는 대부분의 절집들이 건축 연대가 짧아 선정 기준에 미치기 못했기 때문일 것이다.

법당에서 나오자 비가 내렸다. 대법당 뒤 국보 제52호로 지정된 장경판전으로 돌아갔다. 고려시대에 만들어진 8만여 장의 대장경 목판을 보관하고 있는 건물이다. 전면 15칸 측면 2칸의 특수 구조로 건축된 두 개의 건물이 남북으로 나란히 위치한다. 하지만 안은 들여다볼 수조차 없었다.

세계적으로도 유명한 장경판전을 나와 성철스님 사리탑으로 향했다. 스님은 대한불교 조계종 종정을 지내셨던 분으로 우리나라 선종을 대표하는 승려였다.

사리탑 옆에 모셔진 행장 첫머리에는 '원각(圓覺)이 보조(普照)하니 적(寂)과 멸(滅)이 둘이 아니라 보이는 만물(萬物)은 관음(觀音)이요 들리는 소리는 묘음(妙音)이라. 보고 듣는 이 밖에 진리(眞理)가 따로 없으니, 아아, 시회대중(示會大衆)은 알겠는가? 산은 산이요 물은 물이로다.' 하셨다. 더 이상 무슨 말이 필요하겠는가.

지리산

智異山, *1,915m*

지리산 국립공원

백두대간 끝자락에 자리하며 남한 내륙의 최고봉
인 천왕봉을 주봉으로 한다. 1,000미터가 넘는 준
령도 20개나 되고 명찰 등 문화유산도 많아 1967
년 우리나라 최초의 국립공원으로 지정되었다.

산행 노정

2022.5.15. (일) 맑음

코스 난이도: ★★★★★

순환 13㎞ 9시간 55분(산행 8:30, 휴식 01:25)

중산리탐방지원센터(04:30) ⇨ 칼바위삼거리(05:20) ⇨ 로타리대피소,법계사(06:45~07:30) ⇨
천왕봉(09:05~09:15) ⇨ 장터목대피소(10:40~11:10) ⇨ 유암폭포(12:15) ⇨ 원점 회귀(14:25)

산행 일지

□ 중산리탐방지원센터 ⇨ 천왕봉

지리산은 경상남도와 전라남·북도 및 5개 시군을 품고 있는 동서
백리의 거대한 산악군으로, 천왕봉은 이번이 세 번째다. 하지만 다
른 봉우리들은 셀 수 없이 올라갔었다. 젊은 시절 순친에서 근무했
던 때의 일이다. 그때는 주로 화엄사와 피아골, 뱀사골, 쌍계사 코스
를 주로 이용했었다. 한번은 종주하던 중 벽소령 근방에서 길을 잃
고 헤매다 약초꾼을 만나 하룻밤 신세를 지고 의신으로 내려왔던 적
도 있다.

새벽 4시가 조금 넘어 게스트 하우스 안주인이 챙겨준 도시락을
받아 들고 길을 나섰다.

칠흑같이 어두운 산길은 앞을 분간하기조차 어려웠다. 계곡 물소
리만 요란하게 들릴 뿐이었고, 간혹 스틱 끝에서 튀는 불꽃에 놀라
기도 했다. 혹시 반달곰이 마중이라도 나오지 않나 하는 엉뚱한 생
각도 하면서 칼바위를 지나자 날이 밝아 왔다. 새들도 잠에서 깨어
났는지 지저귀기 시작했다.

자그마한 출렁다리를 건너 칼바위 삼거리에 도착했다. 오른쪽으
로 올라가면 법계사로 가는 길이며, 왼쪽은 장터목으로 오르는 길
이다. 우리는 급경사 하산 길을 피하기 위해 법계사 쪽으로 길을 잡
았다.

법계사까지는 어렵지 않은 길이지만 칼바위 상단까지는 제법 가

파른 길도 반복되었고, 등산객도 한두 명씩 보이기 시작했다. 길섶에는 이름 모를 야생화가 피어 있었고 벌써부터 거위벌레가 참나무 가지를 자르기 시작하는지 잔가지와 잎이 바닥에 널브러져 있었다.

칼바위 상단부터 다시 편한 길로 이어지는데 병꽃나무 꽃이 곱게 피었다.

두 시간여 산행 끝에 로터리 대피소에 도착해 컵라면과 빵으로 아침을 대신했다. 바람이 불어 제법 쌀쌀하여 한기가 몰려왔다. 냄새가 진동하는 재래식 화장실을 다녀온 후 바로 위에 자리한 법계사로 올라갔다.

법계사는 신라시대 연기조사가 창건한 고찰로, 해인사 말사다. 우리나라 사찰 중에서 가장 높은 1,400m 고지에 위치하며 보물 제473호로 지정된 3층 석탑이 있다.

법계사부터 천왕봉까지는 평균 경사도가 32%지만 거의 수직에 가까운 구간도 있다. 많은 사람들이 힘들어하는 코스다.

1,500m를 넘어서자 주목이 말을 걸어오고 자작나무의 새잎들도 조잘대기 시작했다. 숨이 차고 땀이 쏟아졌지만 바람이 좋았고, 하늘은 더없이 청명했다. 그리고 눈 아래 펼쳐진 조망도 근사했다.

한발 한발 더듬어 올라가자 개선문이 앞을 가로막았다. 묘하게 갈라진 바위 사이를 지나면서부터 천왕봉까지 800여 미터는 죽음의 길이다. 젊은이들이 추월해 갈 때면 나이가 들었음을 실감했다.

나도 젊어서 이 길을 오를 때는 그랬을 것이다. 그때는 계단도 없었다. 일부 여성 등산객은 울면서 올라갔었다. 하지만 지금은 옛날에 비하면 수월하다. 일부 구간은 길을 돌려놓았으며, 대부분 계단을 설치해 놓았기 때문이다.

한 번이라도 가 보았던 길을 다시 간다는 것은 큰 도움이 된다. 하지만 다시 가지 못하는 길이 인생길이다. 그러므로 먼저 간 선인들의 길을 익혀 공부해야 한다.

정상 100여 미터 아래에 있다는 천왕샘을 보지 못하고 지나쳤다. 지금은 갈수기라 샘이 말랐기 때문일 것이다.

힘겹게 오른 천왕봉에서의 조망은 참으로 장관이었다. 이승이 아닌 천상의 세계 같았다. 호연지기(浩然之氣) 기운이 온몸에 스며들었다. 굽이굽이 이어지는 거대하고 장엄한 능선들이 사방으로 일렁이고 있었다.

송수권 시인은 그의 시에서 뻐꾹새 한 마리가 울면 그 연봉들 사이를 넘어가며 지리산 모든 뻐꾸기들이 한스럽게 울었다고 했다. 사실은 한 마리가 울었지만, 지리산 민초들의 한을 대신하여 울었던 것이다.

지리산은 어머니처럼 모든 것을 품어 주는 넉넉한 산이다. 그 산자락에 깃들어 살며 그 산을 파먹고 살았던 민초들의 터전이었다.

천왕봉 아래 급경사 계단

지리산 정상석 후면

화창하고 청명하며 바람도 숨을 죽인 5월의 지리산, 정상석에는 '한국인의 기상 여기서 발원되다'라고 쓰여 있었다.

백두산에서 시작하여 지리산까지 이어지는 거대한 산줄기다. 하지만 지리산은 또 소백산맥에 속한다고도 되어 있는데, 이는 산지 인식 체계가 다르기 때문이다. 『산맥도』는 20세기 초 일본인 학자가 한반도 땅속 지질 구조를 기준으로 작성한 것이며, 『산경도』는 18세기 실학자 신경준이 산자분수령(山自分水嶺)의 원리를 기준으로 만든 것이다. 즉, '산은 물을 나누고 물은 산을 넘지 못한다'는 원리다. 그러므로 산행에는 산경도(표)를 참고로 하는 것이 바람직하다.

지리산 연봉과 철쭉

□ **천왕봉 ⇨ 장터목대피소**

정상에서 내려온 길에서 만난 광경도 참으로 황홀하고 아름다웠다. 끝없이 이어지는 연봉들과 바위들 그리고 사이사이 피어 있는 철쭉이 너무나 고왔다.

지리산 연봉들 너머로는 섬진강이 도도히 흐르고 있었다. 지리산의 수계는 골골마다 발원한 여러 지천이 동으로는 남강으로 남서로는 섬진강으로 흘러간다. 섬진강 너머 남해바다도 선명히 볼 수 있었다. 눈이 좋은 사람은 남해대교도 볼 수 있다는데, 아쉽다.

　많은 사람들이 철쭉과 지리산 연봉들과 멀리 남해바다를 배경으로 사진을 찍는데, 지리산의 포토 포인트인 모양이다.

　정상에서 내려가는 길도 법계사에서 올라오는 길만큼이나 가파르다. 통천문까지 500여 미터 구간은 참으로 힘든 코스다. 통천문을 나서자 무릎이 시큰거렸다. 무릎 보호대를 왼쪽에 찼다. 약간 편해지는 듯했지만 이내 거추장스러웠다. 익숙하지 않아서 그런 모양이다. 통천문 앞에 서 있는 고사목은 20여 년 전에 보았던 모습 그대로였다.

　하행 길에 간간이 보이던 고사목은 평평한 제석봉에 이르자 여기저기 나뒹굴어 고사목 공동묘지가 되어 있었다. 안내 간판에 의하면 1950년대만 해도 숲이 울창했는데 도벌꾼들이 도벌 후 흔적을 남기지 않기 위해 불을 질렀기 때문이라고 한다. 하지만 주목 복원사업의 일환으로 새로 심은 묘목들이 힘차게 자라고 있었다.

주목은 천년을 산다고 한다. 하
지만 그 나무도 마지막에는 쓰러
진다. 사람은 백 년을 사는 사람
도 드물다. 삼라만상이 제행무상
이라 사람도 결국에는 가게 되는
것이다.

하지만 '사후를 걱정하지 마라. 부질없는 생각이다.'라고 했다. 고
사목 공동묘지에 어린 주목들이 힘차게 자라고 있는 것처럼 뒤에 오
는 자들이 우리 자리를 대신할 것이다. 지리산의 묘목들이 그 산의
또 다른 주인이 되는 것처럼 자연 현상이다. 우리는 뒤에 오는 자들
을 위한 자리를 마련해 둘 의무가 있다.

레오나르도 다빈치는 '잘 보낸 하루가 행복한 잠을 가져오듯이
잘 산 인생은 행복한 죽음을 맞이한다.'고 했다. 매우 공감이 가는
말이다.

'어리석은 사람도 머물면 지혜로운 사람이 된다.'고 해서 그 이름
이 유래되었다는 지리산, 고사목 지대를 지나며 많은 생각을 하게
했다. 생과 사가 공존하는 제석봉에도 얼레지는 곱게 피어 있었다.

제석봉에서 장터목까지는 평탄한 길이다. 참으로 오랜만에 오른
지리산이지만 운이 좋아 날씨는 청명하기 그지없었다.

□ 장터목대피소 ⇨ 유암폭포 ⇨ 원점 회귀

장터목대피소는 천왕봉 일출을 보기 위해 묵어 가는 등산객들이
선호하는 곳이다. 과거에 장(場)이 섰던 곳이라고 한다, 대피소에서
서쪽으로 곧장 가면 철쭉꽃이 유명한 세석평전이며, 노고단까지 가

는 종주 능선이다. 그리고 북쪽으로 내려가면 마천면 백무동이고, 남쪽으로 내려가면 산청군 중산리다.

장터목대피소

유암폭포

하산 길은 지루하고 가파른 내리막길이라 여간 조심스러운 것이 아니었다. 칼바위삼거리까지 평균 경사도가 22.3%라지만 훨씬 더 가파른 것 같았다. 지쳤기 때문이다. 하지만 지천으로 피어 있는 야생화가 지친 산객을 위로해 주었다.

병기막터교를 건너서 만난 유암폭포는 단아한 여인과 같은 예쁜 폭포였다. 쌍계사 불일폭포가 지리산의 지아비 폭포라면 이곳은 지어미 폭포라 해도 과언이 아니겠다.

유암폭포를 뒤로하고 홈바위교를 건너 너덜 길로 접어들었다. 누군가 돌탑을 쌓아 놓았다.

다시 칼바위삼거리에 도착했다. 시간이 많이 지체되었다. 아무래도 힘들었기 때문이기도 했겠지만, 주변 풍광을 사진에 담고, 감상을 메모하기 위해 자주 멈춰 섰기 때문이다.

새벽어둠 속에서 건너왔던 법계교를 다시 건너 중산리 탐방지원센터에 도착하니 두 시가 훌쩍 넘었다.

열 시간 가까운 산행을 마치고 지친 몸을 이끌고 상경하는 길, 지리산 뻐꾹새 울음소리가 자꾸만 뒤를 따라왔다.

지리산과 그 이웃들

지리산은 신라 5악과 조선의 4악 그리고 현재도 5대 명산이다. 그러므로 그 산에 깃들어 사는 사람들의 역사와 문화는 물론 언어도 다르므로 그들 나름대로 많은 문화유산을 간직하고 있다. 하지만 그것들을 전부 답사한다는 것은 불가능한 일이라 이번 산행 길에는 세계문화유산으로 지정된 함양 남계서원만 답사하기로 했다.

□ 남계서원 - 유네스코 세계문화유산(한국의 서원)

서원은 조선시대 사립 교육기관으로 관학인 향교와 대별되지만 조선말에는 수백 개가 난립하여 그 폐해가 극심했었다.

이에 흥선대원군은 47개만 남기고 모두 철폐했지만 동방 5현으로 불리는 일두 정여창 선생을 모신 남계서원은 온전히 살아남았다. 이는 1552년 조선에서 두 번째로 건립된 유서 깊은 곳이며, 사액서원(명종 21년 1566년)이었기 때문이다.

홍살문을 들어서면 풍영루다. 돌기둥 2층 누각으로 조형미가 아름답다. 누각과 강당, 사당이 일직선상에 있는 전학후묘(前學後廟)의 전형적인 서원 배치다. 강당 앞 서재(보인재)에 비하여 동재(양정재)는 심하게 훼손되어 보수가 시급해 보였다. 그리고 팔작지붕 정면 4칸, 측면 2칸으로 양쪽에 방이 있는 강당(명성당)의 현판이 '남계'와 '서원'이 분리되어 있어 특이했다. 강당 뒤 계단을 올라가면 태극 문양이 선명한 내삼문이고 그 안에 위패를 모신 사당이 있지만 문이 굳게 닫혀 있었다.

일두 정여창 선생은 사림파의 거두로 무오사화에 연루되어 생을 마감했다. 하지만 그의 사상은 성리학적 이상 세계를 추구하였으며, 학문의 목적은 성인이 되는 데 있다고 했다.

남계서원 옆에는 청계서원이 있다. 남계서원과 많이 닮았다. 강당 앞 우람한 소나무가 매우 인상적이었다. 이 서원은 탁영 김일손 선생을 모신 서원이지만 불과 100여 년 전에 건립되었다고 한다.

본래 서원 설립 목적은 선현들을 배향하고 존경하며 인재 육성을 목적으로 설립되었지만, 점점 여러 가지 문제가 야기되었다. 즉, 가문과 학연, 지연 등과 관련된 비리가 만연되었고 농민 수탈 및 탈세와 군역 회피의 수단으로 전락하였다.

이에 숙종 때부터 서원 난립을 막기 위하여 여러 가지 대책을 수립하여 추진했지만 실효성이 없어 폐해는 점점 심해졌다. 하지만 고종 때 대원군은 유림들의 반대에도 불구하고 47개만 남기고 600여 개나 되는 서원을 철폐했었다.

일본 강점기 이후 현재까지 전국에는 수백 개의 서원이 복원되어 있지만 제대로 운영, 관리가 안 되고 예산 낭비의 문제를 안고 있는 곳이 많다. 각 지자체마다 향교가 존재하고 있으므로 서원의 기능을 향교에서 대신하면 될 것이다. 공자는 유교를 창시한 으뜸 스승인데 왜 서원 세우기를 좋아하는지 모르겠다. 가문의 영향 등 나름 이유가 있을 것이다.

청계서원을 나와 지리산 흑염소탕으로 이른 저녁을 먹었다. 함양은 지리산 기슭에서 자란 흑염소가 유명하기 때문이다. 또한 함양의 명소로는 상림공원이 있지만 예전에 연꽃을 만나러 왔던 적이 있어 들리지 않고 지리산 아래 중산리로 향했다.

중산리로 들어가는 길목에는 점집(신당)들이 즐비하고 빨치산 토벌 전시관이 자리하고 있다. 이곳이 지리산 빨치산의 주 활동 무대였기 때문이다. 하지만 그때 그들은 토벌의 대상이었다. 그러나 지금은 역사적 평가에 따라 여러 가지 의견이 분분하다.
게스트 하우스에 도착하자 어둠이 내리기 시작했다. 내일의 산행을 위하여 일찍 잠자리에 들었다.

금산

錦山, *681m*

한려해상 국립공원

남해도에 위치해 있으며, 명승 제39호다. 1968년에 국립공원으로 지정되었으며, 기암절경과 바다가 어우러져 경관이 빼어나다. 보리암과 인근에 있는 다랭이마을 및 독일마을이 유명하다.

산행 노정

2024. 4. 19. (금) 맑음

코스 난이도: ★★☆☆☆

순환 6㎞ 4시간 15분(산행 3:20, 휴식 00:55)

금산탐방지원센터(10:15) ⇨ 도선바위(10:50) ⇨ 쌍홍문(11:25) ⇨ 보리庵(11:35~12:15 선은전) ⇨ 정상(12:30~12:45) ⇨ 상사바위(13:10) ⇨ 쌍홍문(13:35) ⇨ 원점 회귀(14:30)

산행 일지

□ 주차장 ➡ 보리암 ➡ 정상(망대) ➡ 상사암 ➡ 원점 회귀

금산 정상으로 가는 길은 세 갈래다. 가장 짧은 코스가 복곡주차장에서 올라가는 길이며, 일반적인 코스가 금산탐방지원센터에서 올라가는 길이다. 그리고 두모계곡 입구에서 올라가는 길도 있다.

금산탐방지원센터에서 도선바위까지는 소나무숲 사이로 난 밋밋한 오르막길이지만 도선바위부터 쌍홍문까지는 오르막 경사도가 35%나 되는 매우 힘든 길이다. 거친 돌밭과 계단을 올라가야 하기 때문이다. 그러므로 중간중간 쉼터가 많다.

쌍홍문

보리암

사선대 밑을 지나 신우대밭 사이로 난 길로 올라서면 금산의 관문인 쌍홍문이다. 해골바위라고도 하지만, 해골에 담긴 물을 마시고 크게 깨달았다고 한 원효대사는 쌍무지개를 닮았다고 하여 쌍홍문

이라 했다. 그러나 나는 그리스 병사의 투구처럼 보였다. 고 손기정 선수가 베를린 올림픽 마라톤에서 우승하고 부상으로 받은 것이다. 우리나라 보물 제904호로 지정되었다. 사물이나 현상은 보고 생각하는 사람에 따라 달라지는 법이다.

장군암 아래서 땀을 식히고 쌍홍문 바위틈 사이를 비집고 올라가자 보리암이 모습을 드러냈다.

원효대사가 창건했다는 보리암은 국내 불교 3대 기도처 중 하나로, 연중 많은 참배객과 탐방객들로 붐빈다. 특히 대장봉과 화엄봉이 수호하는 해수관음보살상 앞에서 바라본 조망이 일품이다. 기암괴석과 바다가 어우러진 천혜의 절경을 자랑한다. 또 산 아래 상주해수욕장은 넓고 긴 모래사장으로 유명하다.

보리암 아래 선은전은 이성계가 왕이 되기 전에 기도했다는 기도처다. 가파른 계단을 스틱에 의존하여 내려가야 했다.

보리암을 찾는 참배객이나 이성계가 기도처를 찾아간 것은 마음의 위안을 얻고자 함이며, 새로운 일을 다짐하고자 함일 것이다.

살면서 어려운 일이 닥치더라도 가급적 사람에게 의지해서는 안된다. 자립할 나이가 되지 않았거나 신체적 장애가 없다면 스스로 세상을 개척하고 자립하여 살아가야 한다.

보리암에서 정상 망대(봉수대)로 가는 길은 어렵지 않다. 돌계단과 데크 계단을 따라 올라가면 강인한 생명력을 자랑하는 줄사철나무를 만난다. 경이롭고 또한 아름답다. 그리고 신우대밭을 지나면 정상이다. 봉수대에서는 사방 조망이 가능했지만 황사 때문에 시야가 좋지 않았다.

정상에도 글씬바위가 있다. 주세붕 선생이 썼다는 유홍문 상금산 (由虹門 上錦山), 즉 쌍홍문을 지나 정상에 올랐다는 말이다. 금산에는 글이 쓰여진 바위가 많다.

바위 아래서 점심을 먹고 하산했다. 밋밋한 길을 따라 내려가면 단군성전이다. 한배검 님을 모신 종교 시설이다.

성전을 둘러보고 하산하면 재미있는 전설을 간직한 상사바위가 기다리고 있다. 단애절벽에서의 조망도 보리암에 뒤지지 않았다. 기암절경 팔선대 아래로 노도가 한눈에 내려다보였다.

섬 중의 섬인 노도는 서포 김만중(1637~1692) 선생이 귀양 생활을 하다 생을 마친 곳이다. 그가 어머니를 위해 쓴 『사씨남정기』와 『구운몽』이 유명하며 귀양길에서 어머니와의 이별을 노래한 시(母-금성귀양길)가 참으로 애절하다.

팔선대와 노도

상사바위에서 급한 계단을 내려오면 좌선대다. 원효대사와 의상대사 그리고 윤필거사가 바위 위에서 수도했다지만 올라갈 수는 없었다.

좌선대를 지나면 금산산장이다. 숙박은 불가하지만 컵라면을 먹으며 남해바다를 조망할 수 있는 명소로 인기가 높다.

그리고 산장 옆에 있는 흔들바위를 지나 제석봉에 올라가 돌아보면 단애절벽 상사바위가 한눈에 들어온다. 하늘로 솟은 거대한 암괴가 압권이었다.

제석봉에서 가파른 길을 따라 내려가면 쌍홍문이며, 도선바위를 지나 하산하자 탐방지원센터 앞에 연분홍 겹벚꽃이 흐드러지게 피어 있었다.

하산 후 커피 한 잔을 마시고 명승지 남해 가천다랭이마을로 향했다.

금산과 그 이웃들

□ 가천 다랭이마을 - 명승 15호

남해 가천다랭이마을을 찾아가는 길은 '남해 바래길 10구간(앵강다숲길)'으로 앵강만을 끼고 돌아가기 때문에 매우 아름다운 길이다. 그리고 그 끝에 자리하고 있는 다랭이마을은 한때 인기 높았던 관광지였다.

지금도 유채꽃이 피는 봄에는 관광객들로 붐빈다.

다랭이 마을을 대표하는 계단식 논을 조성할 수 있었던 것은 뒤에 있는 설흘산과 응봉산에서 흘러내린 계곡물이 있었기 때문이다. 산비탈을 따라 수백 개의 논을 돌로 층층이 쌓아 올린 모습이 경이로웠다. 지금은 그 모습이 아름답게 보일지 모르지만, 누대에 걸쳐 논을 만들고 일구었던 그들의 삶은 고단했을 것이다. 굽이굽이 돌아가는 다랭이논을 소를 몰아 쟁기질하고 아찔한 논두렁을 지게를 지고 하루에도 수없이 오가야 했기 때문이다. 지금은 그 논에 벼는 거의 심지 않고 마늘이나 유채를 심는다고 하는데, 계절 풍광에 따라 바다와 어우러진 모습이 그림엽서같이 아름답다.

주차장에서 비탈길을 따라 내려가면 예전의 농가는 보이지 않고 민박집과 음식점, 카페들만 즐비하여 여느 관광지나 다름없었다.

하지만 답사 중에 만난 암수바위는 민속자료 13호로 지정되어 보호하고 있다. 6m에 가까운 거대한 수바위는 미륵바위라고도 하는데, 땅에 묻혀 있던 것을 영조 때 세웠다고 한다. 예로부터 음양석을 신앙의 대상으로 삼은 것은 자손이 번창하기를 바라는 기자신앙 때문이다. 또한 '밥무덤'도 관심이 가는 민속 자료다.

논에 심은 유채꽃은 대부분 졌다. 관광객을 위하여 미리 심었기 때문이겠지만 바닷가나 계곡에 제멋대로 피어 있는 꽃들은 아직 한창이어서 아쉬움을 조금이나마 달래며 독일마을로 향했다

□ 독일마을

1960~1970년대 외화 획득과 실업 문제를 해결하기 위하여 독일로 간 광부와 간호사들이 나이가 들어 귀국한 후 2002년 만든 것이 독일마을이다.

물건항이 내려다보이는 산비탈에 독일식 집을 지었는데, 푸른 바

다와 적색 지붕이 어우러져 이국
적 풍광을 자아냈다.

　하지만 그들의 독일에서의 삶
은 처절했다. 조정래의 소설 『한
강』에도 그들의 생활상이 잘 묘사
되어 있고 영화 〈국제시장〉의 주
인공 부부도 파독 광부와 간호사였다.

　한편 그들은 고학력자가 많아 독일에 남아 공부를 계속하거나 새
로운 사업을 시작하여 인생을 개척한 사람도 많다.

　마을 입구로 들어서면 비탈을 따라 길게 조성된 2차로 도로(독일로)
옆으로 음식점과 펜션이 즐비하며 그 끝에 독일 광장이 자리하고 있
다. 이국풍의 광장에는 파독 박물관이 있지만 늦은 시간이라 문을
닫았다. 그 뒤 언덕이 그들의 추모공원이다.

　아쉬운 발걸음으로 광장에서 내려오는 길, 2015년 세워진 기념비
에는 파독 광부 14명, 간호사 31명의 이름이 새겨져 있다. 그들은 주
로 숙박업(펜션)이나 식당을 운영했는데, 특히 독일식 맥주와 소시지
등을 만들어 파는 식당도 많다.

　우리는 저녁 식사로 빵과 함께 독일인들이 주로 먹는다는 소시지
레베케제와 우리 순대를 닮은 초리죠 그리고 생소시지인 뉘른베르
크 브랏부어스트 등 소시지 모둠을 먹고 음료로는 부드러운 마이셜
맥주와 걸쭉하지만 도수가 높은 수제 흑맥주를 마시고 독일식 펜션
에 들었다.

　오늘 답사했던 다랭이마을 사람들이나 이국에서 삶을 개척했던
독일마을 사람들 모두 지난했던 우리 역사의 한 페이지를 장식한 사
람들이다.

한라산

漢拏山, 1,950m

한라산 국립공원

우리나라 3대 영산 중 하나로, 1970년에 국립공원으로 지정되었다. 다양한 식물대와 기생화산(오름), 계곡, 동굴, 폭포 등 관광 자원이 풍부하다. 그리고 제주도는 유네스코 지정 세계자연유산이며, 세계지질공원이고, 생물권보전지역이다.

산행 노정

2023.2.13. (월) 비/흐림/눈

코스 난이도: ★★★★★

종주 20km 9시간 5분(산행 7:55, 휴식 01:10)

성판악탐방지원센터(06:35) ⇨ 속밭대피소(08:05~08:20 조식) ⇨ 사라오름입구(08:50) ⇨ 진달래밭대피소(09:35) ⇨ 백록담(10:55~11:40점심) ⇨ 용진각현수교(12:50) ⇨ 삼각봉대피소(13:05~13:15) ⇨ 탐라계곡화장실(14:25) ⇨ 관음사탐방지원센터(15:40) ⇨ 도로(1km) ⇨ 관음사

산행 일지

□ 성판악탐방지원센터 ⇨ 백록담(명승 제90호)

한라산은 사철 산을 찾는 사람들로 넘쳐나는 명산이지만 정상 백록담으로 가는 길은 성판악과 관음사 코스뿐이다. 그리고 생태계 보전을 위해 하루 입산 인원을 제한하고 있다. 그러므로 한 달 전부터 예약을 해야 하며, 아울러 항공편과 호텔도 예약해야 한다. 그리고 또 하나의 변수는 날씨다. 모든 예약을 마쳤더라도 날씨가 좋지 않으면 입산을 통제하기 때문이다. 그러므로 한라산 등산은 번거롭고 비용도 많이 들며 여간 신경이 쓰이는 것이 아니다.

이른 새벽 택시를 타고 한라산으로 가는 길은 어젯밤부터 내리던 비가 계속되었다. 5·16 도로로 접어들어 성판악이 가까워질수록 점점 더 짙어지는 안개가 또한 길을 막았다.

성판악탐방지원센터에는 비가 내리는데도 산행을 준비하는 등산객들로 붐볐다. 모두 판초 우의나 비옷을 챙겨 입고 인터넷 예약 때 받아 두었던 QR코드를 입산 게이트에서 찍고 신분증을 보여 준 다음에야 입산할 수 있었다.

플래시 불빛에 의존해야 하는 우중 야간 산행은 여간 어려운 것이 아니었다. 성판악은 지대가 높기 때문에 초입부터 눈이 쌓였을 것이리라는 예상은 빗나갔다. 비 때문에 눈이 녹아 질벅거리는 길에는 곳곳에 물이 고여 조심스럽기만 했다.

평지에 가까운 길을 2km 정도 지나자 날이 밝았다. 고도가 높아서

인지 비가 내리는데도 다져진 눈이 그대로 쌓여 아이젠을 착용해야만 했다.

편백나무 숲을 지나 속밭대피소까지 비는 계속 내렸다. 대피소 안에는 많은 사람들이 아침 식사를 하고 있었다. 준비해 온 바게트와 커피로 간단히 식사를 한 다음, 장비를 재정비하고 진달래밭대피소로 향했다.

일렬로 늘어선 등산객들은 묵묵히 고개를 숙이고 비장한 모습으로 걸어가고 있었다.

오늘 산행은 비가 내리기 때문에 당초 예약했던 사람들 중 30%에 달하는 많은 사람들이 입산을 포기했다고 한다. 그러므로 오늘 산을 찾은 사람들은 용기 있는 사람들이다. 비가 내릴 뿐만 아니라 춥고 안개가 자욱한 숲속을 걸어가는 사람들의 모습이 구도자들 같았다.

속밭대피소를 지나서도 한참 동안은 밋밋한 오르막길이 계속되었지만 해발 1,200m 지점, 사라오름 입구를 얼마 남겨 두지 않은 곳부터 제법 가파른 길이 이어졌다.

사라오름은 아름다운 산정호수로, 명승 제83호다. 사라오름 입구를 지나면서 밋밋한 길이 계속되었지만 해발 1,400m를 지나면서부터 진달래밭대피소까지는 힘든 길이었다.

진달래밭대피소는 봄이면 진달래가 아름다운 곳으로 화장실과 편의 시설이 잘 갖추어져 있어 등산객들이 쉬어 가는 장소다. 그리고 정상으로 가는 마지막 관문이다. 정오가 되면 통제하기 때문에 12시 전에는 게이트를 통과해야 한다.

게이트를 지나서도 평탄한 길이 이어지고 구상나무 군락지가 모습을 드러냈다. 우리나라 대표적인 고유 수종인 구상나무는 겨울에도 자태를 잊지 않고 당당히 서 있는 모습이 경이로웠다. 하지만 조금 더 올라가면 여기저기 고사목이 보이는데, 이는 기후 변화 때문이라고 한다. 안타까운 일이다.

해발 1,600m부터 시작된 오르막길이 정상까지 이어졌다. 산 아래부터 쫓아오던 안개는 걷힐 기미가 보이지 않았고, 비는 계속 내렸다. 바람이 심하게 불지 않는 것이 다행이었다. 정상이 가까워지자 나무는 거의 없고 눈이 녹아 드러난 풀밭이 융단처럼 펼쳐져 있었다.

정상에서의 조망은 장엄하고 경이롭지만, 오늘 백록담은 안개 때문에 세상에서 가장 큰 곰탕 그릇처럼 보일 뿐이었다. (백록담 사진은 아내가 작년에 찍은 것을 게재했다.)

정상석 앞에서 인증 사진을 찍기 위한 줄도 그다지 길지 않았다. 궂은 날씨 때문에 등산객이 적어 좋은 점도 있었다.

□ 백록담 ⇨ 관음사탐방지원센터

백록담에서의 아쉬움을 뒤로하고 관음사 코스로 하산하며 정상 아래 바위 밑에서 비를 피해 점심 식사를 했다.

하산 길은 매우 가팔랐고 북쪽이라 눈이 그대로 쌓여 있어 미끄러웠다. 올라오는 등산객들도 힘들어했다.

용진각 대피소가 있었던 곳까지 한라산의 비경이 눈앞에 파노라마처럼 펼쳐졌다. 아름다운 설경이었다.

성판악 코스에 비해 관음사 코스는 힘은 들지만 기암 절경이 산객을 황홀하게 했다. 현수교를 지날 무렵에야 하늘이 트이기 시작하더니 멀리 제주 오름들이 모습을 드러냈다.

송곳니처럼 우뚝 솟은 삼각봉 아래 대피소에 이르자 눈이 다시 내리기 시작했다.

탐라계곡을 따라 내려가는 길에는 다양한 나무들을 만날 수 있다. 백록담 아래부터 구상나무 군락지가 이어지며, 삼각봉 대피소부터는 겨울인데도 푸른 잎을 자랑하는 굴거리나무가 모습을 드러냈다. 그리고 이어서 잘생긴 소나무(적송)가 군락을 이루어 자라고 있었다. 조금 더 내려가면 참나무 숲이 광범위하게 펼쳐지는데, 그 아래 조릿대와 양치식물이 온 산을 덮고 있었다.

탐라계곡 목교부터는 평탄하지만 지루한 길이 이어졌다. 숯가마 터를 지나 얼어붙은 계곡에는 구린굴 등 곳곳에 동굴과 작은 폭포들이 산재해 있었다. 지그재그로 이어진 질벅거리는 탐방로를 따라 관음사탐방센터로 내려와 장시간 산행을 마쳤다.

그러나 지척에 있는 대한불교조계종 제23교구 본사인 관음사와 제주 4·3 사건의 주요 현장을 답사하고 싶어 다시 무거운 발걸음을 옮겼다.

이번 산행에서도 또 하나 배웠다. 산행을 준비하면서부터 많은 걱정을 했지만, 산에서 내려온 후 모든 걱정이 사라졌다. 우리가 어떤 일을 앞두고 불안하기 때문에 걱정하는 일 중 95% 이상은 쓸데없는 걱정이라고 한다. 나머지 5%도 실제로 일어난다 하더라도 미미한 것이라고 한다. 그러므로 사전 준비는 잘하되 과한 걱정을 해서는 안 된다. 걱정한다고 안 될 일이 되는 것도 아니며, 걱정을 안 한다고 될 일이 안 되는 것도 아니다. 걱정은 마음에서 일어나고 마음에서 사라지는 것이다.

한라산과 그 이웃들

□ 휴애리자연생활공원

제주도를 다섯 번이나 여행하는 동안 대부분의 명소는 다 찾아가 봤지만 마라도는 한 번도 밟아 보지 못했다. 그러므로 이번 기회에 꼭 가고자 했다. 왜냐하면 우리나라 최남단에 위치한 섬으로, 국토

끝에 있다는 의미도 있지만 특이한 지형과 생태계를 답사하고 싶었기 때문이다. 그러나 오늘도 날씨는 허락하지 않았다. 바람 때문에 배가 운항할 수 없다고 했다.

난감한 일이었다. 하지만 최선이 아니면 차선을 택하라고 했다. 차선책으로 봄이 제일 먼저 온다는 휴애리로 '봄마중'을 갔다. 봄이 오면 매스컴에서 제일 먼저 봄 소식을 전하는 곳이다.

공원에는 매화가 이제 막 피기 시작했으나 동백꽃은 벌써 지고 있었다. 하지만 지금쯤 만발했을 제주도 토종 동백나무 군락지는 위미리다. 제주도 할머니가 한라산 동백 씨앗을 손수 채취하여 심었다고 한다. 꽃도 통꽃이므로 지고서도 보름 동안이나 땅 위에 피어 있는 꽃이다.

휴애리에서 바라본 구름 속의 한라산

공원에 식재된 유채꽃도 이미 시들기 시작했다. 관상용으로 심었기 때문인 것 같다. 유채밭 너머로 보이는 한라산은 어제보다는 날씨가 좋았다. 부질없는 생각인 줄 알지만 어제와 날씨가 바뀌었다면 좋았을 것이라는 엉뚱한 상상도 해 보았다. 공원 이곳저곳을 둘러보고 흑돼지 재롱잔치도 관람한 후 섭지코지로 향했다.

□ 섭지코지

섭지코지

광치기 해변에서 본 성산일출봉

섭지코지는 바다를 조망하며 걷는 아름다운 해변 산책길이다. 한 폭의 그림 같은 곳이다. 연인들의 데이트 코스로 적합하겠다. 하지만 강하게 부는 바람은 감수해야 한다.

성산일출봉으로 가는 길가에는 해녀들의 쉼터, '해녀의 집'이 있다. 그 건물에는 아담한 식당도 있는데, 해녀를 포함한 14명의 어촌계원들이 직접 운영한다고 했다. '성개칼국수'와 '성개미역국'이 일품이었다. 그리고 소라 숙회는 제주 바다 냄새를 듬뿍 담고 있었다.

참고로 여행의 즐거움 중 빼놓을 수 없는 것이 먹거리 체험이다. 기억에 오래 남는다. 이번 제주 여행에서도 첫날은 호텔 인근에서 '흑돼지고기구이'를 먹었고, 어제 저녁에는 동문시장에서 '갈치조림'을 먹었었다.

점심 식사 후 광치기 해변을 걸었다. 바다 건너 성산일출봉이 신비로웠으며, 검푸른 바다 또한 더없이 아름답고 맑았다.

□ 제주 국립박물관

2001년에 문을 연 제주박물관은 상설전시실과 기획전시실, 영상실, 강당, 교육실 그리고 어린이 박물관, 야외 전시장으로 구성되어 있다. 상설전시실은 시대별로 제주의 역사와 생활상 그리고 문화재 등이 전시되어 있다.

국립제주박물관

제주의 역사는 구석기시대부터 사람이 살았고, 1만여 년 전 빙하기가 끝나고 해수면이 높아지면서 육지와 분리되어 섬이 되었다. 청동기 시대부터는 큰 마을이 형성되었으며, 한반도에 고대국가가 형성되어 가는 시기에 탐라국도 탄생했다. 고·량·부 3성(씨)이 군장을 맡으며 활발한 해상 활동을 전개했다. 그러나 백제 동성왕 때(498년)예속되었으며, 이후에도 신라의 지배를 받았고, 조공하였다. 고려시대 중엽까지도 독립 왕국으로 존속했지만 고려 말 지명을 제주로 바꾸고 지방관을 파견하면서 마찰을 빚다가 1402년 조선 태종 때 성주제도를 폐지하고 완전히 병합되었다.

전시실에는 제주의 연대표와 구석기시대부터 근대까지 다양한 유물들이 전시되어 우리나라 여느 박물관과 대동소이했다. 전시실 벽에는 『금남표해록』의 저자 최부(崔溥 1454~1504, '최보'라고도 읽는다)의 한시 한 편이 현대시처럼 번역되어 게시되어 있는데, 제주도의 목가적 풍경을 잘 표현한 작품이라 생각된다.

탐라시(耽羅詩)

돌담 쌓아 초가집 짓고 울타리는 낮게 세웠네.
시골 아낙은 허벅으로 물을 긷고
말테우리는 피리 비껴 불며 아이들과 함께 돌아오네.

 박물관을 나와 제주에서 가장 오래된 건물 관덕정(보물 제322호)과
20여 년 전 복원된 '제주관아'를 답사한 후 렌터카를 반납하고 서울
로 돌아왔다.

덕숭산

德崇山, 495m

충청남도 도립공원

금북정맥에 속하며, 일명 '수덕산'이라고도 한다. 산세가 완만하고 낮지만 수덕사 코스는 계단이 많다.
1973년에 도립공원으로 지정되었다. 산 아래 명찰 수덕사와 윤봉길 의사 생가 및 온천이 유명하다.

산행 노정

2023.4.29. (토) 흐림

코스 난이도: ★☆☆☆☆

왕복 5㎞ 2시간(산행 1:50, 휴식 00:10)

수덕사일주문(14:55) ⇨ 수덕사대웅전(15:12) ⇨ 관음보살입상(15:35) ⇨ 정상(16:00~16:10) ⇨ 전월사(16:25) ⇨ 정혜사석문(16:35) ⇨ 수덕사(16:55)

산행 일지

□ 수덕사 ⇨ 정상 ⇨ 원점 회귀

늦은 오후에 산에 올랐다. 오전 내내 비가 내렸기 때문이다. 일주문을 들어서 조금 더 올라가면 수덕사 미술관이 자리하고 있다. 오후 5시면 문을 닫기 때문에 바쁜 산행 길이었지만 잠시 들러 '군상'으로 유명한 고암 이응로 화백의 작품 몇 점을 감상하고 서둘러 수덕사로 향했다.

대웅전에서 왼쪽 돌담을 끼고 올라가면 사면불을 만난다. 최근에 모신 불상이지만 아담하고 아름답다. 여기서부터 만공탑까지는 계곡을 따라 조성된, 일명 '1080 계단'을 올라가야 한다. 가파른 계단은 아니지만 지루하기 그지없는 돌계단이다.

하지만 등산로는 정비가 잘 되어 있고 깨끗했다. 계곡을 건너는 작은 돌다리 하나에도 많은 정성을 기울여 만든 것 같다.

계단 끝에서 마주한 관세음보살입상은 만공스님(1871~1946)이 조성했다고 한다. 스님은 일제 강점기 때 우리 불교의 자주성과 전통성을 지켜 냈으며, 독립운동에도 기여하셨던 분이다. 이 불상은 논산 관촉사 미륵보살입상을 보는 듯했다.

불상 바로 위에 자리한 만공탑 앞에는 꽃다발이 여러 개 놓여 있었다. 그러나 탑에는 스님의 사리가 봉안되어 있지 않다고 한다. 스님의 유언 때문이란다. 그러므로 승탑이 아닌 기념탑이다.

봄비가 내린 다음이라 그런지 수목들이 힘을 얻어 힘차게 자라고 있었다. 서로 키재기를 하고 있는 것이다.

마중지봉(麻中之蓬)이란 말이 있다. '삼밭에 난 쑥'이란 뜻으로, 들판에서 자란 쑥은 키가 작지만 삼밭에서 자란 쑥은 같은 쑥이라도 삼처럼 키를 키운다. 환경이 그 사람의 성장에 큰 영향을 미친다는 말이다. 2,500년 전에도 맹자 어머니는 아들을 위하여 세 번이나 이사를 하지 않았던가. 아이들은 자라는 환경이 중요하다.

정상을 500여 미터 앞둔 지점은 갈림길이다. 이정표에는 왼쪽으로 가면 500m, 오른쪽으로 가면 700m라고 표시되어 있다. 아무래도 짧은 쪽으로 올라갔다 긴 쪽 길로 내려오는 것이 편할 것 같아 왼쪽 길을 택했다.

정상에서 바라본 가야산

수덕사에서 한 시간 남짓 올라가면 정상이며, 공간은 제법 넓었다. 늦은 오후라 그런지 주말인데도 등산객이 많지 않았다. 아직 진달래가 피어 있었고 건너편 가야산과 덕산 들판이 한눈에 들어왔다.

하산은 전월사 방향으로 내려왔다. 덕숭산에는 많은 암자들이 있지만 대부분 일반인의 출입을 금하고 있다. 전월사도 그렇고 향운각이나 정혜사도 마찬가지다. 정혜사 아래는 작은 구름다리(석문)가 놓여 있어 이채로웠다.

늦은 시간이라 수덕사 답사를 위해 빠른 걸음으로 내려왔다.

백제 법왕(599년) 때 지명대사가 창건한 수덕사는 대한불교조계종 제7교구 본사다. 대웅전(국보 제49호)은 안동 봉정사 극락전이나 영주 부석사 무량수전처럼 고려 때 건축물이지만 건축 시기를 알 수 있는 가장 오래된 목조 건물이다. 고려 충렬왕 34년(1308년)에 지어졌으니 715년이 지난 것이다.

대웅전은 정면 3칸 측면 4칸의 맞배지붕으로 주심포 배흘림기둥이 당당하고 화려하지는 않지만 단아하고 아름답다. 법당을 나와 왼쪽으로 돌아가면 하얀 대리석 관음보살상이 눈길을 끌었다.

금강문을 나서면 수덕여관이다. 이곳은 유명 인사들과 인연이 깊은 곳이다. 만공스님의 제자인 김일엽 스님은 나혜석과 친구 사이였다. 두 여인은 당대의 신여성으로, 자유분방하고 재주가 뛰어났으나 세파에 시달리다 덕숭산 품에서 안식을 찾았다.

고암 이응로 화백은 수덕여관에서 기거하던 나혜석과 함께 그림을 그렸고, 나중에 이 여관을 매입하여 주인이 되었다.

수덕여관은 세 번째 답사지만 옛 정취는 사라지고 바위에 새겨진 고암의 추상화만 객을 반길 뿐이었다. 수덕여관에서 나와 일주문을 나서면서 산행을 마쳤다.

주차장 옆 퓨전 사찰음식점에서 이른 저녁을 먹고 덕산온천으로 향했다.

덕산온천은 온양과 도고온천으로 이어지는 온천지대에 속한다. 율곡 선생이 효능이 탁월한 온천이라고 소개했다는데, pH 8.7의 알칼리성 온천수다. 류머티즘과 부인병에 좋다고 한다. 객실마다 욕조가 있어 온천수에 몸을 담근 후 내일 칠갑산으로 가기 위해 일찍 잠자리에 들었다.

덕숭산과 그 이웃들

□ 서산 마애여래삼존불 - 국보 제84호

남행길 내내 비가 내렸다. 지난번 경주 남산 칠불암 마애불을 답사했을 때 기회가 되면 다시 백제의 미소를 또 만나고 싶었기 때문에 예산으로 가는 길에 들렀다. 서산 마애여래삼존불은 덕숭산 건너편에 있는 가야산 기슭에 자리하고 있다.

교통 정체로 점심시간이 넘어서야 용현리 개울가에 도착했다. 비는 계속 내렸지만 연신 웃음이 나왔다. 삼존불의 미소가 떠올랐기 때문이다. 가파른 계단을 올라가 관리소 사무실을 돌아서 몇 계단 더 올라서면 마애불이다. 귀족적이지 않은 서민적인 외모와 넉넉하고 편안한 미소는 세상 모든 시름을 내려놓게 했다. 오른쪽 협시보살의 미소는 천진난만하고, 장난기가 스민 어린아이의 미소를 머금고 있다. 특히 눈웃음이 매력적이다.

거친 바위 속에서 어떻게 저런 아름다운 미소를 캐낼 수 있었을까. 신공이 아니고서는 저런 미소를 빚어낼 수 없을 것이다. 비가 내리는데도 미소는 더욱 아름다웠다.

해가 뜨고 지는 방향에 따라 미소가 달라진다는데 지난번 답사 때는 문화재를 보호한다는 미명 아래 목조건물을 세웠고, 그 안에 전등을 밝혀 해를 대신했었기 때문에 미소가 이상했었다. 하지만 지금은 건물을 철거했기 때문에 삼존불의 자연 미소는 정다웠다. 빗속에서도 걸음이 떨어지지 않았다. 그러나 다음 일정이 있어 산을 내려와야만 했다.

마애삼존불에서 물길 따라 올라가면 폐사지 보현사지다. 그러나 지난번 답사 때 다녀왔고, 같은 가야산 자락에 위치한 개심사도, 해미읍성도 다녀왔었기 때문에 예산 덕산으로 향했다.

□ 충의사(윤봉길 의사 기념관)

가는 날이 장날이라는 말이 있듯이 오늘이 덕산 장날이었다. 시장은 크지 않았고 난전이 많았지만 시골 장터의 특유한 정취와 냄새가 물씬 나는 곳이었다. 매헌 윤봉길 의사 사당과 기념관 및 생가도 덕산에 있다.

알고 간 것은 아니지만 오늘이 4·29 상해의거 91주년 되는 날이라 기념행사가 있었다.

윤봉길 의사는 파평 윤 씨로, 1908년 태어나 19세에 농촌 부흥운동을 주도했으며, 23세에 장부출가생불환(丈夫出家生不還)이라는 유명한 말을 남기고 독립운동을 위해 중국으로 건너갔다. 이후 백범 김구 선생을 만나 25세 되던 해(1932년) 한인애국단에 가입한 후 거사를 단행할 것을 맹세했으며, 상해 홍구 공원에서 수많은 일본군 장교를 처단한 후 순국했다. 그의 유해는 해방된 다음에야 운구되어 효창공원에 안치되었다.

그는 한 집안의 장남인 데에다 처자식을 남겨 두고 거사를 단행한 것은 보통 사람으로서는 상상도 할 수 없는 일이다. 그만큼 조국의 독립과 자유를 위한 신념이 강했기 때문이다. 서울 양재동에도 그의 기념관이 있는데, 지난번에는 효창공원을 찾아가 순국선열들의 무덤을 참배한 바 있다.

매헌 윤봉길 의사 기념관 뒤, 한참 떨어진 곳에는 내포보부상촌이 있다. 덕산 온천 옆이라 테마 공원을 조성하여 관광객을 끌어모으고 있었다. 보부상은 장터를 돌아다니며 물건을 파는 상인이다. 이곳은 바다와 내륙을 연결하는 요지로 보부상의 활동이 활발했던 곳이다. 하지만 입장료가 턱없이 비쌀 뿐만 아니라 비가 그쳐 덕숭산을 올라가야 했기 때문에 주변을 대충 둘러보고 수덕사로 향했다.

칠갑산

七甲山, 561m

충청남도 도립공원

금북정맥 칠갑지맥에 속하며, 7개의 능선이 방사형으로 뻗어 있다. 충남의 알프스라 할 정도로 산세가 아름답다.
1973년에 도립공원으로 지정되었다. 명찰 장곡사와 천장호 출렁다리가 유명하다.

산행 노정

2023.4.30. (일) 맑음

코스 난이도: ★☆☆☆☆

왕복 6㎞ 2시간 25분(산행 2:10, 휴식 00:15)

장곡사(08:35) ⇨ 거북바위(08:50) ⇨ 전망대(09:40) ⇨ 정상(09:50~10:05) ⇨ 장곡사(11:00)

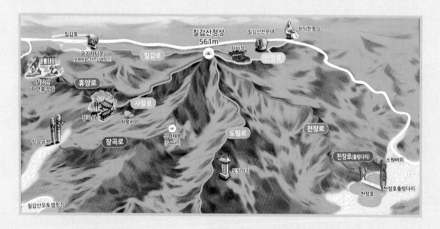

산행 일지

□ 장곡사 ⇨ 정상 ⇨ 원점 회귀

예산군 덕산온천에서 충청남도 도청소재지(홍성)를 지나 청양군 장곡사까지 가는 데는 한 시간 남짓 거리다. 범종루 아래 등산객 주차장에 주차하고 산행을 시작했다.

상대웅전부터 거북바위까지 456개의 계단을 올라가야 했다. 거북바위는 희미한 형상의 거북이 두 마리가 포개져 있다. 길옆 수풀 속에 있어 관심을 갖지 않으면 지나치기 십상이다.

거북바위부터는 한적한 길이다. 산이 낮아서 그런지 소나무와 참나무가 뒤섞여 자라고 있고, 신록이 참으로 아름다운 길이다. 길가에는 덜꿩나무에 꽃이 피기 시작했다.

비교적 평탄한 길이지만 오르내림이 있고, 중간중간 계단을 설치해 두었다. 계단을 만들어 놓은 이유는 등산객의 편의를 도모하기 위함이기도 하지만 무분별한 산행으로 숲이 훼손되는 것을 막기 위함이다.

인적이 드문 길을 한참 걸어 올라가면 전망대다. 칠갑산 아흔아홉 골짜기를 조망할 수 있는 곳이다.

'아흔 아홉골' 전망대 조망

끝을 알 수 없는 능선과 골짜기들이 한없이 이어졌다. 어제는 중일 날씨가 흐렸는데, 오늘 화창하게 갠 덕분인지 조망이 훌륭했다.

한 시간 남짓 만에 올라온 정상에는 많은 사람들이 쉬고 있었다. 일요일인데도 불구하고 장곡사에서 올라온 길은 한산했는데, 다른 루트를 이용해서 올라온 모양이다. 정상으로 가는 길은 7개다. 그중 인기 있는 코스가 천장호에서 올라오는 길이다.

정상은 터가 비교적 넓었으며, 바닥에는 박석을 깔아 놓았다. 조망은 훌륭했다. 우산살처럼 펼쳐진 능선이 뚜렷이 보였다.

산이 높지는 않았지만 사방 조망이 가능한 요지로 칠갑산은 충청 남도 중앙에 자리하고 있어 백제 때는 하늘에 제사를 지냈다고도 하는데, 그럴 만했다.

등꽃이 흐드러지게 핀 정상을 뒤로하고 장곡사로 하산했다.

장곡사는 신라 문성왕 12년(850년)에 보조선사가 창건하였다. 이 사찰은 동일 공간 내에 두 개의 대웅전이 상하 나란히 배치되어 있는 것이 이채로우며, 수많은 문화재를 보유하고 있어 보물 창고나 다름없다.

상대웅전(보물 제162호)과 하대웅전(보물 제181호) 모두 정면 3칸 측면 두 칸의 단아한 맞배지붕으로 품격이 높다. 그리고 상대웅전 안에는 철조약사여래좌상 및 석조대좌(국보 제58호)와 철조비로자나불좌상 및 석조대좌(보물 제174호)가 나란히 봉안되어 있다. 또한 하대웅전 안에도 금동약사여래좌상(국보)이 모셔져 있다. 그리고 미륵불 괘불탱도 국보(제300호)라고 한다.

그러나 이번 답사에서는 금동약사여래좌상은 친견할 수 없었다. 왜냐하면 불상 복장 유물의 가치가 인정되었고, 불상 또한 뛰어난 예술적 조형성을 가지고 있어 작년에 국보로 승격되어 현재 불교중앙박물관에서 전시하고 있기 때문이다.

하지만 불상이 잘생긴 것과 석가모니의 가르침과는 상관이 없다. 사람도 마찬가지다. 잘생긴 외모는 호감을 끌 수는 있겠지만, 그 반대의 몸을 타고났더라도 이를 탓하거나 집착해서도 안 된다. 부모로부터 받은 고마운 몸이다.

그러므로 자칫 자만해지기 쉬운 외모보다는 불상의 복장 유물처럼 개인의 인품과 능력을 키워야 격이 올라가는 것이다.

칠갑산과 그 이웃들

□ 천장호 출렁다리

청양은 칠갑산과 장곡사 그리고 대중가요 〈칠갑산〉으로 유명해진 고장이다. 노래 가사는 우리 어머니들의 한의 정서를 잘 표현하고 있어 많은 사람들의 사랑을 받았다.

어린 나이에 홀어머니를 남겨 두고 시집을 가야 했던 칠갑산 아낙네의 애잔한 모습을 떠올리고 노래를 흥얼거리며 천장호 출렁다리로 가는 길, 콩으로 만든 청국장과 두부 요리로 점심을 먹고 대치터널(한티고개)을 넘었다.

천장호 출렁다리

칠갑산 기슭에 자리하고 있는 천장호 출렁다리는 TV 예능 프로그램 중 하나인 〈1박 2일〉에서 방영된 이후 더욱 각광을 받고 있다. 그리고 청양을 대표하는 고추와 구기자를 형상화한 주탑이 설치된 현수교지만 길이는 207m에 불과하다.

물 위에 닿을 듯 말 듯 떠있는 출렁다리를 건너가면 호랑이와 청룡의 조형물이 서 있고, 그 사이로 칠갑산 정상으로 가는 등산로가 나 있다.

□ **마곡사** - 유네스코 세계문화유산(산사, 한국의 산지 승원)

대웅보전(상)과 대광보전(하)

칠갑산에서 유구천을 건너가면 태화산 아래 마곡사가 자리하고 있다.

마곡사는 대한불교조계종 제6교구 본사로, 신라 선덕여왕 9년(640년)에 자장율사가 창건했다고 전해진다.

가람배치는 해탈문과 천왕문 그리고 마곡천을 건너 대웅보전과 대광보전, 오층석탑이 남북으로 배치되어 있다.

언덕 위에 자리한 대웅보전(보물 제801호)은 정면 5칸 측면 4칸의 팔작지붕 중층 건물로 웅장하다. 그 아래 있는 대광보전(보물 제802호)은 자연석 기단을 쌓아 올려 친근하며, 정면 5칸, 측면 3칸의 단층 팔작지붕이다. 비로자나불은 동쪽을 향하고 있고, 후불벽화로 백의관음보살을 모셨는데 강진 무위사 백의관음보살과 매우 흡사했다.

오층석탑(보물 제799호)은 1층 탑신에는 자물통 문양이 있고, 2층 탑신에는 사면불이 조각되어 있으며, 돔형의 상륜부가 원나라의 영향을 받은 라마 형식을 하고 있어 특이하다.

해탈문 옆 영산전(보물 제800호)은 가장 오래된 건물로 정면 5칸, 측면 3칸의 맞배지붕 건물이다. 그리고 그 밖의 보물로는 감지은니묘법연화경(보물 제269호) 감지금니묘법연화경(보물 제270호), 석가모니불 괘불탱(보물 제1260호) 등이 있다.

마곡사는 백범 김구 선생과 인연이 깊은 사찰이다. 젊었을 때 일본인 살인사건에 연루되어 수감 도중 탈옥한 후 마곡사에서 원종이라는 법명을 얻어 승려로 출가하였으나, 이후 환속하여 독립운동에 투신하였다. 그가 기거했던 건물 앞에는 손수 심었다는 향나무 한그루가 서 있다. 인간만사 새옹지마다.

대둔산

大芚山, *878m*

전북, 충남 도립공원

금남정맥에 위치하며, 배티재(이치)를 경계로 전라도와 충청도로 나뉜다. 기암괴석과 단풍이 아름다워 1977년 도립공원으로 지정되었다. 구름다리와 삼선계단이 유명하며 명소로는 이치와 돈암서원이 있다.

산행 노정

2022.3.12. (토) 흐림

코스 난이도: ★★☆☆☆

왕복 5km 3시간 50분(산행 03:30, 휴식 00:20)

대둔산도립공원 주차장(08:05) ⇨ 동심정휴게소(09:00) ⇨ 금강구름다리(09:30) ⇨ 삼선계단 (09:50) ⇨ 마천대(정상10:15~10:20) ⇨ 휴식(10:30~10:45) ⇨ 원점 회귀(11:55)

산행 일지

□ 주차장 ⇨ 정상(마천대) ⇨ 원점 회귀

　대둔산도립공원 주차장에서 바라본 대둔산의 연이은 봉우리들이 아름다웠다. 식당가를 지나 케이블카 터미널 오른쪽으로 접어들면 가파른 포장도로가 나온다. 10여 분쯤 올라가면 동학농민혁명항쟁 전적비가 묵묵히 내려다보고 있었다.

　평이한 산길을 30여 분쯤 올라가면 동심휴게소다. 하지만 휴업 중이었다. 아무래도 비수기고 대부분의 사람들이 케이블카를 이용하기 때문에 그런 모양이다. 원효대사와 인연이 깊다는 동심바위가 절벽 끝에서 금방이라도 굴러떨어질 것만 같았다.

　임금바위와 입석대 사이가 금강문이고, 그 위를 가로질러 구름다리가 걸려있다. 금강문을 통과하면 계단 앞에서 갈림길이 나타난다. 오른쪽으로 가면 케이블카 상부 승강장과 구름다리로 가는 길이고, 계단을 바로 올라가면 인공구조물이 없는 등산로다. 계단 길은 고소공포증이 있는 사람이 구름다리와 삼선계단을 이용하지 않고 정상으로 올라갈 수 있는 우회 루트이며, 하산할 때는 모든 등산객이 이 길을 이용해야만 한다.

　금강구름다리는 50여 미터 길이로, 금강문 허공을 가로질러 걸쳐 있다. 1975년 국내 최초의 구름다리로 유명세를 탔었지만 노후 되어 몇 년 전에 새로 교체했다고 한다. 금강구름다리와 삼선계단은 대둔산의 상징과도 같은 곳이다.

금강구름다리

　요즘은 가는 곳마다 구름다리를 설치하여 관광객을 불러 모으고 있지만 과거에는 매우 드물었다. 지금은 비수기라 구름다리는 건너는 사람들도 많지 않았고, 바람도 불지 않아 크게 흔들리지는 않았다.

　대둔산은 등산보다 관광을 목적으로 하는 산인 것 같다. 왜냐하면 케이블카를 타고 7부 능선 이상 올라와 구름다리를 건너고 삼선계단을 올라가면 정상이기 때문이다.

　대둔산은 자연 경관도 아름답지만 인공 구조물에 의해 더 알려진 산이라고 해도 과언이 아니다. 이러한 구조물들이 자연과 묘한 조화를 이루고 있었다. 인공 구조물은 산을 오르는 편리함도 있으나 사람들의 호기심을 자극하는 것 같았다.

　금강구름다리를 건너 약수정 휴게소를 지나면 우뚝 솟은 바위에 거의 수직에 가까운 철제 계단이 걸려있다. 삼선계단이다. 아찔했다. 높이가 36m이며, 127개의 계단이고 경사도는 51도라고 하지만 실제는 경사도가 70도가 넘는 것 같았다. 그리고 계단 폭이 좁아 겨우 한 사람씩 줄지어 올라갈 수밖에 없었다.

안내판에는 한 번에 60명씩만 차례로 올라갈 수 있으며, 음주자나 노약자는 이용할 수 없다고 적혀 있었다.

올라갈 때 계단은 흔들릴 뿐만 아니라 아래를 내려다보면 어지러워 고소공포증이 있는 사람은 계단 위에 서 있기조차 힘들다. 특히 교행이 불가능하여 한번 올라가면 내려올 수도 없다.

사람들은 대부분 고소공포증이 있지만 이는 마음 작용이다. 마음을 바로잡으면 두려울 것이 없다. 눈을 감으면 보이는 것이 없어 두려움도 사라지는 것과 같은 이치다. 중국 천문산의 잔도가 무섭다고 했지만 내가 갔을 때는 안개 때문에 보이는 것이 없어 전혀 두렵지가 않았다. 그러므로 대상에 대해 움츠리지 말고 도전하고 경험하며, 안전에 대한 믿음을 갖는다면 고소공포증을 이겨 낼 수 있을 것이다.

삼선계단

하지만 안전이 확보되지 않은 무모한 도전은 큰 사고로 이어질 수 있으니 무모한 행동을 삼가야 한다.

가을이면 구름다리와 삼선계단에서 내려다보는 단풍이 천하절경이라는데, 지금은 황량한 계절이라 아쉬웠다. 마천대까지는 약 15분

대둔산

정도 더 올라가야 했다.

정상에서 바라본 대둔산

정상에는 흉물스러운 개척탑이 서 있다. 50년 전에 건립했다고 하니 국가재건의 시기에 세웠던 것 같다.

정상 조망은 날씨가 흐려 좋지 않았고, 바람이 심하게 불어 추웠다. 겉옷을 꺼내 입고 사진 몇 장만 찍은 다음 하산했다.

정상아래 갈림길에는 쉬어 갈 수 있는 평상이 마련되어 있었지만, 부식되고 한쪽이 부서져 내려 관리 관청의 무관심이 심히 아쉬웠다.

삼선계단이나 금강구름다리가 아닌 하산 길은 단조로웠다. 계절적으로 비수기라 삭막할 뿐만 아니라 산이 높지 않아 특별히 볼거리가 없었기 때문이다. 그래도 케이블카가 운행을 시작했는지 가벼운 차림의 관광객이 올라오고 있었다.

3월 중순이지만 아직은 겨울의 끝자락이라 나무들도 새잎을 내지 않았고 야생화도 볼 수 없었다.

동심정 휴게소를 지나 케이블카 터미널을 돌아 하산하자 식당 종업원들의 호객 행위가 한창이었다. 산채비빔밥을 먹고 이치(배티재)

로 향했다.

대둔산과 그 이웃들

□ 이치(梨峙-배티재) 대첩지 외

대둔산 자락에 위치한 이치는 충청도와 전라도를 이어 주는 교통 및 군사적 요충지로, 임진왜란 때 치열한 전장이었다. 이순신 장군이 지키고 있던 바닷길이 막히자 왜군은 전라도 곡창지대를 확보하기 위해 2만여 명의 정예군을 투입, 이 고개를 넘으려고 했지만 권율 장군 휘하 1,500여 명의 조선병사들이 이를 막아낸 대첩지다. 이곳이 뚫렸다면 전주성이 지척이라 호남평야가 그들 손에 넘어가 전황은 크게 불리했을 것이다.

이치를 넘어가면 충청남도 금산군 진산면이다. 과거에는 전라도 땅이었던 진산은 임진왜란 때 치열한 전장이었고, 우리나라 천주교 사에 한 획을 긋는 대사건의 현장이기도 하다.

바로 윤지충의 진산 사건이 그것이다. 윤지충(다산 정약용의 외사촌)은 지금은 천주교 복자로 추앙을 받고 있지만, 230년 전에는 죄인이었다. 역사는 시공간의 변천에 따라 평가가 달라지기도 한다.

대둔산은 충청남도 도립공원이기도 하다. 등산로 중 가장 짧은 코스인 태고사 코스는 산길을 굽이돌아 태고사 주차장에서 시작하여 마천대까지 오르는데 2km 남짓 되는 거리다.

낙조대 아래 자리한 태고사는 조선의 12 승지 중 하나로서 원효대사가 창건했다고 한다. 태고사 뒤에는 기암단애가 병풍처럼 둘러 있고, 법당에서 바라본 전망이 가히 일품이었다. 또한 낙조대의 일몰은 천하의 비경이라고 한다.

만해 한용운은 '대둔산 태고사를 보지 않고는 천하의 승지(勝地)를 논하지 말라'고 했다.

□ **돈암서원** - 유네스코 세계문화유산(한국의 서원)

대둔산 아래 돈암서원은 논산에 있지만 대둔산 산행 때에는 답사하지 못했고, 장성 백암산 등산 후 상경하면서 답사했다.

돈암서원은 문묘에 배향된 사계 김장생 선생을 기리기 위해 1634년에 창건되었다.

본래는 현재 자리에서 1.5km 떨어진 곳에 있었지만 1880년에 이전했다. 그러므로 건물 배치가 다소 어색하다.

사계 선생은 율곡 이이 선생 문하에서 수학했으며, 예학에 정통한 인물이었다. 송시열 등 그의 제자들은 예법에 치우친 유교 원칙주의자들로, 서인의 학문적 계통을 잇는 역할을 담당했다.

서원 건물 배치는 홍살문 뒤로 거대한 산앙루가 자리하고 있다.

1층 돌기둥이 보는 이를 압도했다. 정문 입덕문 주춧돌은 천원지방을 상징하여 특이했으며 강당인 양성당은 누각이나 사당(숭례사)에 비하여 규모가 매우 작았다. 이는 본래 사계 선생이 후학을 교육하던 양성당을 강당으로 삼고 앞뒤로 옛날 서원의 누각과 사당을 옮겨 왔기 때문에 건물 크기의 균형이 잘 맞지 않는다.

양성당 자리는 본래 사당인 응도당이 있어야 할 자리다. 그리고 사당 앞 내삼문 꽃담이 매우 아름답고 12자 글귀 또한 의미가 깊다.

돈암서원의 핵심 건물은 응도당(보물 제1569호)이다. 이 건물은 예를 실천하는 전형적 건축 양식이라고 한다. 정면 5칸 맞배지붕으로, 웅장하고 특이했다. 우리나라 서원 강당 중 가장 컸지만 서원을 이전하면서 양성당이 있었기 때문에 옛터에 그대로 두었는데, 1971년에 이전함으로써 돈암서원이 유네스코 세계문화유산으로 등재되는 데 결정적 역할을 했다고 한다.

문화해설사님과의 이야기가 길어져 늦은 시간에 귀가했다.

모악산

母岳山, 794m

전라북도 도립공원

호남정맥에서 분기한 모악지맥에 위치하며, 옛날에는 엄뫼(어머니 산)라고 불렀다.
1971년에 도립공원으로 지정되었으며, 문화유산이 산재한 전주의 진산이다. 정상에는 KBS 중계소가 있으며 산 아래는 고찰 금산사가 있다.

산행 노정

2023.9.22. (금) 흐림

코스 난이도: ★★☆☆☆

왕복 8㎞ 4시간(산행 3:30, 휴식 00:30)

금산사(09:00) ⇨ 모악정(09:30) ⇨ 케이블카탑(09:45) ⇨ 신선대(10:15) ⇨ 정상(11:00~11:30 점심) ⇨ 원점 회귀(13:00)

산행 일지

□ 금산사 ⇨ 정상 ⇨ 원점 회귀

　모악산 정상으로 가는 길은 모악산 관광단지에서 올라가는 길과 금산사에서 올라가는 길로 크게 나뉜다.

　금산사에서 KBS 중계소 케이블카 승강장까지 약 2km 정도 되는 구간은 시멘트 콘크리트 도로다. 도로 옆으로 흘러내리는 물줄기가 제법 힘찼다. 며칠 동안 내렸던 가을비 때문인 것 같다.

　대나무 숲을 지나자 물가에 물봉선이 무더기로 피어 있었다. 물봉선은 물가에 피는 봉선화(봉숭아)란 뜻이다. 많이 닮았다. 그리고 '나를 건드리지 마세요.'라는 꽃말을 가지고 있다니, 참 새침하게 보였다. 그리고 조금 더 올라가자 검은 진주를 물고 있는 듯한 모습의 누리장나무꽃이 자기도 봐 달라고 했다. 예쁜 꽃이었다. 하지만 며칠 후면 추석인데도 여뀌와 칡덩굴로 덮여 있는 묘지들이 쓸쓸해 보였다.

　케이블카(중계소 관계자 및 화물 수송용) 승강장 뒤에는 제법 만만치 않은 계단이 기다리고 있었다. 315 계단이다. 대부분의 산은 초반 가파른 계단을 올라서면 밋밋한 산길로 이어지는 경우가 많은데, 모악산은 그렇지 않았다. 그렇다고 아주 힘든 길도 아니었다. 소나무와 참나무 숲 사이로 난 길은 그저 평이했고, 조망도 없었다. 송전탑 밑을 지나고부터는 칼등 같은 능선이다. 양쪽 경사면이 상당히 가팔랐다.

정상을 1.2km쯤 남겨 둔 지점이 신선대라지만 특별한 설명이 없어 어디가 신선대인지 모르겠다. 다만 듬성듬성 드러나 있는 바위 사이로 소나무가 군락을 이루어 제법 운치가 있었다.

　조금 더 올라가자 굴참나무 사이로 송신소 탑이 보였다. 정상이 얼마 남지 않았음이다. 초가을이지만 날씨는 여전히 더웠다.

　정상을 300여 미터쯤 남겨 둔 지점부터 나타난 지그재그의 가파른 계단을 올려다보니 아찔했다. 계단 끝에서 왼쪽으로 가면 대원사를 거쳐 모악산 관광단지로 내려가는 길이다.

　정상 아래로 돌아가자 위압적인 중계소가 버티고 있었다. 철문 앞에는 개방 시간을 알리는 안내문이 게시되어 있다(등산로 개방 시간 09:00~16:00). 아무래도 중계소 관계자들이 근무하는 곳이기 때문에 제한하는 모양이다.

모악산 관광단지와 구이저수지

　중계소 철문을 들어서서도 가파른 계단을 한참 돌아 올라가야 했다. 정상에서의 조망은 거의 없었다. 올라오는 동안 따라왔던 구름이 하늘에 가득했기 때문이다. 날씨가 맑았다면 멀리 마이산과 덕유산 줄기까지도 보였을 텐데, 아쉬웠다.

산 아래 구이저수지 앞길은 전주에서 임실 강진면으로 가는 길이다. 젊었을 때 서울에서 광주까지 도보 여행을 할 때 지나갔었다. 불현듯 그때 함께 고생했던 친구가 생각난다. 그리고 구름에 가려 보이지 않은 전주에도 친구가 산다.

우리는 많은 사람들과 관계를 맺으며 살아가고 있다. 그들 중 비슷한 연배나 환경에서 오랫동안 친하게 사귀어 온 사람을 친구라 한다. 하지만 친구 사이에도 지켜야 할 예절이 있다. 아무리 막역지우(莫逆之友)라도 말과 행동을 함부로 하여 상처를 주어서는 안 된다. 친구가 원수가 될 수 있기 때문이다.

하산 길에서 만난 혜덕왕사 탑비(보물 제24호)의 돌거북(비희)이 참 재미있게 생겼다. 귀는 목도리도마뱀을 닮았고, 꼬리 아래 자리한 뒷문도 앙증맞아 웃음이 나왔다.

모악산은 어머니 산이다. 그렇다. 너른 뜰 벌판 위에 우뚝 솟은 어머니의 젖무덤 같은 산이다. 오늘도 마르지 않는 젖을 물려 김제평야 대지를 살찌우고 있는 것이다.

엄뫼

모악산은 엄니산이다.

백두대간 내려오다
자리 비켜 돌아앉아
엄니, 엄니 보채는
전주사람 김제사람

젖을 물려 살찌우는

모악산은 어무니산이다.

대한불교조계종 제17교구 본사인 금산사는 백제 법왕 원년(599년)에 세워진 고찰로, 견훤의 고사를 간직한 미륵전을 비롯하여 주요 문화재 10점을 보유하고 있다.

금강문을 지나 천왕문을 들어서면 사천왕이 노려보고 서 있다. 죄 지은 사람은 오금이 저릴 것도 같다. 보제루 밑을 지나면 넓은 절 마당이다. 정면 7칸 대적광전 우측에 자리한 삼층 목탑이 미륵본존을 모신 미륵전(국보 제62호)이다. 모악산이 호위하는 듯했다. 둔덕 위에 모셔진 오층석탑(보물 제25호)과 수계자에게 계율을 전수하던 금강계단(보물 제25호)을 답사하고 내려오는 길, 담장 밑에 상사화가 참 곱게 피었다. 상사화는 혼자 피어 있을 때 더 애잔하다. 대적광전 왼쪽에는 석등(보물 제828호)과 대장전(보물 제827호)이 자리하고 있고, 마당에는 석련대(보물 제25호)와 노주(보물 제25호), 육각다층석탑(보물 제25호)이 꽃처럼 놓여 있다. 금산사는 야외 박물관이나 다름없다. 답사를 마치고 나오는 길, 천왕문 옆에 자리한 당간지주(보물 제28호)가 자기도 보고 가라고 했다. 금산사 참배와 답사를 마치고 전주로 갔다.

모악산과 그 이웃들

□ 전주 문화유산 답사

모악산 기슭에 자리한 전주는 유구한 역사와 많은 문화재를 간직하고 있는 고장이다. 조선시대에는 한양과 평양 다음으로 큰 도시였다. 요즘은 한옥마을이 유명세를 타면서 많은 관광객이 찾고 있다. 전주 문화유산 답사는 경기전을 기점으로 주변에 산재해 있는 유적들을 답사해 보면 좋을 듯하다.

천주교 전동성당

전주성 풍남문

경기전(慶基殿)은 한옥마을 옆에 있다. 조선 태조 이성계의 어진을 모시고 제사를 지냈던 곳이다. 어진 원본은 국보 제317호로 지정되어 박물관에 모셔져 있다. 그리고 어진을 모신 정전 정자각은 보물 제1578호다. 또한 경내에는 전주사고도 있으니 함께 살펴보는 것이 바람직하고, 아름드리 고목 아래서 여유로운 시간을 가져 봄도 좋겠다. 그리고 정문 앞에 서 있는 하마비도 지나쳐서는 안 될 유물이다. 사자인지 해치인지 암수 한 쌍이 비석을 등에 지고 있어 이채롭다.

천주교 전동성당은 경기전 바로 앞에 있다. 고딕과 비잔틴 양식을 혼합하여 지은 건물로 이채롭다. 이 성당은 1908년 명동성당을 건축했던 신부의 설계로 짓기 시작했는데, 완공까지 23년이나 걸렸다고 한다. 성당은 전주성 남문인 풍남문 바로 앞에 위치해 있는데, 신해박해로 순교한 복자 윤지충 바오로와 권상연 야고보가 참수되었던 곳이다. 형틀인 칼을 쓰고 앉아있는 바오로와 십자가를 들고 하늘을 바라보고 있는 야고보의 동상이 처연하다. 남인이었던 양반 윤지충은 현실의 벽을 뛰어넘지 못하고 새로운 세상에서 영혼의 안식을 찾았을 것이다.

풍남문(보물 제308호)은 전주성의 정문으로 길을 건너면 있다. 매우 견고해 보이는 아름다운 2층 문루의 옹성문이다. 전주는 도시가 컸던 만큼 성채도 훌륭했으며, 방어도 견고했을 것이다. 임진왜란 때 웅치·이치전투에서 승리함으로써 성을 지킬 수 있었지만 정유재란 때 공성작전으로 대부분 불탄 후 재건되었다. 그러나 동학농민전쟁에서도 멀쩡했던 성은 일제 강점기 때 대부분이 훼손되었다. 일본인들이 우리에게 어떤 패악을 저질렀는지 결코 잊어서는 안 된다. 역사를 잊은 민족에게 미래는 없다.

전라감영은 전주성 안에 있는 관청으로 전라도와 제주도를 관장했었다. 2020년에 선화당을 비롯하여 관풍각 등 부속 건물이 복원되었지만, 세월의 흔적이 묻어나지 않아 매우 낯설었다.

전주객사(보물 제583호)는 전라감영 뒤에 자리하고 있다. 관리나 사신이 머물던 곳이다. 맞배지붕의 주관(主館)에 양쪽으로 동·서익관이 연결되어 있다. 주관에는 초서체로 쓴 거대한 편액(풍패지관, 豐沛之館)이 걸려 있는데, 이는 사신으로 왔던 중국 주지번이 쓴 글씨라고 한다. 그리고 풍패란 한나라 고조 유방의 고향에서 유래된 말로써 건국자의 본향을 이르는 말이다.

전주는 약 500여 년을 주기로 전주가 고향이었던 사람들의 후손 중에서 역성혁명가가 나타나는데, 이성계 이전에 견훤이 후백제의 도읍으로 정했던 곳이고 북한 김일성의 조상 묘가 모악산에 있으니 그들의 풍패지향(豐沛之鄕)인 셈이다.

이제 상경할 시간이다. 전주 하면 비빔밥이다. 육회비빔밥으로 이른 저녁을 먹고 고속도로로 올라섰다.

선운산

禪雲山, 336m

전라북도 도립공원

호남정맥에서 분기한 선운지맥에 위치하며, 주봉은 수리봉이다. 1979년에 도립공원으로 지정되었다. 고창은 명찰 선운사와 도솔암, 동백나무숲이 유명하며, 고창읍성과 고인돌 유적지가 명소다.

산행 노정

2023.4.15. (토) 흐림/비/맑음

코스 난이도: ★★☆☆☆

순환 12km 4시간 20분(산행 3:40, 휴식 00:40)

선운사 템플스테이(10:35) ⇨ 마이재(11:20) ⇨ 수리봉(11:35) ⇨ 참당암 앞(12:15~12:30 점심) ⇨ 소리재(12:45) ⇨ 낙조대(13:10) ⇨ 천마봉(13:20) ⇨ 용문굴(13:40) ⇨ 도솔암, 마애불, 내원궁 (14:00~14:25) ⇨ 선운사 템플스테이(14:55) ⇨ 선운사(왕복)

산행 일지

□ 선운사 템플스테이 ⇨ 소리재

선운산 등산은 도립공원 주차장에서 출발하는 것이 일반적이지만 오늘 밤 선운사에서 묵기로 했기 때문에 템플스테이에 주차하고 천왕문 쪽으로 내려가 마이재길로 방향을 잡았다.

적상암까지는 포장도로지만 암자 앞에서 왼쪽 숲으로 접어들자 단풍나무 초록의 잎사귀들이 싱그러웠고, 주말이라 그런지 가족 단위 등산객이 많았다.

듬성듬성 드러나 있는 돌밭 위로 이어진 밋밋한 오르막길 끝이 마이재다. 여기서부터 수리봉까지는 평지에 가까운 쉬운 길이다. 한 시간 남짓 산행으로 쉽게 올라온 정상은 최고봉이라는 느낌이 들지 않았고, 사방이 나무에 가려 조망도 없었다.

게다가 일기 예보에도 없었던 비바람이 치기 시작하더니 안개가 몰려왔다. 서둘러 판초우의를 뒤집어쓰고 발길을 재촉했다. 갑자기 맞은 기상 변화에 매우 당황스러웠다. 아무리 낮은 산이라도 준비를 잘해야 하고 또한 겸손해야 한다는 것을 배웠다. 산행뿐만이 아니다. 우리가 살아가면서도 매사 마찬가지다.

참당암으로 내려가는 길에도 비는 계속 내렸고, 안개가 더욱 심해졌다. 길옆에 비켜선 포갠바위는 여느 산에서나 흔히 볼 수 있는 특징 없는 바위지만 등산객들에게는 작은 이정표가 되어 그 존재를 말하고 있었다. 하마터면 못 보고 지나갈 뻔했다.

포갠바위를 지나면 짧은 암릉길로 급경사 내리막길이 시작되었고. 계단도 제법 가팔랐다. 하지만 비에 젖은 사월의 신록이 안개 속에서 몽환적인 분위기를 연출했다.

참당암은 선운사에서 도솔암으로 가는 길에서 올라올 수도 있다. 참당암 대웅전은 보물 제803호지만 비가 계속 내린 데다 암자까지는 올라갔다 와야 하기 때문에 소리재로 방향을 잡았다. 허기가 졌다. 나무 밑에서 비를 피하며 덜 익은 컵라면으로 점심을 대신해야 했다.

소리재로 가는 길은 평지나 다름없었다. 하늘이 맑아지기 시작했고, 바람도 잦아들었다. 소리재에 다다르자 영화 〈서편제〉의 소릿재 주막이 생각났다. 극 중의 소릿재는 보성이지만, 이곳은 신재효의 고장이다. 그러므로 시절이 봄이니 '사철가' 한 토막을 흥얼거리며 고개를 넘어갔다.

소리재에서 왼쪽으로 가면 낙조대를 지나 천마봉으로 가는 길이며, 오른쪽은 견치산(개이빨산)으로 가는 길이지만 봄철 산불 예방 기간이라 통제하여 갈 수 없었다.

도솔계곡(명승 54호)

100대 명산과 문화유산 ❶

□ 소리재 ⇨ 천마봉 ⇨ 선운사

소리재를 넘어서자 비는 그쳤고 선운산 조망이 말갛게 씻은 얼굴로 눈앞에 펼쳐졌다. 우뚝우뚝 솟은 봉우리와 바위들이 경이로웠다. 도솔암을 둘러싼 암봉들이 병풍처럼 펼쳐졌고, 천마봉 낭떠러지가 아찔했다. 진달래는 이상 고온으로 이미 졌고, 늦게 핀 철쭉만 지친 산객을 달래 주었다.

낙조대까지는 얼마 남지 않았지만 급경사 계단을 한참 올라가야 했다. 계단에는 이 길이 '서해랑길' 임을 알려 주는 작은 표찰이 붙어 있었다. '서해랑길'은 서해바다를 끼고도는 길로, 해남 땅끝에서 시작하여 강화도까지 이어지는 1,800여 킬로미터의 먼 거리다. 이곳은 '고창 구간'이다.

낙조대에 올라서자 곰소만이 희미하게 내려다보였지만 일몰은 아직 일러 천마봉으로 발길을 옮겼다. 낙조대에서 천마봉까지는 가까운 거리다. 천마봉에서 내려다본 선운산 일대의 풍광은 비가 갠 후라 그런지 아름답기 그지없었다.

하산할 시간이다.

천마봉에서 도솔암까지 바로 내려가는 급경사 계단이 있으나 용문굴이 보고 싶어 700여 미터를 다시 돌아가야 했다.

용문굴은 긴 상판 아래 두 개의 교각이 바치고 있는 다리 형상이다. 굴을 지나 내려서면 기암절벽이 앞을 가로막았다. 그리고 비가 갠 뒤라 야생 차나무 잎이 더욱 싱그러웠다.

도솔암 옆, 단애절벽 위에는 보물 제1,200호인 마애불이 있다. 이 마애불 복장에는 비결이 숨겨져 있었다고 전해졌는데, 동학혁명 때 접주 손화중이 꺼냈다는 설이 전해지고 있다.

마애불 절벽 위에는 내원궁이 자리하고 있다. 보물 제208호인 금동지장보살좌상이 모셔진 도솔암을 지나 가파른 108 계단을 올라가면 내원궁이다. 조선시대 왕궁 여인들이 아들을 바라는 마음에서 기도를 드렸던 천하의 길지라고 한다.

도솔암에서 내려오면 장사송과 진흥굴을 만날 수 있다. 천연기념물 제354호로 지정된 장사송은 600년 이상 된 소나무로 8개의 가지가 곧게 자란 반송이다. 매우 힘차고 아름다웠다.

그리고 그 옆이 진흥굴이다. 신라 진흥왕이 수행했다고 전해지는데 내부가 상당히 깊고 넓었다.

이상과 같이 명승 54호로 지정된 도솔계곡 일원을 답사하고 산을 내려와 템플스테이를 지나 다시 선운사로 향했다. 경내의 여러 전각들을 둘러보고 석양의 동백꽃을 보기 위함이었다.

오늘 산행은 날씨 변덕이 심했었다. 하루 날씨도 이러할진대 우리의 삶이야 오죽하겠는가. '제행무상'이라 했으니 모든 것이 변하는 것은 당연한 것이다. 하지만 급변하는 것이 문제다.

선운산과 그 이웃들

들이 넓고 산물이 풍부한 고창에는 명소가 많다. 유네스코 세계문화유산(고인돌)과 생물권보존지역(운곡습지) 그리고 도솔계곡과 병바위 등 명승지가 있으며, 선운산 일대의 고찰과 동백꽃이 그렇다. 또한 고창읍성(모양성) 및 청보리밭 등이 그곳이다.

□ 선운사 동백나무 숲

백제 위덕왕 때(577년) 창건된 선운사(禪雲寺)는 대한불교조계종 제 24교구 본사다. 도솔암 등 유명한 암자를 거느리고 있으며, 대웅전과 만세루 등 수많은 문화재를 간직하고 있는 명찰이다.

천연기념물 제184호로 지정된 선운사 동백은 겨울에 피는 동백(冬栢)이 아니라 봄에 피는 춘백(春栢)이다. 지금 4월이 개화의 적기다. 540여 년 전부터 방화림으로 조성했고, 스님들의 수익 사업의 일환으로 심었다는 3,000여 그루의 동백나무 숲에는 흐드러진 꽃들과 동박새들이 노래하는 극락이었다.

동백꽃은 나무에서 한 번, 땅에서 한 번, 그리고 마음속에서 한 번 핀다고 했다. 봄이면 내 마음 한구석에도 동백꽃이 핀다. 바닷가 동백나무 아래서 꽃을 따서 꿀을 빨던 유년의 내가 거기 있곤 했기 때문이다. 그래서 나는 동백꽃을 좋아한다. 사철 시들지 않고 추운 겨울부터 꽃을 피우므로 전국 동백꽃 명소는 거의 다 찾아가 보았다.

동백나무는 이제 친구 같은 존재다. 어디를 가나 반갑게 맞아 주고 옛날이야기를 해 주기 때문이다. 귤옥 윤광계(1559~1619) 선생께서 친구 집을 찾아가 동백나무 아래서 정을 주고받았다는 이야기가 생각난다.

訪友人家(방우인가) - 친구 집을 찾아가서

村巷寥仄日已斜(촌항료방일이사)
竹輿來到故人家(죽여래도고인가)
相逢飲盡一壺酒(상봉음진일호주)
翡翠交飛冬栢花(비취교비동백화)

시골길 걷고 걸어 해는 이미 기울 즈음
대나무밭 사잇길로 친구 집을 찾아갔네
반가이 서로 만나 한 동이 술로 즐기며
비취잔 주거니 받거니 동백꽃 흩날리네

동백나무 숲을 답사하면서 템플스테이에 동참했던 외국인에게 짧은 영어로 말을 걸었더니 독일에서 혼자 왔다고 했다. 여자의 몸으로 외국 여행을 하는 용기가 대단하다. 하지만 영어 소통이 가능하기 때문에 할 수 있는 일이었을 것이다.

나는 지금 영어 학원에 다니며 공부하는 중이다. 왜냐하면 노년의 정신 건강을 위하고, 해외여행을 하면서 조금이라도 더 자유롭기 위함이다. 그리고 손자들과 영어로 놀아 주고 싶었기 때문이다.

우리는 역사적으로 중국의 영향을 받고 살 때는 한자에 능통한 사람에게 많은 기회가 주어졌었고, 출세의 수단이 되기도 했다. 그리고 해방 후에는 영어를 잘하는 사람이 선진 문물과 정보를 빨리 받아들여 보다 풍요로운 삶을 살아갈 수 있었다.

우리는 외국어 하나쯤은 할 줄 알아야 한다고 생각한다. 그러므로 한때 일본어 공부를 열심히 했었다. 업무적으로 필요했고, 어머니와 일본 여행을 하고 싶었기 때문이었다. 하지만 일본어는 쓰임에 한계가 있었기 때문에 은퇴 후 영어 공부를 다시 시작해야 했다, 그렇지만 나이 들어 공부한다는 것은 쉬운 일이 아니었다. 젊은이들보다 몇 배는 더 노력해야 했다. 영어 사용이 자유로운 사람이라면 중국어를 계속 공부하기를 권한다.

□ **고창읍성(모양성)**

고창읍성은 조선 단종 원년 (1,453년)에 외적을 막기 위해 축성했다. 일명 모양성이라고도 하는데, 호남 내륙을 방어하는 전초기지 역할을 했다.

둘레가 1,684m인 자그마한 석성으로, 드넓은 들판이 내려다보이는 야산 위에 축성했다.

고창읍성(등양루)

북쪽을 제외하고는 급경사 산비탈이라 천혜의 요새다. 정문인 공북루는 지대가 낮아 방어에 취약했으므로 옹성을 쌓았는데, 기능뿐만 아니라 모습도 아름답다.

성벽 위를 걷다 보면 동쪽에는 등양루를 복원하고 옹성을 쌓았는데 이 성은 여장이 없는 것이 특징이다. 임진왜란 이전의 모습을 간직하고 있는 것이다. 성 밖으로는 영산홍이 불타는 듯했고 성안에는 소나무 숲이 아름답기 그지없었다. 서문에 해당하는 진서루도 등양문처럼 35년 전 복원했다. 진서루에서 북쪽을 바라보면 고창 읍내 너머 멀리 선운산이 한눈에 들어왔다.

성안에는 동헌 및 객사 등 여러 건물이 복원되어 있으며, 공북루 옆에는 죄인을 가두는 감옥이 있어 흥미로웠다.

고창읍성 민속행사로는 윤달에 여인들이 머리에 돌을 이고 성벽을 세 바퀴 도는 답성 풍속이 아직도 남아 있다. 성벽을 돌고 나면 무병장수하고 극락에 간다고 하는 전설이 전해지는데, 이는 성벽을 밟아 더욱 견고하게 유지하기 위함일 것이다.

고창읍성 앞에는 신재효 고택이 있다. 그는 향리라는 신분적 한계에도 불구하고 판소리 6마당의 사설을 집대성하여 판소리를 국문학의 정수로 끌어올린 인물이다. 그의 흔적을 살펴보고 우리의 소리를 생각해 볼 가치가 있다.

□ 고인돌 유적지 - 유네스코 세계문화유산(화순, 강화도 포함)

고창읍성을 나서 세계문화유산인 고인돌(지석묘) 유적지로 향했다. 전 세계 고인돌의 절반 이상이 우리나라에 존재하고 있으며, 그중 대부분이 전라도에 분포되어 있다.

박물관 앞 고인돌

고창천 옆에 자리한 수많은 고인돌은 대부분 청동기 시대 무덤이지만 제례용 제단으로 만든 것도 있다고 한다.

고인돌을 둘러보고 의문이 생겼다. 덮개돌의 무게가 수십 톤에 달하는데, 어디서부터 어떻게 운반했는지, 왜 무덤 위에 덮었는지 궁금했으며, 그 속에 묻힌 사람들은 대부분 수장급이라는데 고창에는 왜 그렇게 많은 고인돌이 한곳에 밀집해 있는지 그들의 생활상은 어떠했는지 그들의 정신세계를 지배했던 사상과 종교는 과연 어떤 것이었는지 또한 의심스러웠다. 언뜻 보면 평범한 바윗돌에 불과 하지만 수도 없는 의심이 꼬리를 물었다.

고인돌 유적지 뒤에는 유네스코 생물권보존지역으로 지정된 '운곡습지'가 있다. 하지만 여유가 없어 답사하지 못했고, 고창의 또 다른 명소 '병바위(명승지 21년 11월 지정)'도 차창 밖으로 바라볼 뿐이었다.

고창을 대표하는 음식은 풍천장어다. 곰소만으로 흘러드는 주진천을 따라 올라온 새끼 장어가 고창천 등에서 서식하기 때문에 이곳이 장어로 유명하다. 특히 이곳 장어를 풍천장어라고 하는데, 풍천이라고 하는 이름에는 이설이 많다. 풍요로울 풍 자를 써서 풍천(豐川)이라고도 하고, 어떤 이는 바닷가에 접해 있어 바닷바람이 불어오는 하천을 풍천(風川)이라고도 한다. 아무튼 예로부터 이곳에서는 장어가 많이 잡혔고 맛이 일품이라 지금도 많은 사람들이 찾고 있다. 장어구이를 점심으로 먹고 상경했다.

마이산

馬耳山, *686m*

전라북도 도립공원

금남호남정맥에 위치한 산으로, 말의 귀를 닮았다고 하여 이름이 붙여졌다.
1979년에 도립공원으로, 2003년에 명승 제12호로 지정되었다. 명소로는 금낭사와 탑사가 있으며 진안에는 어은동공소가 있다.

산행 노정

2024.5.24. (금) 맑음

코스 난이도: ★★★☆☆

순환 9km 5시간 20분(산행 4:15, 휴식 01:05)

남부주차장(08:40) ⇨ 고금당(09:05~09:15) ⇨ 비룡대(09:40~09:50) ⇨ 성황당(10:25) ⇨ 봉두봉(10:35) ⇨ 암마이봉갈림길(10:55) ⇨ 암마이봉입구, 초소(11:30) ⇨ 정상(11:55~12:20) ⇨ 탑사(13:05~13:25) ⇨ 원점 회귀(14:00)

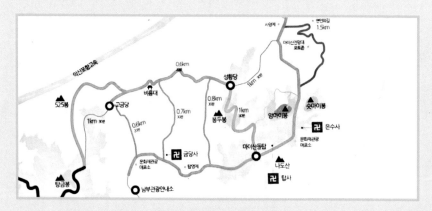

산행 일지

□ **남부주차장 ⇨ 정상(암마이봉) ⇨ 탑사 ⇨ 원점 회귀**

암마이봉으로 가는 길은 보통 남부주차장과 북부주차장에서 시작한다. 남부주차장에서도 세 갈래 길이 있는데 탑사로 바로 올라가는 길이 가장 쉬운 코스며, 두 번째는 금당사 가기 전에 왼쪽으로 돌아고금당과 비룡대, 봉두봉을 지나 탑사로 내려갔다 다시 올라가는 길이다. 그리고 봉두봉을 지나 암마이봉 뒤로 돌아가는 길이 세 번째 코스다.

금당사 일주문을 지나 포대화상이 넉넉한 배를 드러내고 웃고 있는 곳에서 왼쪽으로 접어들면 고금당으로 가는 길이다.

모노레일 옆으로 난 길을 따라 올라가면 금색 기와를 올린 고금당이다. 원래 이곳은 나옹화상이 득도했다는 금당사가 있었던 자리라 하여 고금당이다. 금당사는 산 아래로 옮겨 갔다.

고금당에서 비룡대로 가는 길은 작은 고개를 여러 개 넘어가야 했다. 가파른 철제 계단을 올라서면 비룡대(나봉암 전망대)다. 전망대에서는 암마이봉과 그 뒤에 숨어 있는 숫마이봉도 볼 수 있으며, 녹음이 짙어 가는 마이산 아래는 거대한 호수 같았다.

비룡대에서 내려가는 길은 급경사 암릉길이다. 경사도가 50%는 넘을 것 같았다. 외줄 철제 난간에 의지하여 내려서면 소나무와 참나무가 공생하는 아늑한 숲길이다.

두꺼비를 닮았다는 바위 밑에는 나무막대가 수도 없이 세워져 있었다. 처음에는 누군가 장난으로 세웠겠지만 묘한 조화를 이루고 있었다.

두꺼비 바위를 지나 오르내림이 많은 길을 따라가면 성황당 갈림길이다. 그러나 당집은 찾을 수가 없었다. 갈림길에서 바로 가면 마이산의 두 봉우리를 모두 볼 수 있는 북부주차장이고, 탑사 쪽으로 내려가면 봉두봉이다.

봉두봉에서는 지나왔던 비룡대와 고금당이 한눈에 들어왔다.

봉두봉에서 내려서면 또 갈림길이다. 바로 내려가면 탑사와 은수사를 지나 암마이봉으로 가는 쉬운 길이다. 그러나 하산 길에도 그 길로 내려와야 하기 때문에 암마이봉 뒤로 돌아가기로 했다. 하지만 그 길은 고난의 길이었다.

돌계단을 한없이 올라가면 거대한 암벽이 버티고 서 있었다. 암마이봉이다. 크고 작은 자갈이 섞인, 시멘트를 함부로 부어 놓은 것 같은 역암(퇴적암) 암괴다.

본래 이곳은 거대한 호수였다고 한다. 옛날도 옛날, 백악기 호수에도 연꽃이 피고 잠자리가 날아다니며 인간의 먼 조상들이 공룡과 어울려 살았던 때가 파라다이스가 아니었을까?

마이산

산봉우리 맴돌다 가는 바람은
공룡의 나라, 백악기 호수
연잎에 앉았다간 잠자리 몸짓

두 귀를 세우고 바람 잡아 세우면

멀리서,

연밥 따던 소녀가 부르는 소리

낙석주의 표지판이 서 있는 암마이봉 암벽 아래를 서둘러 지나갔다. 돌멩이라도 떨어질 것 같아서였다. 암벽을 지나서도 내리막길은 계속되었다. 내리막이 있으면 반드시 오르막이 있는 법, 그러나 힘든 오르막길 끝에는 희망이 있다.

계곡 아래서 다시 올라가면 암마이봉 입구다. 관리 초소가 있는 것으로 보아 동절기나 기상 이변 시에는 통제하는 모양이다.

정상까지는 450m라지만 매우 가팔랐다. 그러므로 올라가는 계단과 내려오는 계단이 나뉘어져 있다. 성수기 혼잡을 피하기 위함일 것이다. 왼쪽 상행 길은 계단뿐만 아니라 경사도가 60~70%나 되는 암반 구간도 지나가야 해 아찔했지만 숫마이봉이 손에 잡힐 듯 가까워 전망이 훌륭했다.

숫마이봉

정상에서는 조망이 좋지 않았다. 하지만 정상 아래는 전망대가 두 곳이나 있다.

마이산 봉우리를 암·숫마이봉이라고 멋없이 부르지만, 옛날에는 계절마다 예쁜 이름을 가지고 있었다. 봄에는 안개 속에 떠 있는 돛단배와 같다 하여 돛대봉이라 했고 겨울에는 눈 덮인 대지 위에 붓처럼 우뚝 솟아 있어 문필봉이라고 했다. 매우 운치 있는 이름이다. 나는 숫마이봉이 한 송이 연꽃이 피기 전 봉오리처럼 보였다. 연화봉이라 했으면 좋겠다.

하행 길은 계단의 연속이었다. 정상에서 입구까지 800여 개의 계단을 내려가야 했으며, 천왕문 쉼터까지도 100개가 넘었다. 그리고 은수사까지는 밋밋하지만 324개나 되었다.

아직도 관람료를 징수하는 은수사와 탑사를 답사하고 내려오는 길옆, 탑영제에는 오리배가 한가로이 떠 있었고, 길가에는 벚나무가 늘어서 있었다. 이름난 마이산 벚꽃 터널이다.

마이산 식당가는 돼지등갈비와 더덕구이가 유명하다는데 정상에서 점심을 먹었기 때문에 진안성당으로 향했다.

마이산과 그 이웃들

□ 진안성당 어은공소

국가등록문화유산 제28호로 지정된 어은공소는 병인박해(1866년)를 피해 피난 온 천주교도들이 1888년 공소를 설립하고 신앙생활을

했던 곳이다. 이후 1909년 현재
의 너와지붕 건물로 새로 지었다.

어은공소가 진안성당 인근에
있는 줄 알고 성당을 찾아갔지만
관계자가 공소는 한참이나 떨어
진 어은동에 있다고 했다. 지금은
교통이 발달하여 사정이 다르지만 옛날에 진안은 무진장이라 하여
오지 중 오지였는데 물고기도 숨어 지낸다는 어은동 골짜기는 좁은
도로를 따라 한참을 들어가야 했다.

공소는 마이산과 마주한 성수산에서 흘러내린 내오천 가에 자리
하고 있는데, 외관부터 예사롭지 않았다. 단층기단과 덤벙주초 위에
사각기둥을 세운 건물로 팔작지붕에 돌너와를 올린 것이 특이했다.
정면 6칸, 측면 4칸으로 정면 좌측 한 칸과 우측 두 칸에는 툇마루를
두었고, 나머지 세 칸은 돌출되어 있는 아(亞) 자 이형 건물이다. 또
한 검은색 지붕과 흰색 벽이 아름다운 조화를 이루고 있었고, 엄숙
한 분위기를 자아냈다.

건물 안에는 기둥을 사이에 두고 양쪽으로 신자들이 나누어 앉을
수 있도록 장의자가 배치된 바실리카 양식으로 되어 있는데, 당시에
는 유교 관습에 따라 남녀가 자리를 구분하여 앉았다고 한다. 그리
고 설교대 옆에는 마리아상과 예수상이 모셔져 있고, 거대한 돌촛대
가 인상적이었다.

낡은 종탑이 멋스러운 공소 답사를 마치고 나오는 길, 십자가를 지
고 가는 예수 동상이 당시 처절했던 천주교도들의 삶을 대변하는 것
같았다.

두륜산

頭輪山, *703m*

전라남도 도립공원

호남정맥에서 분기한 땅끝기맥에 위치하며, 다도해를 조망할 수 있다. 그리고 왕벚나무 자생지다. 1979년에 도립공원으로 지정되었으며, 명찰 대흥사가 있다. 해남에는 녹우당과 울돌목(명량) 등 명소가 많다.

산행 노정

2022.4.24. (일) 안개/맑음

코스 난이도: ★★★☆☆

순환 8㎞ 5시간 15분(산행 04:30, 휴식 00:20, 기타 00:25)

대흥사(06:00) ⇨ 북미륵암(06:50) ⇨ 오심재(07:10~07:30) ⇨ 노승봉(08:10~08:45 재등산 25분 소요) ⇨ 가련봉(09:00) ⇨ 만일재(09:30) ⇨ 두륜봉(10:05) ⇨ 대흥사(11:15)

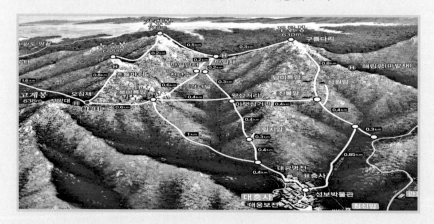

산행 일지

□ 대흥사 ⇨ 노승봉 ⇨ 가련봉

　소쩍새 울음소리에 눈을 떴다. 대흥사 템플스테이 선열당 문을 열자 안개가 자욱했다. 이른 새벽, 짙은 안개가 걷히기 전부터 산행을 시작한 두륜산은 서울에서 멀리 떨어져 있는 산이다. 그동안 대흥사는 여러 번 다녀갔었지만 두륜산을 올라간다는 것은 생각조차 하지 않았다. 100대 명산을 오르기 전에는 그저 바라만 보다가 돌아오는 산이기도 했다.

　표충사 앞에서 산행을 시작했다. 정비가 잘 된 길을 따라 올라가면 일지암 갈림길이다. 일지암은 다성(茶聖) 초의선사가 기거했던 암자로 우리나라 다도의 성지지만 북미륵암으로 가는 길이 바빠 지나쳤다. 인적 하나 없이 적막한 산길이었지만 아직 남아 있는 동백꽃 몇 송이가 산객을 위로해 주었다.

　호젓한 길을 따라 올라가면 북미륵암이다. 영산홍이 곱게 핀 암자는 마애여래좌상(국보 제308호)과 삼층석탑(보물 제301호)으로 유명하다. 하지만 이른 시간이라 마애여래좌상을 모신 용화전의 문이 잠겨 있어 아쉬움이 컸다.

　오심재로 가는 길은 오솔길처럼 편안한 길이었으며 산대나무가 길섶에 울타리를 치고 있었고, 간간이 피어 있는 진달래가 고왔다. 오심재에 도착하자 축구장만 한 넓은 풀밭이 펼쳐졌으며, 전날 밤 야영객들의 텐트가 아직도 잠들어 있었다.

오심재는 강진으로 넘어가는 고개라고 한다. 아침 식사를 간단히 하고 노승봉으로 향했다.

흔들바위를 지나면서 안개가 걷히기 시작하더니 건너편 고계봉이 운해 속에 모습을 드러냈다. 맑게 씻은 얼굴이 고왔다. 고계봉은 케이블카로 올라갈 수 있는 곳으로 전망대가 있다.

깎아지른 듯한 절벽 위의 노승봉은 아득했다. 올라가는 길은 가파른 계단을 설치해 두었지만 마지막 구간은 쇠사슬과 철제 발판에 의지해야 했다. 궂은날에는 위험할 것 같았다.

노승봉에서 바라본 두륜봉

하지만 노승봉에서의 조망은 환상적이었다. 구름 위의 세상은 선계가 따로 없었다. 운해 사이로 가련봉과 두륜봉이 모습을 드러냈다. 이 길은 백두산에서부터 시작된다. 백두대간에서 호남정맥이 분기한 다음 땅끝기맥으로 갈라져 땅끝마을 갈두리 사자봉까지 이어지는 가장 긴 마루금이다.

수궁가 한 대목(범 내려오는 대목)에는 재미있는 사설이 있다. 해남 화산 관머리에서 호랑이가 토끼를 잡아먹으려고 산에서 내려왔다가 용궁에서 갓 나온 별주부(자라)에게 불알을 물렸는데, 얼마나 아프고 놀랐던지 압록강까지 뛰어갔다는 대목이다. 이미 신재효 선생은 산경표를 이해하고 있었던 모양이다.

노승봉에서 가련봉으로 가기 위해 왔던 길로 내려왔지만 길을 잘못 들었다. 반대로 내려갔어야 했다. 착각이었다. 가련봉으로 가려면 속리산 문장대처럼 다시 내려와 봉우리를 돌아서 가야 한다고 생각했기 때문에 반대편 하산 길을 보지 못한 것이다. 하지만 결코 손해나는 일은 아니었다. 다시 위험한 길을 올라가야 했으나 전혀 두려움이 없었고, 힘들지도 않았다. 이는 이미 험하고 힘든 경험을 했기 때문이다. 경험이 그만큼 중요하다.

우리는 살다가 본의 아니게 뒤로 가야 할 때도 있고, 길을 잘못 들어 헤매기도 하며 수많은 고난과 위험을 겪기도 하지만, 그러한 경험들이 쌓이고 쌓여 지혜가 되는 것이며, 그 지혜가 삶의 길잡이가 되고 디딤돌이 되는 것이다.

□ **가련봉 ⇨ 두륜봉 ⇨ 대흥사**

노승봉에서 건너다보이는 봉우리가 가련봉이다. 주봉이지만 정상석은 초라했다. 만일재로 내려가는 길은 가파른 길이다. 그래도 진달래가 말을 걸어왔고, 장흥 천관산의 연대봉은 망망대해의 한 점 조각배처럼 운해 위에 모습을 드러내고 있었다. 하지만 강진만과 다도해는 운해 속에 모습을 감추었다.

가련봉과 두륜봉 사이에 난 고갯길이 만일재다. 북일면 사람들이 대흥사로 넘나들던 길이었다고 한다. 가을이면 억새가 장관을 이루며 일출 명소로도 유명하다.

만일재에서 조금만 내려가면 만일암이 있었던 자리다. 천 살이 넘었다는 천년수(느티나무)가 있다고 한다.

만일재에서 다시 두륜봉으로 올라가는 길, 정상 바로 밑에서 만난 구름다리는 유년의 기억 속에 자리한 곳이다. 초등학교 때 대흥사로 수학여행을 가기로 했었는데, 흉년이 들어 포기하고 선생님이 대신 대흥사와 두륜산 이야기를 들려주었다. 그때 기억으로는 구름다리가 엄청 높고 무서운 곳이었기에 가 보고 싶었다.

하지만 구름다리는 그렇게 높지는 않았다. 어린 날 추억이 나를 끌고 바위 위로 올라가 다리를 건너가게 했다. 추억 속의 구름다리를 70세 가까운 나이에 두 발로 건넜으니 소원을 풀었다. 하지만 위험하고 무모한 행동이었다.

두륜봉에서는 지나온 가련봉과 노승봉 고계봉이 한눈에 들어왔다. 그리고 고향 산천이 많은 말을 걸어왔다. '수구초심'이라 했다. 나이가 들어서도 항상 그리운 것이 고향이다.

하산하려는데 손자들한테서 전화(영상 통화)가 왔다. 아이들에게 두륜산 일대를 영상으로 보여 주고 하산했다.

진불암까지는 가파른 길이었지만 이후부터는 다시 동백나무 숲을 지나가는 편안한 길이다. 하산한 후 점심식사를 하자마자 서둘러 출발했다. 졸음운전을 피하기 위하여 두 번이나 휴게소에 들러 잠깐씩 자고, 오랜 시간 운전한 끝에 귀가했다.

두륜산과 그 이웃들

□ 녹우당 - 사적 제167호

두륜산으로 가는 길목에는 녹우당이 있다. 덕음산 아래 자리한 녹우당은 해남 윤씨 종가 건물 중 하나다. 조선 17대 왕 효종이 사부였던 고산 윤선도(1587~1671) 선생을 위해 수원에 지어 주었던 집을 노년에 해체, 운반하여 재건한 것이다.

해남 연동 녹우당

그러므로 녹우당과 안채는 남도지방의 건축 양식과는 다르게 'ㅁ'자형 구조를 가지고 있다. 과거에는 안으로 들어가 이곳저곳을 살펴볼 수 있었지만 지금은 출입이 통제되어 아쉬웠다.

녹우당 뒤에는 고산 4대조 어초은 공 묘소와 천연기념물 제241호로 지정된 500년 된 비자나무 숲이 있다. 숲을 돌아본 다음 유물전시관으로 내려갔다.

고산 윤선도 유물전시관에서 해남 윤씨의 역사와 예술품을 살펴보았다. 해남 윤씨는 고려 때부터 강진에 자리를 잡았지만 520여 년 전 12대 어초은 공께서 해남으로 터를 옮긴 후 명문가로 이름을 알렸다. 해남 윤씨 16대손인 고산은 서울에서 태어나 과거급제 후 잠시 벼슬을 했지만, 오랜 세월, 유배의 길을 전전한 후 50대 중반에야 고향으로 내려와 우리 국문학사에 길이 남을 「산중신곡」(보물 제482호, 윤고산수적관계문서 중)에 많은 시조를 남겼다. 오우가의 水石松竹月은 남도 어디서나 접할 수 있는 친근한 벗들이다.

고산의 후손들은 당쟁으로 얼룩진 벼슬길을 포기하고 예술에 전념하였는바, 그들 중 공재 윤두서 선생이 유명하다. 공재의 자화상(국보 제240호)을 모르는 사람이 없을 정도다. 조선의 화가 삼재라 함은 공재와 겸재(정선) 그리고 현재(심사정)를 말한다. 호남 남종화는 공재로부터 시작되었다. 연동 녹우당을 나와 고산 윤선도 선생의 오우가를 읊조리며 대흥사로 향했다.

오우가(五友歌) - 산중신곡 중에서

내 벗이 몇인가 하니 수석과 송죽이라
동산에 달 오르니 그 더욱 반갑구나
두어라 이 다섯밖에 또 더하여 무엇 하리

水
구름 빛이 좋다 하나 검기를 자주 한다.
바람소리 맑다 하나 그칠 때가 많도다.
맑고도 그칠 때 없기는 물뿐인가 하노라.

石
꽃은 무슨 일로 피면서 쉬이 지고
풀은 어이하여 푸르는 듯 누르나니
아마도 변치 않을 건 바위뿐인가 하노라

松
더우면 꽃이 피고 추우면 잎 지거늘
소나무야 너는 어찌 눈서리를 모르느냐
구천에 뿌리 곧은 줄을 그로 하여 아노라

竹

나무도 아닌 것이 풀도 아닌 것이

곧기는 뉘 시기며 속은 어이 비었느냐

저렇게 사시에 푸르니 그를 좋아하노라

月

작은 것이 높이 떠서 만물을 다 비추니

밤중의 광명이 너만 한 이 또 있느냐

보고도 말 아니 하니 내 벗인가 하노라

□ **대흥사** - 유네스코 세계문화유산(山寺, 한국의 산지승원) - 명승 66호

대흥사는 대한불교조계종 제22교구 본사다. 창건 연대는 분명하지 않지만 신라 말기로 추정된다. 과거에는 대둔사라 했는데, 두륜산이 대둔산(완주 대둔산과 동명이산)이었기 때문이다.

주차장에서 대흥사천을 따라 약 2km 이상 올라가면 왕벚나무 자

생지와 동백나무 군락지를 지나게 되는데, 운치 있는 길이다.

가람배치는 금당천을 경계로 대웅전과 삼층석탑(보물 제320호)이 있는 북원과 천불전과 표충사 등이 있는 남원으로 나뉜다.

임진왜란 때 승군의 총본영이었던 곳으로 휴정(서산대사) 스님의 의발(가사와 바리때)이 보존되어 있다. 대웅보전 현판은 원교 이광사가, 무량수각 현판은 추사 김정희가 쓴 글씨다.

천불전 불상은 경주 기림사 스님들에 의해 만들어져 옮기던 중 표류하였다가 1년 만에 일본에서 돌아왔는데, 다산 정약용이 불상 뒤에 붉은 글씨로 날일(日) 자를 써놓기도 했다.

대흥사 경내에서 하룻밤을 묵었다. 옛날에는 대흥사 관광을 위해 절 앞에 있는 여관 유선관에서 잤지만 지금은 개조하여 옛 정취가 사라져 버렸고, 숙박비도 고급 호텔 수준으로 비싸졌다. 아쉽다. 하지만 대흥사에서 좋은 인연으로 산사 체험(템플스테이)을 하게 되어 선열당에 짐을 풀었다. 내일 새벽 산에 가야 했기 때문이다.

□ **울돌목(명량) - 전라우수영**

명량 해전의 현장, 울돌목은 해남 화원반도와 진도 사이에 있는 해협이다. 폭이 가장 좁은 곳이 293m이며 수심은 19m다. 최고 유속이 11노트나 되며, 해저 바위와 해류가 부딪쳐 나는 소리가 바다가

울돌목(명량)

우는 것처럼 들려 울돌목이라 했다.

1597년 9월 16일(맑음), 『난중일기(정유일기)』는 그날의 전투 상황을 묘사하고 있다. 울돌목과 우수영 앞바다 양도(羊島) 사이에서 벌어진 해전은 13척의 배로 133척의 왜군을 물리친 세계 해전사에 길이 남을 대승이었다.

대규모 왜적 앞에서 두려워하는 장병들을 독려하여 대승을 이끈 현장에는 이순신 장군(동상)이 지도를 들고 바다를 노려보고 있다. 하지만 울돌목 바다는 그때의 처절했던 전투를 아는지 모르는지 말없이 휘돌아 나가고 위로는 케이블카가 바쁘게 오가고 있었다.

한편, 명량해전 바로 전 남원성을 격파하고 남하한 고니시의 3만 대군은 수륙 양동작전으로 이순신의 수군을 궤멸시키고 전라도를 장악하고자 해남으로 남하하여 옥천들(대교들)에서 의병들과 맞붙었다. 그때 의병을 이끌었던 해남 윤씨 가문의 의병장들과 만여 명의 의병들이 순국했다. 이 두 곳의 전투는 헤로도토스가『역사』에서 기술한 BC 480년 페르시아와 그리스군이 맞붙었던 '테르모필레 전투'와 '살라미스 해전'과 흡사하다. 하지만 역사적 사실이 조명을 받지 못하여 아쉽다.

전라우수영 본영(城)은 문래면 면소재지다. 그곳에는 장군의 영정을 모신 충무사와 명량대첩비, 성터의 유구 등이 남아 있다. 현재 관광지로 개발된 명량대첩 전시관이 있는 곳이 아니다.

그리고 문래면은『무소유』의 저자로 유명한 법정 스님의 고향이기도 하며, 인근 황산면에는 공룡박물관이 있다.

천관산

天冠山, *723m*

전라남도 도립공원

호남정맥에서 분기한 사자지맥에 인접해 있으며, 1988년 도립공원으로, 2021년에는 명승 제119호로 지정되었다. 바다와 접해 있으며, 봄에는 동백꽃과 진달래, 가을에는 억새가 유명하다. 장흥에는 정남진과 보림사가 있다.

산행 노정

2024. 1. 13. (토) 맑음

코스 난이도: ★★☆☆☆

순환 6km 3시간 30분(산행 2:40, 휴식 00:50)

탑산사 주차장(11:50) ⇨ 불영봉(12:15) ⇨ 연대봉(13:05~13:15) ⇨ 환희대(13:35~13:45) ⇨ 구룡봉(14:05) ⇨ 탑산사(14:20~14:50) ⇨ 원점회귀(15:20)

산행 일지

□ 탑산사 주차장 ⇨ 불영봉 ⇨ 정상(연대봉)

해남에서 강진을 거쳐 강진만을 오른쪽으로 끼고 돌아가면 천자의 면류관을 닮았다는 장흥 대덕읍 천관산이 나온다. 호남의 5대 명산(지리산, 내장산, 월출산, 변산, 천관산) 중 하나다.

등산로는 대덕읍 탑산사 주차장(천관문학관)과 관산읍 도립공원 주차장(장천재)에서 올라가는 코스가 대표적이다.

천관문학관 앞에서 탑산사 입구까지는 가파른 외길이지만 중간중간 교행할 수 있는 공간을 만들어 놓아 안심이 되었다. 특히 길가에 늘어선 돌탑들이 눈길을 끌었다.

주차장에서도 탑산사(큰절)로 바로 올라가는 길과 오른쪽 불영봉으로 돌아가는 길로 갈라진다.

불영봉 코스는 초반부터 제법 가파른 길이다. 낙엽이 진 겨울 산이라 황량했지만 길옆에는 신우대와 사철 푸른 사스레피나무가 있어 위로가 되었다. 조금 더 올라가면 거대한 암괴가 앞을 가로막는데, 포봉이다. 봉우리라기보다는 바위 덩어리에 가깝다.

포봉을 지나 200여 개의 나무 계단을 올라서면 불영봉이 나온다. 커다란 바위들이 무더기로 쌓여 있고 맨 위 사각바위가 부처의 영상(影像)이라 하여 불영봉이라 한다고 한다.

그리고 그 뒤에는 세상일이 궁금한 듯 목을 길게 내밀고 있는 거북 머리 형상의 바위가 기이했다.

불영봉에서의 조망은 매우 훌륭했다. 눈앞에 펼쳐진 드넓은 간척지와 다도해 섬들이 친근하게 다가왔다. 그리고 골짜기 건너편으로는 탑산사와 구룡봉이 아득히 보였다.

불영봉에서 연대봉까지의 능선은 곰솔과 관목이 주인인 오솔길이다. 오늘처럼 온화한 날씨에 우측으로 바다를 바라보며 걷는 길이 한가롭고 편안했다. 하지만 정상 연대봉을 앞두고는 약간 숨이 차는 오르막길이다.

□ **연대봉** ▷ **환희대** ▷ **구룡봉** ▷ **탑산사** ▷ **원점 회귀**

환희대와 기암절경

연대봉에는 고려 때부터 봉화를 피워 올렸던 봉수대가 있지만 형태가 사각이다. 봉수대에서 바라보면 동으로는 고흥 팔영산, 서쪽으로는 해남 두륜산, 북서쪽으로는 영암 월출산 그리고 남으로는 다도해해상국립공원 너머 한라산까지 조망할 수 있다지만 육안으로 식별이 곤란했다. 박무 때문이다.

연대봉부터 대장봉 환희대까지 약 1km 구간은 평평한 능선길로 억새밭이다. 가을이면 억새꽃이 바람에 일렁이는 모습이 눈에 선했지만 지금은 철이 지난 꽃대만 바람에 흔들릴 뿐이었다.

이 산은 봄에는 동백과 진달래가, 가을에는 억새가 유명하다. 지금은 겨울이라 앞을 가리는 것들이 없어 바다가 으뜸이었다. 우리는 가까이 있는 소중한 것일수록 그 가치를 잊고 산다. 그리고 항상 일등만을 지향하고 선망하므로 으뜸 이하는 존재가 가려져 있다. 하지만, 그들 모두 최선을 다하며 그 자리를 지키고 있는 것이다. 시절을 기다릴 뿐이다.

천관산에 오르는 자는 모두 다 기쁨을 맛보게 된다는 환희대와 그 아래 펼쳐진 기암 절경을 뒤로하고 구룡봉으로 향했다. 키 작은 참나무 숲을 가다 보면 오른쪽으로 기묘한 암괴들이 대나무 기둥처럼 서있다. 진죽봉이다.

구룡봉은 좁은 바위틈 사이를 기어 올라가야 했다. 봉우리 위로 올라서면 신기하게도 크고 작은 물웅덩이가 많았다. 그러나 바위 끝에 서면 조망은 훌륭했지만 위태롭고 아찔했다.

구룡봉에서 내려와 447 계단을 내려서면 탑산사다. 주지스님과 차담을 나누며 들은 이야기로는 탑산사는 『석보상절』과 『동문선』에도 소개된 고찰이며, 신라 말 신무왕과 장보고의 고사가 전해지고 있다고 했다. 지금 자리가 옛날 탑산사 터인지는 모르겠으나 흙 속에 묻힌 기와 파편들이 주변에 널려 있었다.

탑산사 뒤에는 모양이 예사롭지 않은 자연석 돌기둥이 있다. 황당한 전설이지만 아육왕(아소카왕)이 세웠다는 오층탑이다.

탑산사를 나서 울창한 신우대밭을 지나면 가파르고 거친 하산 길이다. 반야굴을 지나면서부터 듬성듬성 보이던 동백나무가 내려갈수록 군락을 이루고 있었다. 춘백(春栢)인지 아직 꽃봉오리조차 맺지 않았지만 꽃이 피면 장관이겠다.

산에서 내려와 주차장 아래 문학공원을 둘러보았다. 소설가 이청준과 한승원 그리고 시인 구상 선생 등 54명의 문인 작품들을 돌에 새겨 전시하고 있다.

문학공원을 나서 탐진강이 휘감고 돌아가는 장흥읍 토요시장으로 향했다. 6년 전 마라톤대회에 참가했던 탐진강변 토요시장에서 지역 특산물인 무산김을 사고 짱뚱어탕으로 저녁 식사를 한 후 일출 명소로 유명한 소등섬 인근 펜션에 짐을 풀었다.

천관산과 그 이웃들

□ 정남진 전망대 외

소등섬 일출   정남진 전망대

소등섬은 썰물 때 걸어갈 수 있는 작은 돌섬이다. 고기잡이 나간 남편의 무사 귀환을 바라는 마음에서 부인이 호롱불을 밝혀 두었다고 하는 애절하고 아름다운 전설이 있는 곳이다.

섬에는 소나무 몇 그루가 서 있어 사진 애호가들에게 인기 많은 곳이다. 작년에는 태백산에서 새해 일출을 맞이했었는데, 올해는 바다에서 일출을 보게 되어 행운이었다.

소등섬에서 정남진 전망대까지 가는 길은 해안도로다. 후박나무 가로수가 푸르름을 더하고 간혹 종려나무도 보였으며, 바다에는 물새들이 한가롭게 유영하는 아름다운 길이다.

정남진 광장에는 태양을 닮은 둥근 율려탑과 안중근 의사의 동상이 모셔져 있다. 10층 전망대에 오르면 눈앞에 다도해 은빛 바다와 크고 작은 섬들이 다가오고, 뒤로는 어제 다녀왔던 천관산이 내려다보고 있었다.

참고로 정남진은 서울 광화문을 기준으로 정남쪽은 이곳이며, 정북은 중간진, 정동은 강릉 정동진이라고 한다. 전망대 높이는 45.9m(해발 106.9m)로 상층은 태양을, 중층은 황포돛배를, 하층은 파도를 상징한다고 한다.

전망대를 나서 장흥 보림사로 가는 길에 거대한 노거수를 만났다. 천연기념물 제481호로 지정된 장흥 삼산리 후박나무다. 수령이 450여 년으로 세 그루의 나무가 한데 뭉쳐 있는데, 높이는 13m이며, 수관 폭이 12~14m에 이른다고 한다. 사철 푸르름으로 마을을 지키는 당산나무다. 복 받은 마을이다.

장흥 보림사는 유치면 가지산 아래에 있다. 신라 구산선문 중 제일 먼저 개산(開山)한 가지산파의 중심 시찰이다. 초기부터 교종 사찰과 공존했기 때문에 석가모니불을 모시는 대웅전과 비로자나불을 모시는 대적광전이 한 공간에 있다.

주요 문화재로는 국보 제44호
인 삼층석탑과 석등이다. 남북으
로 배치된 석탑은 쌍둥이를 보는
듯했다. 2단 기단 위에 3층 답신
을 올린 전형적인 신라탑으로 더
없이 아름답다. 하지만 남탑은 보
륜이 5개인 반면, 북탑은 3개인

보림사 삼층석탑

것이 의아했다. 그리고 석등 또한 아름답다. 커다란 연꽃 문양의 복
련과 앙련을 잇는 팔각기둥이 늘씬하며 화사석과 지붕 또한 아름답
다. 이 밖에도 국보 제117호인 철조 비로자나불과 동승탑 등 보물
8건 및 지방문화재 13점을 보유하고 있는 유서 깊은 명찰이다.

상경하는 길에 영산포 홍어거리에서 점심을 먹었다. 영산포는 옛
날에 영산강을 거슬러 올라온 상선들과 흑산도 홍어배가 정박했던
포구였다. 홍어는 전라도 잔칫상에서 빠지지 않은 귀한 음식이지만
삭힌 홍어는 특유의 냄새 때문에 호불호가 갈린다. 그래도 한번 맛
을 들이면 다시 찾는 음식이다.

홍어요리도 다양하게 발전했지만 이맘때만 먹을 수 있는 '홍어보
리애국'을 먹고 서둘러 귀가했다.

조계산

曹溪山, *888m*

전라남도 도립공원

호남정맥에 위치해 있으며, 산세가 아름답고 문화
유산이 많아 1979년에 도립공원으로 지정되었다.
송광사와 선암사 일원은 명승 제65호다. 인근 순
천에는 순천만공원과 갈대숲, 낙안읍성, 예교성
등 명소가 많다.

산행 노정

2024.5.1. (수) 흐림/안개

코스 난이도: ★★★☆☆

순환 10㎞ 5시간 5분(산행 4:15, 휴식 00:50)

선암사주차장(10:20) ⇨ 선암사입구(10:40) ⇨ 정상(12:15~12:35) ⇨ 큰굴목재(13:25) ⇨ 선암사
(14:30~15:00) ⇨ 원점 회귀(15:25)

산행 일지

□ 선암사 ⇨ 정상(장군봉)

승선교와 강선루

조계산 등산로는 선암사와 송광사에서 출발하는 코스와 북쪽 접치마을에서 올라가는 코스가 있다. 또 송광사와 선암사 양쪽에서 굴목재를 넘어가는 길(천년불심길)이 인기 있는 코스다.

정비가 잘 된 선암사 참배 길은 아침까지 내린 비 때문인지 초록의 숲이 더욱 싱그러웠다. 계곡을 따라 올라가다 보면 왼쪽에 있는 무지개다리가 보물 제400호로 지정된 승선교다. 아치형 돌다리 자체도 아름답지만 계곡으로 내려가 강선루를 바라보면 신선이 내려와 놀았을 법한 절경이다.

선암사 앞에서 대각암 쪽으로 길을 들어서면 마애여래입상이 잘 다녀오라고 당부하는 듯 서 있다. 이 마애불은 높이가 5m에 달하는데, 고려 때 작품으로 추정된다고 한다.

대각암을 지나면 신우대가 우거진 고즈넉한 길이 이어지는데 이 것도 잠시, 나무 계단과 돌밭이 교차하는 가파른 능선길이 시작된다. 그러나 나뭇잎에 맺혔던 물방울이 간간이 떨어지고 새들의 울음소리가 유난히 크게 들렸으며, 길가에 군락으로 피어 있는 피나물 노란 꽃들이 지루함을 달래 주었다.

□ **정상(장군봉) ⇨ 선암사 ⇨ 원점 회귀**

정상이 가까울수록 안개는 더욱 짙어졌지만 향로암터(행남절터)를 지나 600여 미터를 더 올라가면 정상이다. 곱게 핀 철쭉이 반겼다. 정상에는 두 개의 표지석이 있는데, 전에 세운 표지석이 작고 초라할 뿐만 아니라 해발 고도도 달라 새로 세운 모양이다.

장군봉은 특정 인물을 지칭한 것이 아니라 좌우로 여러 산줄기를 거느리고 있다고 하여 붙여진 이름이다. 안개가 조망을 방해하여 하산할 수밖에 없었다.

정상에서 300여 미터를 내려오면 배바위(船巖)가 있다. 옛날에 큰 홍수가 나 세상이 잠기자 사람들이 이 바위에 배를 묶어 놓아 살아남았다고 하는 전설과 신선들이 놀았다고 하여 선암(仙巖)이라 하였다는데, 둘 다 허황된 이야기지만 후자가 더 설득력이 있어 보인다. 아무튼 밧줄을 잡고 올라가 바위 위에서 바라다본 조망이 절경이라는데, 보이는 것은 안개뿐이었다.

배바위 아래가 작은굴목재다. 정상에서 이곳을 지나 큰굴목재로 이어지는 능선이 호남정맥 마루금이다. 계속 직진하면 큰굴목재지만 왼쪽으로는 선암사로 내려가는 길이고, 오른쪽으로 가면 보리밥집을 지나 송광사로 이어진다. 보리밥집은 조계산에서 이름난 식당이지만 정상에서 점심을 먹었기 때문에 계속 직진했다.

큰굴목재로 가는 길은 평지에 가까웠다. 조릿대가 울타리를 치고 있었으며, 덜꿩나무에 꽃이 피기 시작했다. 안갯속 호젓한 길은 묘한 분위기를 자아냈다.

'남도삼백리길'이라는 이정표가 서 있는 큰굴목재에서 오른쪽으로 내려가면 송광사로 가거나 쌍향수로 유명한 천자암을 돌아 송광사로 갈 수 있는 길이다. 젊었을 때 주말이면 선암사를 출발하여 큰굴목재를 넘어 송광사로 갔다가 계곡에서 라면 하나 끓여 먹고 다시 넘어오면 하루가 갔던 추억이 많은 길이다. 지금은 '천년불심길'이라고 부른다. 큰굴목재에서 선암사로 가는 길은 제법 가파른 내리막길이었다.

어젯밤에 내린 비 때문인지 계곡물이 많이 불었다. 선암사계곡은 고로쇠나무 군락지다. 조계산 명물 고로쇠약수를 우리에게 주는 나무다. 아니다. 그들이 얼음장 밑에서 가는 뿌리를 박고 끌어올린 생명수를 착취하는 것이다. 나무마다 드릴로 구멍을 뚫었던 흔적이 선명했다. 옛날에는 도끼로 찍어내 대나무 잎을 꽂고 깡통을 매달아 수액을 채취하곤 했었다.

그 시절 산업화시대의 역군이었던 사회적 약자들은 착취와 부조리에 대하여 침묵하거나 목숨으로 저항하거나 펜을 빌려 울분을 토로할 뿐이었다.

고로쇠나무

내 몸뚱어리에 구멍을 뚫어라
흡혈을 위한 튜브를 박아라

한 발짝도 물러서지 않으리

내 몸뚱어리에 빨대를 꽂아라
그리고 정하고 순한 피를 마셔라
그러나 나는,
여린 뿌리를 세워 바위를 뚫고
타는 심장으로 펌프질 하리라

그리하여 여름날,
흉터를 더듬으며
무성한 이파리로 숲을 덮으리니.

재미있는 전설을 간직한 호랑이턱걸이바위 밑을 지나면 숯가마터다. 조계산은 사찰보호림이라 그런지 아름드리 굴참나무 고목이 많다. 그리고 평지에 이르면 야생화 단지와 하늘을 찌를 듯한 울울창창한 편백나무숲길이다. 피톤치드 효능이 유난히 뛰어나다는 편백나무숲에서 잠시 쉬었다가 임도를 따라 내려가면 선암사를 다시 만난다.

조계산과 그 이웃들

□ **선암사** - 유네스코 세계문화유산(산사, 한국의 산지 승원), 명승 제65호(송광사 포함)

조계산 장군봉 아래 자리한 선암사는 한국불교 태고종 총림 사찰로 신라 말 도선국사가 창건하였고, 고려시대 대각국사 의천이 중창한 유서 깊은 명찰이다.

선암사 입구 승선교는 영조 때 주지 호암대사가 축조했다는데 그의 제자 초안대사가 벌교 홍교를 세웠다고 하는 것을 보면 그들은 당대 홍예교 건축의 대가였던 모양이다.

일주문은 소맷돌 용두가 노려보고 있는 계단 위에 다포식 맞배지붕의 화려한 건물이며 범종루 뒤에는 혜능선사의 법맥을 잇는다는 의미인 '육조고사'라는 육중한 현판을 단 만세루가 자리하고 있다. 대웅전 영역은 전형적인 신라 형식으로 쌍탑 1금당 가람 배치다. 보물 제395호로 지정된 동서 쌍탑과 역시 보물 제1311호인 대웅전이 소박한 것 같지만 화려하고, 그 뒤에는 팔상전 등 여러 전각이 나란히 배치되어 있다. 그리고 선암사는 매화(선암매)와 정호승 시인의 시로 이름난 해우소가 유명하다.

조계산의 또 다른 명찰 송광사는 대한불교조계종 21교구 본사로 무학대사 등 15명의 국사를 배출한 승보사찰이다. 원래 두 사찰은 선종의 법맥을 잇는 종파였지만 일제 강점기 이후 불교 정화운동을 계기로 종단이 분리되었다. 하지만 무슨 상관이랴. 조계산 굴목재 넘어 '천년불심길'로 연결된 두 사찰 모두, 부처를 모신다.

선암사를 나와 예교성(왜성)을 둘러본 다음 순천 웃장 국밥거리에서 돼지국밥을 먹고 낙안읍성 인근 한옥펜션에서 묵었다.

□ 낙안읍성 민속마을

낙안읍성은 조선 초에는 토성이었으나, 정유재란 때 왜군에 의해 파괴되었다. 그러나 인조 때 부임한 군수 임경업 장군이 1,406m 협축식 석성으로 다시 쌓았다. 옹성과 치성, 해자 그리고 문루에 여장을 둔 매우 견고한 성채다.

낙안민속마을은 읍성 안에 자리하며 기와집이 거의 없는 초가집 위주의 마을로 매우 정감이 가는 우리의 고향마을이다.

□ 순천 예교성(왜성)

순천 예교성은 국내 왜성 유적  중 규모가 가장 크다. 정유재란 발발 후 명량해전에서 패퇴한 고니시는 순천에 일본식 석성을 쌓고 웅거했다. 하지만 이순신 장군은 예교성에 고립된 고니시를 곱게 돌려보내려고 하지 않았다. 이는 왜군의 만행에 따른 무수한 백성들의 참상을 보았기 때문이며, 재침의 의지를 꺾기 위함일 것이다. 지리, 지형적으로 바다에 접한 천혜의 요새였을 예교성은 왜성 특징인 산기즈미(算木積み·산가지 쌓기) 기법으로 쌓은 문루와 천수각의 석축 기단만 남아 있다. 천수각 기단에 올라가 보면 당시 치열했을 전장인 바다가 지금은 매립되어 산업화단지로 변했다.

순천은 위에서 언급한 명소나 유적 외에도 이름난 곳이 많다. 요즘 핫 플레이스로 떠오른 순천만공원은 물론 동천 끝에 자리한 갈대숲도 답사할 만한 곳이다. 갈대숲은 건너편 용산에 올라가 내려다보아야 제격이다.

금오산

金烏山, *977m*

경상북도 도립공원

금오지맥에 위치하며 산세는 가파르고 기암절벽과 산림이 울창하여 경관이 수려하다. 1970년에 최초의 도립공원으로 지정되었다. 명소로는 명승 채미정과 새마을운동 전시관이 있으며, 명찰 도리사가 낙동강 건너 구미시 해평면에 있다.

산행 노정

2023.12.1. (금) 맑음

코스 난이도: ★★★☆☆

왕복 10㎞ 5시간 40분(산행 4:55, 휴식 00:45)

금오산1주차장(08:40) ⇨ 대혜(명금)폭포(09:20) ⇨ 송전탑(10:25) ⇨ 정상(10:50~11:00) ⇨ 약사암(11:10~11:45) ⇨ 마애석불(12:25) ⇨ 대혜폭포(13:30) ⇨ 도선굴(13:40) ⇨ 원점 회귀(14:20)

산행 일지

□ 금오산 제1주차장 ⇨ 정상(현월봉)

금오산의 주된 등산로는 금오산 주차장에서 시작한다. 관리소부터 대혜(명금)폭포까지는 누구나 쉽게 올라갈 수 있는 코스로 시내와 가까워서 그런지 평일 아침인데도 제법 많은 사람들이 산을 찾고 있었다.

관리소를 지나 다리를 건너면 케이블카 타는 곳이다. 케이블카는 해운사 옆까지 805m의 짧은 구간을 운행한다고 한다. 케이블카 타는 곳부터 대혜폭포까지도 계단이 계속되는데, 경사가 심하지 않아 어렵지 않으며 자연보호운동 발상지답게 울창한 소나무가 운치를 더한다.

소나무 숲에는 금오동학(金烏洞壑)이라는 커다란 초서 글씨가 바위에 새겨져 있는데, 이는 금오산의 아름다운 골짜기라는 의미다. 글자 한 자의 크기가 가로, 세로 약 1m나 된다고 한다.

조금 더 올라가면 금오산성 대혜문이 당당하게 버티고 서 있다. 금오산성은 외성과 내성으로 구분되는데 외성의 길이는 약 3.7km이며, 내성은 약 2.7km의 견고한 성으로, 금오산의 자연 지형을 잘 이용하여 축성했다. 특히 낙동강과 가까워 잦은 외적의 침입에 대비하기 좋은 위치였을 것이다.

성문을 들어서면 케이블카 상부 매표소와 해운사가 자리하고 있다. 해운사는 직지사의 말사로 신라 도선국사가 창건했다고 전해지

100대 명산과 문화유산 ❶

는데, 임진왜란 때 소실 된 것을 100여 년 전에 중창했다고 한다. 해운사 뒤에 도선굴이 있지만 하산 때 답사하기로 하고 폭포로 향했다.

예쁜 아치형 다리를 건너면 대혜폭포다. 높이가 27m나 된다. 폭포수 떨어지는 소리가 금오산을 울린다 하여 명금폭포라고도 한다는데, 지금은 갈수기라 볼품이 없었다. 그래도 얼어붙은 얼음이 그 규모를 짐작하게 했다.

폭포 아래 연못이 욕담이다. 선녀들이 무지개를 타고 내려와 목욕을 했던 곳이라고 한다.

대혜폭포를 지나서부터 본격적인 등산이 시작된다. 까마득한 계단을 지그재그로 올라가야 하는데, 매우 힘들었다. 계단 끝에는 누군가 친절하게도 567 계단이라고 적어 놓았다. 금오산의 악명 높은 할딱고개다. 하지만 고갯마루에서 내려다본 조망은 가히 절경이었다. 금오산저수지와 구미 시내가 한눈에 들어왔기 때문이다.

할딱고개를 지나고서도 오르막길은 계속되었다. 금오산은 바위산이라 암릉과 돌밭, 돌계단이 계속되는데 일부 돌계단은 시멘트를 엉성하게 발라 놓아 매우 어색했다. 자연에 어울리는 공법을 사용해야 하는데 아쉽다. 지그재그 비탈길을 힘들게 올라서면 능선마루에 송전탑이 서 있다. 바람이 심하게 불었다.

송전탑부터는 밋밋한 길이다. 가다 보면 허물어진 금오산성의 내성을 지나게 되는데, 그 아래가 성안 마을이다. 특이하게 정상 아래에 분지가 있어 옛날에는 화전민들이 마을을 이루고 살았다고 한다. 게다가 이곳에 저수지와 습지도 존재한다고 하니 신기한 일이다. 저수지 물은 대혜폭포로 흘러간다.

참나무가 우거진 오르막길을 따라 올라가면 약사암이다. 정상 바로 밑에 자리한 암자에서 바라보는 조망이 천하 절경이라고 한다.

하지만 정상으로 가는 길이 먼저다. 나는 지금까지 어떤 목표를 정하면 그 길만 보고 매진했던 것 같다. 나태함을 보이거나 어떤 유혹에도 현혹되지 않으려고 노력했으며, 그 목표를 이룬 다음에야 옆길을 돌아보기도 했었다.

금오산에는 정상석이 두 개나 있다. 한 개는 정상아래 KBS 대구방송국 중계소 옆에 있다. 10여 년 전까지만 해도 미군 기지가 정상에 있었기 때문일 것이다.

정상은 비교적 넓은 공간이었고 주변에 큰 산이 없어 멀리까지 조망이 가능했다. 산 아래 구미와 김천이 자리하고 있으며 남서쪽으로는 가야산이, 동으로는 구미시를 가로질러 낙동강이 흐른다. 그리고 그 너머가 대구 팔공산이다.

□ 현월봉 ⇨ 약사암 ⇨ 마애여래입상 ⇨ 원점 회귀

정상에서 내려오면 약사암이다. 일주문을 지나 좁은 바위틈 사이로 난 계단을 내려가야 했다. 병풍처럼 둘러쳐진 암벽 아래 제비집

같은 암자는 의상대사가 창건했다고 한다. 약사전 건너편 암봉 위에 자리한 범종각이 매우 조화로웠다. 기가 세기로 유명한 너럭바위와 종각을 잇는 출렁다리 또한 조화롭고 아름답다.

약사암 답사를 마치고 하산하는 길, 보물 제490호 마애여래입상을 찾아가기 위해 송전탑 아래 옆길로 들어섰다. 본래는 약사암에서 넘어가는 길이 있는데, 지나쳤기 때문이다.

너덜 길을 지나 수많은 탑으로 이루어진 오형석탑을 돌아 올라가면 마애여래입상이다. 암벽 모서리 부분에 입체적으로 조각한 것인데, 복련 연화대좌 위에 서 있는 불상은 높이가 5.5m에 달하며 매우 근엄하다. 하지만 양쪽 팔의 조각이 어색했다.

다시 대혜폭포로 내려오면 그 아래가 도선굴이다. 이 굴은 수직 절벽 중간에 있는 자연 동굴이지만 암벽을 깎아 만든 좁은 길로 올라가야 했다. 매우 위태롭고 아찔했다. 동굴은 길이가 7.2m, 높이가 4.5m이며, 너비가 4.8m로 상당히 넓은 편이었다. 그리고 동굴에서 내려다본 조망 또한 훌륭했다.

산행 시간이 예상보다 많이 소요되었다. 마애여래입상과 도선굴 등을 하산 길에 여유 있게 답사했기 때문이다.

금오산과 그 이웃들

□ 새마을운동 테마공원(전시관) - 유네스코 세계기록유산

1970년대부터 추진했던 새마을운동은 농촌계몽운동으로부터 시작하여 도시와 공장으로 확대되어 국민운동으로 발전, 국가 발전의

초석이 되었음은 부인할 수 없다. 이러한 새마을운동 자료를 수집·보관 및 전시하고 있다.

아낙네들의 행렬

　새마을운동의 대표적인 사업으로는 농촌 주거 환경 및 마을 길을 개선했으며, 통일벼를 개발하고, 경운기 등 농기계를 확대 보급하여 생산성을 높였고, 전기를 공급함으로써 생활 수준을 향상시켰다.

　전시관 2층 로비에는 〈아낙네들의 행렬〉이라는 조형물이 전시되어 있으며, 태동관에는 가난했던 당시 생활 모습을 소개하고 있다. 그리고 의식개혁 운동의 일환으로 '하면 된다.'라는 표어와 '게으른 사람은 나라도 도울 수 없다.'는 표어도 게시되어 있다. 3층 로비에는 리어카로 시멘트를 실어 나르는 모습이 전시되어 있고, 역사관에는 새마을운동을 추진하는 다양한 모습들이 소개·전시되고 있다.

　20여 년 동안 추진되어 왔던 새마을운동은 제5공화국 청문회에서 관련기관의 비리가 드러났고, 새마을운동 정신의 무분별한 강조는 유신정권의 잔재라는 지적이 나오면서 점차 시들해졌다. 하지만 지금도 저개발 국가에 새마을운동 정신과 추진 방법을 전수하고 있다.

인근에는 새마을운동을 추진했던 고 박정희 대통령 생가도 있다.

테마 공원을 나와 구미 새마을중앙시장 국수골목에서 잔치국수와 옹심이수제비로 이른 저녁을 먹었다. 이는 가난했던 시절 미국 원조 밀가루로 허기를 달랬던 옛 기억이 발길을 붙잡았기 때문이다.

귀갓길에 신라 불교 초전지 모례정과 도리사를 답사해야 했지만 몇 해 전에 다녀왔기 때문에 지나쳤다.

□ 채미정(야은 역사 체험관) - 명승 제52호

금오산저수지 바로 위 채미정은 금오산 기슭이 고향이었던 야은 길재(1353~1419) 선생의 충절과 학덕을 기리기 위하여 만든 정자다. '채미'는 은나라 백이와 숙제처럼 야은의 고려에 대한 절의를 기리고자 했음이다.

소나무 숲 사이의 돌다리를 건너 홍기문을 들어서면 우측에 채미정이 있고, 좌측에는 구인재가 자리하고 있다.

단청이 화려한 채미정은 기둥이 16개로 정면과 측면 모두 3칸의 단아한 정자다. 그리고 마루 가운데 네모반듯한 방이 있는데, 격자무늬 창살이 매우 정갈하여 선비 정신을 대변하는 듯했다.

정자 뒤로 돌아가면 길재 선생 유허비가 서 있고 그 옆에 경모각이 자리하고 있다. 안에는 길재 선생 영정과 그를 찬하는 숙종의 어필 오언시가 걸려 있다.

채미정 답사를 마치고 맞은 편 야은 역사 체험관으로 올라가는 길 옆에는 선생의 시비(회고가)가 서 있다.

오백 년 도읍지를 필마(匹馬)로 돌아드니
산천은 의구(依舊)하되 인걸(人傑)은 간 데 없다
어즈버 태평연월(太平烟月)이 꿈이런가 하노라

역사체험관 수양각에는 선생의 행적과 성리학 계보(사림파) 등을 전시하고 있다.

채미정 답사는 팔공산 갈 때(2주 후) 답사했다. 금오산 등산 때는 명 승지를 알아보지 못하고 간과했기 때문이다. 산을 오르다 보면 바로 옆에 산삼이 있다 한들 모르면 그냥 지나치는 것처럼, 살다 보면 세 상 모든 것을 다 알 수는 없지만 그래도 가는 길에 무엇이 있는지는 사전 공부를 철저히 해야 한다는 교훈을 또 얻었다.

청량산

清凉山, *870m*

경상북도 도립공원

낙동정맥에서 분기한 덕산지맥(청량단맥)에 위치하며, 고찰 청량사가 있다. 1982년 도립공원으로, 2007년에는 명승 제23호로 지정되었다. 인접한 안동에는 세계문화유산인 도산서원과 봉정사가 있다.

산행 노정

2024.2.16. (금) 맑음

코스 난이도: ★★★☆☆

순환 7km 4시간 30분(산행 3:35, 휴식 00:55)

입석주차장(08:45) ⇨ 응진전(09:10) ⇨ 청량사(09:45~10:05) ⇨ 하늘다리(10:45~10:55) ⇨ 장인봉(11:15~11:40 점심) ⇨ 두들갈림길(12:35) ⇨ 청량폭포(12:50) ⇨ 도로 ⇨ 원점 회귀(13:15)

산행 일지

□ 입석주차장 ⇨ 청량사 ⇨ 정상(장인봉)

청량산과 청량사

낙동강 청량교를 건너면 도립공원 관문인 '청량지문'이 길을 가로 막고 있고 개천을 끼고 올라가면 작은 바위 하나가 서 있는데, 입석 주차장이다.

길 건너 등산로는 약간의 오르막길이지만 경사가 심하지 않아 어렵지 않았다. 절벽을 끼고 올라가 응진전 갈림길에서 왼쪽으로 가면 청량사로 가는 '원효대사 구도의 길'이며, 오른쪽으로 올라가면 약간의 오르막길이지만 여러 곳의 명소를 만날 수 있다.

청량산의 일부 바위들은 독특한 모습을 하고 있는데, 진안 마이산처럼 마치 불량한 시멘트 콘크리트를 부어 놓은 것 같다. 퇴적암(역암)이다. 오랜 세월 진흙과 모래, 자갈이 물 밑에 쌓여 형성된 암석으로 지각 변동에 의해 융기하여 드러난 것이다.

깎아지른 듯한 절벽(금탑봉) 위에는 금방이라도 굴러떨어질 것 같은 바위가 하나 있는데, '동풍석'이다. 바람만 불어도 흔들린다지만 절대 떨어지지 않는다고 한다. 그리고 그 아래가 고려 말 노국공주의 조소상이 안치되어 있다고 하는 응진전이다.

기도발이 좋기로 소문난 응진전을 지나면 고운 최치원이 독서를 하고 바둑을 두었다는 '풍혈대'를 만날 수 있고, 그 아래는 약수 '총명수'가 있다. 바위틈에서 솟아나는 총명수 한 모금을 마시고 내려다보면 청량사가 한눈에 들어온다.

경일봉갈림길에서 오른쪽으로 올라가면 경일봉이지만, 해빙기 낙석과 산불 예방을 위해 통제하고 있어 김생굴로 향했다. 김생 폭포 옆에 자리한 굴은 신라 명필 김생이 암자를 짓고 10년간 글씨를 연마했다는 곳으로, '청량봉녀의 설화'가 전해지는데, 한석봉과 어머니의 전설과 매우 흡사하다.

김생굴에서 바로 올라가면 자소봉이지만 청량사를 답사하고자 250여 개의 가파른 데크 계단을 내려왔다. 길옆에는 퇴계 이황 선생이 공부했던 청량정사가 있다. 퇴계 선생은 이곳에서 성리학을 공부하며 후진을 양성하였고, 도산십이곡을 지었다는 설도 있다. 청량산은 퇴계 선생의 가산(家山)이기도 했다.

청량정사 위에는 원효대사가 창건했다는 천년 고찰 청량사가 연화봉 아래 자리하고 있다. 청량산 기암고봉이 알을 품은 듯한 형상이다. 그 중심에는 '유리보전'이 있으며 보물 제1919호로 지정된 건칠약사여래좌상이 모셔져 있다.

청량사에서 뒤실고개까지는 매우 가파른 오르막길이다. 800여 미터를 돌계단과 나무 계단이 연속으로 이어지는 오르막길을 끝없이 올라가야 하는데, 몇 번을 쉬었다 올라가야 했다.

고갯마루에서 우측으로 가면 자소봉이고, 좌측은 하늘다리로 가는 길이다. 하늘다리는 자란봉과 선학봉을 잇는 산중 현수교로, 국내에서 가장 높고 길다고 한다. 다리 위에서 바라다본 풍광이 절경이었다. 가을 단풍철에는 황홀하겠다.

하늘다리를 건너 선학봉에서 장인봉까지는 급경사 내리막길을 내려간 다음 다시 수직에 가까운 철 계단을 올라가야 했다.

산을 오르다 보면 정상인가 싶은데 다시 내려가야 하고, 또다시 정상을 향하여 발걸음을 옮겨야 하는 힘들고 지루한 경우가 한두 번이 아니다. 인생길과 많이 닮았다.

□ 장인봉 ⇨ 청량폭포 ⇨ 입석주차장

정상에서의 사방 조망은 불가능하지만 정상 아래 전망대에서는 굽이굽이 휘돌아가는 낙동강을 조망할 수 있다. 정상 표지석 뒤에는 주세붕(1495~1554) 선생의 시가 새겨져 있다.

登清凉頂(등청량정)

我登清凉頂(아등청량정)	청량산 꼭대기에 올라
兩手擎靑天(양수경청천)	두 손으로 푸른 하늘을 떠받치니
白日正臨頭(백일정림두)	햇빛은 머리 위에 비추고
銀漢流耳邊(은한유이변)	별빛은 귓전에 흐르네
俯視大瀛海(부시대영해)	아래로 구름바다를 굽어보니

100대 명산과 문화유산 ❶

有懷何錦錦(유회하금금)　　감회가 끝이 없구나

更思駕黃鶴(갱사가황학)　　다시 황학을 타고

遊向三山巓(유향삼삼전)　　신선세계로 가고 싶네.

　장인봉에서 두들마을 갈림길까지 1.5km 구간은 급경사 내리막길이다. 오르막길이 힘들었으니 어찌 내리막길이 수월하겠는가. 산이 높으면 내리막길도 힘들다. 직장에서도 지위가 높았던 사람이 퇴직하면 하위직보다 충격이 크고 사회 적응도 힘들다고 한다. 그러므로 퇴직 후를 준비해야 하지만, 그 자리에 있을 때는 모른다.

　두들 갈림길부터는 시멘트 콘크리트 도로지만 심한 커브와 내리막길로 무릎에 악영향을 줄 것만 같았다.

　두실마을 무인 농산물장터를 지나 차도로 내려서면 청량폭포다. 하얗게 얼어붙은 폭포는 지형으로 보아 인공폭포 같다.

　청량폭포부터 차도를 따라 올라가다 보면 청량사 입구 선학정(모정)이다. 정자에 앉아 잠시 쉬다가 우측 계곡을 끼고 올라가면 다시 입석주차장이다.

청량산과 그 이웃들

□ **도산서원** - 유네스코 세계문화유산(한국의 서원)

　청량산을 휘돌아 내려가는 낙동강을 따라가면 안동호와 합류하는 지점에 도산서원이 자리하고 있다.

　도산서원을 소개하는 안내문에 의하면 '도산서원은 조선 중기 대

도산서원(전교당)

시사단(안동호)

학자인 퇴계 이황을 기리고 후학을 양성하기 위해 세운 서원이다. 1575년 도산서당 뒤편에 서원을 세우고 선조로부터 '도산서원' 편액을 하사받아 사액서원이 되었다. 그리고 1792년 정조가 퇴계의 학덕을 기리고자 향사에 필요한 물품을 내리고 별시를 열기도 했다. 서원 앞에는 퇴계 선생이 제자들을 가르쳤던 서당과 기숙사인 농운정사가 있다. 그리고 서원에는 전교당, 박약재와 홍의재, 전사청, 상덕사 등 여러 건물이 있다.'라고 설명되어 있다.

도산서원은 크게 서당과 서원 그리고 제향 공간으로 나뉜다. 입구부터 정비가 잘된 답사 길을 따라가면 드넓은 안동호가 눈앞에 펼쳐지고, 시사단(試士壇)이 물 위에 떠 있는 배처럼 보인다. 이곳은 정조가 퇴계를 추모하기 위해 특별히 과거를 치렀던 곳이다. 본래는 도산서원에서 걸어갈 수도 있었으나 안동댐이 건설됨에 따라 수몰되어 그 자리에 10m 높이의 축대를 쌓아 올려 비석과 비각을 옮긴 것이다. 하지만 지금은 오히려 신비감과 아름다움을 더하여 많은 관심과 사랑을 받고 있다.

서원 앞에는 거대한 왕버들 고목이 눈길을 끌었으며 식수로 사용했다던 우물(열정)을 지나면 선생이 후학을 가르쳤던 도산서당이다.

마당에는 작은 연못인 정우당도 있다.

서당을 나서 서원으로 가는 길옆에는 선생이 그토록 사랑했던 매화나무가 아직 꽃망울만 맺혀 있을 뿐 개화하지 않았다.

서원공간의 출입문인 진도문 옆에는 2층 누각의 광명실이 양쪽에 자리하고 있는데, 책을 보관하고 열람했던 곳이다. 다른 서원과 다르게 서원 앞에 자리하고 있으며, 규모가 대단히 큰 것이 서원의 품격을 대변하는 것 같았다.

진도문을 들어서면 석봉 한호가 썼다는 '도산서원' 사액 현판이 걸려 있는 강당 전교당(보물 제210호)이다. 크거나 화려하지도 않은 소박한 정면 4칸 팔작지붕 건물로 선생의 성품을 닮은 듯하고, 동·서재인 박약재와 홍의재 역시 아담하다.

전교당 뒤에는 제향 공간이다. 동쪽으로 약간 치우쳐 자리한 내삼문과 사당 상덕사(보물 제211호)가 있지만 내삼문은 굳게 잠겨 있었다. 하지만 오죽(검은 대나무)으로 가려진 전사청 안으로 들어가면 담 너머로 사당을 넘겨다볼 수는 있다.

퇴계 이황(1502~1571) 선생의 대표적인 사상은 주리론(主理論)적 이기이원론(理氣二元論)으로 이(理: 四端)로서 기(氣: 七情)를 다스려 인간이 선한 마음을 간직하게 하여 바르게 살아가고 모든 사물을 순리로 운영해 나가야 한다는 것이다.

선생은 고봉 기대승과 사단칠정에 대하여 논쟁을 이어 갔다. 고봉은 선생보다도 25살이나 어린 후학이지만 그의 학문 수준을 인정하고 자신의 견해가 일부 틀렸음을 시인하는 것은 성인에 준하지 않으면 하기 힘든 결정이다. 선생은 당대 최고의 지성이었다. 이러한 이야기는 최인호의 『유림』에도 소개되어 있다.

서원 답사를 마치고 전교당에서 바라본 안동호수가 운치를 더했다. 저 물은 산에서 발원하여 강을 이루고 대지를 적셔 살찌운 후 그저 바다로 흘러갈 뿐이다.

□ **봉정사** - 유네스코 세계문화유산(산사, 한국의 산지승원)

천등산 봉정사는 신라 문무왕 12년(672년)에 창건된 고찰로, 의상 대사의 제자였던 능인 대사가 봉황이 머물렀던 곳이라 하여 봉정사라 명명하였다. 안동에서 규모가 가장 큰 사찰이다. 질서 정연한 건물 배치로 매우 고풍스럽고 아름다운 절집이다.

극락전

일주문을 지나 잘생긴 소나무를 바라보며 만세루 아래로 들어가면 대웅전(국보 제311호)이 있다. 세종 17년(1435년)에 중창했다는 대웅전은 정면 3칸 측면 3칸의 팔작지붕 건물이지만 앞쪽에 툇마루를 둔 것이 매우 특이했고, 격자무늬 창살은 정갈했다.

삼존불을 모신 법당에는 단청을 한 두 개의 기둥이 이채로웠으며, 불단 위 천장에는 두 마리의 용이 역동적으로 그려져 있다. 그리고 1999년 영국 엘리자베스 여왕과 2019년 그녀의 아들 앤드류 왕자가 남긴 방명록도 전시되어 있었다.

대웅전 옆에 자리한 극락전(국보 제15호)은 우리나라 최고의 목조 건축물로, 부석사 무량수전이나 수덕사 대웅전보다도 더 오래되었다고 한다. 규모는 작지만 정면 3칸 주심포 맞배지붕의 단아한 건물이다. 특히 양쪽 벽 판문과 살창이 이채로웠다.

극락전 앞에는 삼층석탑이 있고, 서쪽에는 고금당(보물 제449호)이, 동쪽에는 화엄강당(보물 제448호)이 자리하고 있다.

봉정사는 고색창연하고 깔끔한 고찰로 퇴계 이황 선생도 한때 이곳에서 공부했으며, 노후에도 자주 찾았다고 한다.

답사를 마치고 안동을 대표하는 찜닭으로 이른 저녁을 먹고 상경하려 했으나 속이 편하지 않아 다음을 기약해야만 했다.

주흘산

主屹山, 1,106m

경상북도 문경새재도립공원

문경새재를 사이에 두고 백두대간 조령산과 마주
보고 있다. 산세는 비교적 온화하며, 대부분 흙길
이지만 가파른 편이다.
문경새재도립공원은 1981년에 지정되었으며, 세
개의 관문과 사극 세트장 등이 있다.

산행 노정

2023.5.23. (화) 맑음

코스 난이도: ★★★☆☆

순환 15km 7시간 25분(산행 5:55, 휴식 1:30)

주흘관(08:00) ⇨ 여궁폭포(08:35~08:45) ⇨ 혜국사(09:15~09:30) ⇨ 대궐샘(10:15) ⇨ 정상
(10:50~11:20 점심) ⇨ 영봉(11:55~12:05) ⇨ 꽃밭서덜(13:15) ⇨ 조곡관(14:05) ⇨ 오픈세트장
(14:55~15:20) ⇨ 원점 회귀(15:25)

산행 일지

□ 주흘관(조령 제1관문) ⇨ 주봉 ⇨ 영봉

중부내륙고속도로 연풍 I/C를 나와 이화령 터널을 지나면 문경새재 길이다. 이화령터널 위를 지나가는 백두대간은 조령산을 넘어 제3관문과 연결된다.

문경새재도립공원으로 들어가는 길목에는 거대한 관문이 도로 가운데 서 있다. 제1주차장에 주차하고 주흘관을 들어서 오른쪽으로 접어들면서 산행은 시작된다.

염주괴불주머니꽃이 반기는 계곡을 끼고 충렬사를 지나 임시 화장실까지 가는 길은 포장도로다. 재래식 임시 화장실에는 친절하게도 '휴대폰 빠뜨림 주의' 안내문이 붙어 있었다. 종종 곤란한 일이 생기는 모양이다.

여궁폭포까지 가는 길은 돌이 많아 거칠었지만, 오르막이 심하지 않은 길이다. 10여 미터 높이에서 떨어지는 폭포는 수량이 많지 않았다. 선녀가 내려와 목욕을 하고 올라갔다더니, 동아줄 같다.

폭포를 지나 비탈길을 돌아 급경사 계단을 올라서면 쉼터다. 숨을 고르고 평탄한 길을 따라가면 혜국사가 나온다. 이 절은 등산로에서 약간 벗어나 있지만 조령산성 안에 있는 고찰로 고려 말 공민왕이 홍건적의 난을 피해 잠시 머물렀으며, 임진왜란 때는 승병을 양성했던 곳이다. 첩첩산중의 절이라 적막하기 그지없었다. 절 마당에 승용차가 올라와 있어 '어떻게 왔느냐'고 물어보니 절까지 올라오는 차도가 따로 있다고 했다. 답사와 참배를 마치고 내려오는 길, 매발톱과 애기똥풀, 엉겅퀴가 말을 걸어왔다.

혜국사부터 대궐샘까지는 평탄하며 호젓한 길이 계속되었다. 건강한 소나무와 관목들이 조화를 이루고 있었고, 녹음이 짙어지기 시작했다.

관봉 너머 조령산

혜국사와 대궐터(샘)는 고려 공민왕이 홍건적의 2차 침공 때 안동으로 몽진하던 중 잠시 머물렀던 곳이다.

공민왕도 마셨을 법한 대궐샘에서 목을 축이고 주봉으로 향했다. 주봉까지는 계단의 연속이었다. 급경사 비탈에 설치된 903개의 계단을 올라가야 했다. 그리고 정상 아래에도 300여 개의 계단이 있다.

산에서 급경사나 암릉길, 계단을 만나는 것은 다반사다. 그때마다 무리하면 안 된다. 나는 오래전부터 허리와 무릎이 좋지 않았다. 추간판협착증은 10여 년 전부터 있었으며, 몇 년 전부터 무릎이 시큰거리기 시작했다. 이는 심한 운동 때문인지 나이 때문인지는 모르겠지만 운동을 하지 않으면 더 안 좋기 때문에 꾸준히 운동을 하고 있다. 관절 기능을 정상적으로 유지하고 보호하기 위해서는 주변 근육을 튼튼히 해야 하기 때문이다.

우리 몸은 자기 치유 능력이 있다고 믿는다. 그렇지만 주기적으로 전문의를 찾아가 건강 상태를 확인하고 조언을 구해야 한다.

그리고 아프면 쉬라고도 하지만 나의 견해는 다르다. 심하게 아프지 않으면 저강도 운동은 꾸준히 해야 한다고 생각한다. 근육이 약해지면 증세를 더욱 악화시키기 때문이다. 운동도 오래 쉬면 점점 하기 싫어진다.

산철쭉과 병꽃 그리고 이름 모를 꽃들이 곱게 피어 있는 주봉에서의 조망은 장관이었다. 약간의 박무가 훼방을 놓았지만 바로 앞에 우뚝 선 관봉 너머로 조령산이 길게 누워 있었고, 그 아래 문경의 마을들이 옹기종기 모여 있었다.

□ 영봉 ⇨ 조곡관(조령 제2관문) ⇨ 주흘관

주봉에서 제2관문인 조곡관으로 내려가는 길은 꽃밭서덜로 바로 가는 길도 있지만 주흘산에서 가장 높은 영봉(1,106m)을 돌아서 가는 길도 있다. 주봉에서 식사를 하고 영봉으로 향했다.

영봉으로 가는 길은 약간의 오르내림이 있지만 비교적 평탄한 길이다. 그러나 일부 구간은 칼등을 타는 듯 양쪽이 급경사를 이룬 능선길이었다. 길가에는 가는잎그늘사초가 무성했고, 철쭉꽃이 떨어져 등산로를 덮고 있었다. 꽃길이었다.

영봉은 주봉에 비하여 터가 좁고 나무들로 둘러싸여 있었지만 건너편 포암산과 멀리 보이는 월악산 연봉들을 조망할 수 있었다.

영봉에서 부봉으로 가는 길은 통제 구간이므로 조곡관으로 내려가야 했다. 하산 길은 급경사를 이룬 흙길이었다. 지루하기 그지없고 미끄럽기까지 했다. 계단 등 안전시설도 전혀 없었다.

급경사를 내려갈 때는 보폭을 작게 하고 무릎과 허리를 약간 구부려 자세를 낮추고 걸어야 한다. 그리고 스틱을 동시에 짚으며 하산해야 부상을 예방할 수 있다.

참나무 숲을 지나 조릿대가 무성한 비탈길을 한 시간 남짓 내려가면 양쪽 계곡에서 흘러 내려온 물이 합수되는 지점이다. 이 물은 문경새재 초곡천으로 흘러간다.

계곡을 옆에 끼고 평탄한 길을 가면 꽃밭서덜이다. 주봉에서 내려오는 길과 만나는 곳으로, 서덜은 너덜겅의 방언이라고 한다. 돌무더기 가운데 길쭉한 돌들을 세워 탑을 만들어 놓았는데, 묘하게 조화로웠다. 병꽃과 함박꽃(산목련) 그리고 라일락꽃이 한창이었다. 라일락의 진한 향기가 한참을 따라왔다.

꽃밭서덜부터는 평지나 다름없는 길이었다. 아름다운 계곡을 넘나들며 도착한 곳이 조곡관이다.

관광객을 기다리는 다인승 전기 카트가 줄지어 서 있었다. 여기서부터 문경새재 길을 따라 내려가면 제1관문 주흘관이다.

주흘산과 그 이웃들

□ 문경새재 - 명승 제32호

문경새재도립공원은 주흘산과 조령산 사이에 있다. 옛날에는 한

주흘관(조령 제1관문)   조곡관(조령 제2관문)

양에서 영남으로 가기 위해서는 주흘산을 넘어갔었다. 그래서 공민
왕도 주흘산을 넘은 것이다. 하지만 조선 초부터 문경새재(조령)가 개
척되었다.

　오늘날 고속도로와는 비교
도 할 수 없겠지만 과거에도
한양을 중심으로 전국으로
퍼져 나가는 대로가 있었다.
19세기 제작된 '대동여지전도
(程里考)'에 의하면 조선에는
10개 대로가 있었다. 제1로
는 한양에서 의주로 가는 의
주대로다. 연행로라고도 불
린 매우 중요한 도로였다. 그
리고 오늘 답사하게 되는 문
경새재는 제4로(동래대로)다.
한양을 출발하여 충주, 문경
새재(조령)를 넘어 대구, 밀양,

한양으로 가는 10대로

동래(부산)까지 이어지는 950리 길이었다.

문경새재(조령)의 중요성은 임진왜란 때 영의정을 지낸 서애 류성룡 선생이 처음으로 말했다. 만일 신립장군이 탄금대에 진을 치지 않고 이곳을 지켰더라면 왜란의 양상이 크게 바뀌었을 가능성도 있었기 때문이다.

문경새재 관문은 세 개다. 주흘관과 조곡관 그리고 제3관문은 조령산성의 조령관이다. 제1관문에서 제2관문까지가 약 3km에 달하고, 제2관문부터 제3관문까지가 3.5km다.

제2관문 조곡관은 관문 중 제일 먼저 세워졌다. 문루는 정면 3칸 측면 두 칸으로, 우진각이 아닌 팔작지붕이다. 제3관문까지는 너무 멀어 성문만 둘러보고 돌아 나와 주흘관으로 향했다.

새재계곡을 따라 조성된 길은 관광도로라 정비가 잘 되어 있었고, 볼거리도 많았다. 시원하게 쏟아지는 인공 폭포가 장관이었으며, 그 아래 응암(매바위)폭포에는 물레방아가 설치되어 있다.

길가에 고어로 음각된 금표석이 서 있는데 '산불 됴심'이라고 쓰여 있다. 국내 유일의 한글 금표석이라고 한다.

교귀정(交龜亭)은 조선 성종 때 세워진 정자로, 신·구임 경상감사가 업무를 인계·인수하며 관인을 주고받았던 교인처다. 그 옆에는 그 당시 있었던 일들을 기억하고 있을 법한 소나무 한 그루가 수명이 다 되었는지 말라 가고 있어 안타까웠다.

교귀정을 조금 지나면 주막거리다. 새재를 넘나들었던 수많은 문인들의 시비가 세워져 있는데, 율곡 이이(1536~1584) 선생의 한시 한 편을 옮겨 적어 본다.

宿鳥嶺(숙조령)

登登涉險政斜暉(등등섭험정사휘)

小店依山汲路微(소점의산급로미)

谷鳥避風尋樾去(곡조피풍심월거)

邨童踏雪拾樵歸(촌동답설습초귀)

羸驂伏櫪啖枯草(영참복력담고초)

倦僕燃松熨冷衣(권복연송위냉의)

夜久不眠羣籟靜(야구불면군뢰정)

漸看霜月透柴扉(점간상월투시비)

험한 길 벗어나니 해가 이우는데

산자락 주점은 길조차 가물가물

산새는 바람 피해 숲으로 찾아들고

아이는 눈 밟으며 나무 지고 돌아간다.

야윈 말은 구유에서 마른 풀을 씹고

피곤한 몸종은 차가운 옷을 다린다.

잠 못 드는 긴 밤 적막도 한데

싸늘한 달빛만 사립짝에 얼비치네.

  조령원(院) 터는 공무출장 중이던 관리들의 숙소였다. 규모가 제법
커 보였고 그 아래는 산에서 내려오는 이무기를 닮은 바위가 있는
데, 기름을 짜는 '지름틀바위'란다. 맨발의 할머니들이 그 밑을 지나
가고 있었다. 요즘은 흙길을 맨발로 걸으면 건강에 좋다고 하여 유

행처럼 번지고 있다.

조금 더 내려가면 혜국사로 올라가는 도로가 있고, 초곡천을 건너면 사극 드라마 오픈세트장이 나온다. 입장료를 받는 세트장 안에서는 〈거란전쟁〉을 찍고 있었다.

세트장을 나서면 주흘관이다. '영남제일관'이라는 커다란 현판이 걸려 있었고, 그 앞에는 '옛길박물관'이 있는데 옛길에 관한 자료가 기대에 미치지 못해 매우 아쉬웠다.

등산과 답사를 마치니 허기가 졌다. 옛날에 문경새재를 넘나들며 먹었다는 도토리묵과 조밥이 먹고 싶어 전문 식당을 찾아갔지만 연로한 주인의 사정으로 휴업 중이었다. 인근 식당에서 도토리묵밥으로 늦은 점심 겸 이른 저녁을 먹고 상경했다.

가지산

加智山, *1,241m*

경상남도 도립공원

낙동정맥에 위치하며 1,000m 이상 8개의 산이 가지산을 주봉으로 길게 뻗어 있다. 철쭉과 억새, 설경이 유명하며 명찰로는 통도사와 운문사가 있고, 명승지 반구대암각화가 있다. 1979년 도립공원으로 지정되었다.

산행 노정

2024.3.9. (토) 맑음

코스 난이도 : ★★★☆☆

왕복 7㎞ 4시간 45분(산행 4:15, 휴식 00:30)

석남터널(09:00) ⇨ 능선삼거리(09:20) ⇨ 간이매점(10:00) ⇨ 중봉(10:45~10:50) ⇨ 밀양고개 (11:05) ⇨ 가지산 정상(11:30~11:50 점심) ⇨ 간이매점(12:55) ⇨ 원점 회귀(13:45)

산행 일지

□ **석남터널** ⇨ **정상** ⇨ **원점 회귀**

가지산은 서울에서 가깝지 않은 거리라 새벽 일찍 출발했다. 게다가 산행 후 유네스코 세계문화유산인 통도사도 답사해야 했기 때문에 많은 등산로 중 가장 짧은 코스를 택했다.

주말인 데다 마지막 설경을 보기 위해 모인 등산객들로 석남터널 (울산 방향) 상가주차장은 이미 가득 차 있었다. 게다가 갓길에도 많은 차들이 주차해 있어 할 수 없이 몇백 미터 아래에 주차할 수밖에 없었다.

상가주차장 건너편 터널 앞에서 산행을 시작했다. 횡단보도가 없기 때문에 조심해야 했다. 지도에는 울산 방향에서 올라가는 등산로 표시가 없다. 사고가 났을 때 분쟁의 소지를 없애기 위함인 것 같다.

시작부터 가파른 데크 계단을 올라가야 했다. 그리고 계속되는 돌 계단과 나무 계단으로 이어진 가파른 길이 이어졌다.

능선삼거리에 올라서자 멀리 눈 덮인 가지산 연봉들이 모습을 드러냈다. 중봉 뒤로 보이는 정상이 아득하기만 했다.

능선길은 비교적 평탄한 길로 키 큰 철쭉나무가 열병하듯 늘어서 있었다. 가지산은 설경도 유명하지만 천연기념물 제462호로 지정된 철쭉 군락지로 유명하다. 석남터널부터 약 20여만 그루가 자라는 우리나라 최대의 철쭉 군락지라고 한다. 5월 중순에서 말경이면 절경을 이룬다고 한다.

호젓한 능선길을 따라가다 보면 산악회 리본이 티베트고원 타르초처럼 휘날리는 간이매점이 나타난다. 라면이나 커피 등을 파는 곳으로, 산행 중 잠시 쉬었다 가기 좋은 곳이다. 아이젠도 빌려준다고 한다. 참고로 화장실은 없는 것 같다.

간이매점부터 중봉까지는 가파른 길이다. 622개의 데크 계단이 앞을 가로막고 있었지만, 계단 높이가 낮아 힘들지는 않았다.

계단을 올라서고도 가파른 길은 계속되었다. 거친 길을 올라가야 했지만 간간이 보이는 운치 있는 소나무가 피로를 덜어 주었다. 그리고 건너편 멀리 보이는 거대한 암봉이 쌀바위다.

쌀바위는 인간의 욕심을 경계하는 전설이 전해진다. 지극정성으로 수행하던 스님을 위해 바위 구멍에서 매일 하루치 쌀이 나왔다는데, 한번은 흉년이 들어 마을 사람들이 많은 쌀을 얻기 위해 그 구멍을 쑤시자 이후로는 쌀이 안 나왔다고 하는 전설이다. 속리산 옆에 있는 구병산에도 이와 비슷한 전설이 전해진다.

가파른 길에는 제법 많은 눈이 쌓여 미끄러웠다. 아이젠을 꺼내 착용하고 올라선 곳이 중봉이다. 중봉에서 건너다보이는 정상은 멀기만 했다. 중봉에서 잠시 쉬었다 다시 내려가는 길도 경사가 심해 로프에 의존해야 했으며, 밀양고개를 지나면서부터 다시 정상까지는 가파른 길을 올라가야 했다.

정상에는 많은 사람들이 장사진을 치고 있었다. 인증 사진을 찍기 위함일 것이다. 하지만 정상에는 표지석이 하나 더 있다. 예전에 세웠던 표지석은 한자로 표시되어 있으며, 옆에 국기게양대가 있다.

조망은 훌륭했다. 눈 덮인 영남 알프스의 연봉들이 장엄하게 늘어서 있었다. 백두대간에서 갈라져 나온 낙동정맥이 부산까지 이어지는데, 이곳에서 크게 용솟음치는 것 같았다. 산세로만 본다면 여느 국립공원 못지않았다.

　참고로 영남 알프스 여덟 개의 산은 가지산(1,241m)을 주봉으로 운문산(1,190m), 천황산(1,189m), 재약산(1,119m), 고헌산(1,033m), 신불산(1,159m), 간월산(1,069m), 영축산(1,081m)이다. 영축산 아래는 고찰 통도사가 자리하고 있다.

　가지산은 바람이 심하기로 유명한 곳이기도 하다는데, 산정에는 바람 한 점 없었다. 오늘처럼 맑고 바람이 없는 날은 드물다고 했다. 아무래도 멀리서 온 산객에게 선물을 준 것 같다. 점심을 먹고 하산했다.

　하산 길에는 눈이 벌써 녹아 능선길이 질척거리기 시작했다. 돌아보니 봉우리마다 쌓였던 눈도 아침보다 얇아졌다. '봄눈 녹는 듯하다'더니 실감이 나는 계절이다.

　새벽부터 먼 길을 운전했고, 산이 높아 힘든 산행이었지만, 이는 목표가 없고 열정이 없다면 불가능한 일이다. 열정은 사전적 의미로

'어떤 일에 열렬한 애정을 가지고 열중하는 마음'이라고 했다. 인생을 살면서 열정을 가지고 살아야 한다. 그래야만 의미가 있다. 열정이 없다면 수동적인 삶을 살 수밖에 없다.

산행 후 통도사로 가기 전, 산 아래 석남사를 답사했다. 가지산의 본래 이름은 석남산이었다. 석남산 품에 안긴 석남사는 신라 도의선사가 창건한 천년 고찰로 통도사 말사다. 석남사는 비구니 사찰답게 매우 정갈한 산집이었다. 대웅전 마당에서 가지산이 한눈에 올려다보였다.

가지산과 그 이웃들

□ **통도사** - 유네스코 세계문화유산(산사, 한국의 산지승원)

대방광전과 구룡신지   통도사 자장매

영축산 아래 자리한 통도사는 대한불교조계종 제15교구 본사로, 신라 선덕여왕 15년(646년)에 자장율사가 창건한 고찰이며, 삼보사찰 중 하나인 불보사찰이다.

계곡 옆에 동서로 길게 늘어선 통도사의 가람배치는 세 구역으로 나뉘는데, 일주문부터 불이문까지가 하로전으로 영산전, 극락보전, 만세루 등이 있다. 하로전의 중심 건물인 영산전은 부처님이 머물며 설법했다는 인도 영축산을 의미하는 전각으로 부처님의 일생을 다룬 팔상도가 모셔져 있다.

영산전 뒤에는 370년 묵은 자장매가 있다. 2월 하순이면 꽃이 핀다고 한다. 그러므로 벌써 시들기 시작했다. 그러나 일주문 앞에 서 있는 수양매와 젊은 매화나무에는 꽃이 한창이었다.

해탈문이라고도 하는 불이문을 들어서면 중로전이다. 대명광전과 용화전, 관음전 등 여러 전각들이 밀집해 있으며, 요사체와 선방이 있고 공양간과 템플스테이도 이 구역 안에 있다.

용화전 앞에 있는 봉발탑이 인상적이다. 탑의 형태는 석등과 유사하지만 화사석이 있어야 할 자리에 큰 돌발우가 놓여 있다. 승려가 되려는 자는 통도사에서 계를 받아야 한다는데, 이때 받은 발우를 상징하는 것인지 모르겠다.

상로전은 사찰의 중심 공간이다. 대웅전은 단청을 하지 않아 더욱 경건하게 느껴지는 다공포 장중한 건물이다. 임진왜란 때 불탔던 것을 인조 23년(1645년)에 개축한 것이다. 두 개의 건물을 하나로 합친 것 같은 형태의 정(丁) 자형 지붕이다. 사방에서 보아도 모두 정면처럼 보인다. 그러므로 동서남북에는 각각 네 개의 편액이 있고, 기둥마다 주련이 걸려 있다. 동쪽 대웅전 앞에 앉아 주련의 시구를 음미하며 중생들이 허상을 쫓아가는 모습을 상상해 보았다.

連臂山山空捉影(연비산산공착영)
어깨를 맞댄 산들이 달그림자를 잡고자 하나

孤輪本不落靑天(고륜토불락청천)

홀로 둥근달은 청천에 떠서 고요히 지나가네.

대웅전 뒤에는 금강계단이 모셔져 있다. 부처님 사리를 모신 계단
(戒壇)으로 1층과 2층은 난간석이 둘러져 있으며, 맨 위층 정중앙에
종탑형 사리탑이 모셔져 있다. 대웅전 안에서 바라보면 정면으로 보
인다. 그러므로 통도사 대웅전에는 불상을 모시지 않았다.

그리고 서쪽 대방광전 앞에는 작은 연못이 있다. 이 연못(구룡신지)
은 통도사 창건 설화와 인연이 깊다.

답사를 마치고 나오는 길, 성보박물관을 관람하려고 했지만 시간
이 늦어 입장하지 못했다. 참고로 통도사는 국보 1점, 보물 21점, 지
방문화재 46건을 보유하고 있다.

통도사 답사를 마치고 내일 반구천 일원 암각화 답사를 위해 언양
에서 저녁식사(석쇠 불고기)를 하고 숙소에 들었다.

□ **반구천 일원 - 명승 120호**

반구대암각화(국보 제285호)안내   천전리암각화(국보 제147호)모형

울산암각화박물관은 국보로 지정된 반구대암각화와 천전리암각화 중간에 자리한 고래 모양의 2층 건물이다. 상설전시관에는 대곡리 반구대암각화와 천전리암각화 모형이 전시되어 있고, 선사시대 예술과 세계의 암각화 등이 소개되어 있다.

반구대암각화는 박물관에서 약 2km 정도 더 가야 했으며, 좁은 길 옆에 주차하고도 1km 가까이 걸어가야 했다.

약 7,000년 전 신석기시대에는 지형적으로 이곳이 바다에서 멀리 떨어져 있지 않았다. 그러므로 고래 등 다양한 바다 동물이 새겨져 있고 호랑이 등 육지 동물과 인물화도 같이 있는데, 이는 풍요와 안전을 기원하는 주술적 의미가 크다고 한다.

전망대에서 암벽까지는 거리가 멀어 암각화를 육안으로 볼 수는 없었다. 전망대에 비치된 망원경으로 봐야 했는데, 햇빛이 비치는 오후 늦은 시간에나 볼 수 있다고 했다. 그리고 반구천 아래 위치한 사연댐 때문에 홍수기 두 달 동안은 물에 잠긴다고 했다.

겨우 호랑이 형상만 망원경으로 확인하고 발길을 돌려야 했다.

천전리암각화는 동물과 어류 그리고 기하학적 추상 무늬 및 명문이 새겨져 있으나, 박물관에서 2km 정도 걸어가야 했으므로 박물관 모형으로 답사를 대신하고 상경해야만 했다.

연화산

蓮華山, *524m*

경상남도 도립공원

낙남정맥에 연접해 있으며, 산세는 크지 않고 부드럽다. 1983년에 도립공원으로 지정되었다. 고찰 옥천사가 있으며, 고성(固城)에는 상족암군립공원과 공룡박물관이 있다. 그리고 인접한 진주에는 진주성이 있다.

산행 노정

2024.4.20. (토) 흐림/비

코스 난이도: ★☆☆☆☆

순환 4km 2시간 15분(산행 2:00, 휴식 00:15)

느재고개(07:20) ⇨ 운암고개(07:40) ⇨ 정상 (08:00~08:05) ⇨ 적멸보궁(08:25~08:35) ⇨ 싸리재 (08:40) ⇨ 시루봉(09:05) ⇨ 싸리재(09:25) ⇨ 원점 회귀 (09:35)

산행 일지

□ 느재고개 ⇨ 정상 ⇨ 시루봉 ⇨ 원점 회귀

고성 연화산으로 가기 위해 남해 독일마을에서 창선도를 건너가
는 바다에는 멸치 죽방렴이 즐비하여 이채로웠다.

연화산 등산로는 고려 말 요승 신돈이 노비로 살았다던 유서 깊은
고찰 옥천사를 경유하는 코스가 일반적이지만 느재고개에서 출발했
다. 왜냐하면 어제 남해 금산을 다녀왔을 뿐만 아니라 오늘 많은 비
가 예상되어 정상만 다녀오기로 했기 때문이다.

느재고개 입구 삼거리에는 갓길 한 편에 주차 공간을 마련하여 작
은 주차 표지판을 설치해 두었다.

편백나무숲 사잇길로 접어들면 정상으로 가는 길이 나온다. 이곳
은 삼림욕장으로 이용되는지 평상이 많이 놓여 있었고, 조금 지나면

얼레지 군락지가 모습을 드러냈다. 하지만 꽃은 이미 졌고, 벌써 씨방을 달고 있었다. 그러나 애기나리는 한창이었다. 하얀 꽃이 앙증맞게 고개를 숙이고 있었다.

벌써 신록이 우거진 숲길, 연둣빛 수채화 속을 걷는 듯했다. 작은 고개를 오르내리며 밋밋한 길을 따라가면 운암고개다. 옥천사에서 올라오는 길과 남산으로 가는 길이 만나는 길목이다.

운암고개부터 정상까지는 매우 가파른 길이다. 계단도 없는 흙길을 400여 미터 정도 올라가야 했다. 정상은 사방이 숲으로 둘러싸여 조망은 없지만 아늑하고 포근한 느낌이 드는 곳이었다. 누군가 고사목 장승에 청산세심(靑山洗心)이라고 써 놓았다.

적멸보궁으로 내려가는 길도 제법 가팔랐지만 소나무와 어우러진 초록의 숲이 더없이 아름다웠다. 지난가을 떨구었던 낙엽이 거름이 되어 또 산을 저렇게 살찌우는 것이다. 사람도 마찬가지다. 뒤에 오는 사람을 위하여 자양분이 될 수 있는 삶을 살아야 한다. 그들이 보고 배울 수 있는 바른 삶을 살아야 한다.

애기나리가 무더기로 피어 있는 오솔길을 따라 내려가면 적멸보궁이다. 예전에는 5대 적멸보궁이라 하여 부처님의 진신사리를 모신 곳을 말하지만, 요즘은 곳곳에 적멸보궁이라 칭하는 곳이 많다. 나름대로 이야기가 있을 것이다. 산길 이정표에는 적멸보궁이라고 표시되어 있었지만 법당 현판에는 '극락보궁'이라고 쓰여 있었다.

아담하고 예쁜 절에서 나와 오른쪽 임도를 따라 올라가면 시루봉으로 가는 기점인 싸리재(월곡재)가 있다.

밋밋한 길을 따라가다 비를 만났다. 판초우의를 꺼내 입고 가는 길, 아내는 아이처럼 좋은 모양이다. 비가 내리면 불편하기도 하지만 한편으로는 자연에 동화되어 기분이 좋을 때도 있다. 세찬 비를 맞으면 더욱 그렇다. 그러나 봄비는 대부분 사부작거리며 내린다. 혹여 어린 새싹이 상할까 봐 그런 것이다.

잠시 길동무가 되었던 산불감시원은 비가 내려 안심이 되는지 서둘러 하산했지만 고사리를 꺾는 동네 아낙의 손길은 바빠졌다.

밋밋한 오르막길 끝에 시루떡처럼 포개진 바위가 길을 막았다. 시루봉이다. 전망대에서 바라본 조망은 빗속에 잠겨 있었다.

다시 싸리재로 내려와 느재고개로 가는 길은 도로를 따라가는 길과 오솔길로 가는 길이 있지만, 임도는 지루하고 황량하며 돌아서 가야 했기 때문에 숲속으로 난 오솔길로 하산했다.

편백나무 숲을 지나 주차장에 도착하자 빗줄기가 더욱 굵어졌다. 서둘러 진주성으로 차를 몰았다.

연화산과 그 이웃들

□ 진주성 - 사적 제118호

연화산에서 흘러내린 물은 남강으로 흘러들며 진주시를 휘돌아 가는 남강 언덕에는 진주성이 자리하고 있다. 진주성은 임진왜란 3대 대첩 중 하나인 진주대첩의 현장이자 최대의 격전지였다.

1592년 10월 진주목사 김시민과 3,800여 명의 군사와 백성들이 왜군 2만여 명을 상대로 대승했으나 다음 해 왜군 7만여 명이 재침

하여 김천일, 최경회, 황진 등 지휘관과 6만여 명의 민관군이 순절한 곳이다.

진주성은 삼국시대부터 조성된 토성(거열성)이었으나 고려 말 석성(촉석성)으로 고쳐 쌓았다. 둘레는 외성이 4km 정도 되며, 내성이 1,760m다. 그리고 성벽 높이는 5~8m 정도였다. 성문은 정문 격인 북문(공북문)과 동문(촉석문), 서문이 있으며, 서장대와 북장대가 있고 남장대 역할을 한 촉석루가 있다. 남, 서쪽은 절벽 위 천혜의 요새였지만 북·동쪽은 취약하여 해자를 두었다.

진주성을 대표하는 건물인 촉석루는 남쪽 벼랑 위에 우뚝 솟아 있다. 6·25 전쟁 때 불탄 것을 1960년 재건했다. 30개의 원형 돌기둥이 받치고 있는 촉석루는 웅장한 2층 누각이다. 2층은 정면 5칸, 측면 4칸의 거대한 팔작지붕 건물이지만 올라갈 수는 없었다.

누각에 올라가 남강을 내려다보고 싶었고, 논개의 이야기가 깃들어 있는 의암으로 내려가 역사의 현장을 답사하고 싶었지만 비가 내려 출입을 통제하고 있었다.

촉석루에는 수많은 시인 묵객들의 편액이 걸려 있다고 하는데, 이를 보지 못한 것 또한 아쉽다.

촉석루와 의암 답사의 아쉬움을 뒤로하고 의기사로 걸음을 옮겼다. 촉석루 바로 옆에 자리한 사당은 임진왜란 때 순국한 논개의 영정을 모신 곳이다. 그녀는 왜장을 껴안고 남강에 투신했다지만 전란 중에 논개뿐만 아니라 수많은 조선의 여인들이 가족과 나라를 위해 목숨을 바쳤을 것이다. 논개는 그 여인들을 대표하여 추앙을 받는지 모르겠다. 의기사에 모셔진 영정도 그 여인들의 모습일 것이다. 한때 친일 화가의 작품이라 하여 논란이 되었던 영정 대신 새로운 영정이 모셔져 있다.

촉석루에서 나와 '진주성임진대첩계사순의단'에 올라가 참배한 다음 성벽을 따라 내려가며 남강과 유적지를 답사했다. 그리고 진주박물관에서 진주성의 역사 기록과 당시 사용한 무기 및 자료 등을 살펴본 다음 공북문을 나섰다.

진주는 냉면으로도 유명한 고장이다. 우리나라 3대 냉면은 평양과 함흥 그리고 진주냉면이라고 한다. 육수 재료의 90%가 해물이며, 면발은 적당히 쫄깃하고 고명으로 육전을 올리는 것이 특이했다. 아내는 비빔냉면, 나는 물냉면을 먹고 귀가했다.

백두산

白頭山, *2,744m*

2023.8.18. (토) ~ 2023.8.19. (일) 맑음

　백두산은 한반도와 만주, 연해주 등에서 가장 높은 산으로 우리 민족의 영산이며, 백두대간의 시점이다. 단군 신화에서는 태백산(太白山)이라고 불렀다.

　백두산은 화산 복합체 산으로 정상에는 산상 호수 천지가 있지만 중국과 국경을 공유하고 있어 중국은 장백산(長白山)이라고 부른다.

　백두산은 밀림지대로 대표 수종은 자작나무며, 야생동물의 천국이다. 보통 6월부터 9월까지가 봄, 가을 날씨이며, 여름 없이 겨울로 넘어간다. 압록강과 두만강 그리고 송화강의 발원지다.

　백두산 주변에는 고구려와 발해 역사 유적이 산재해 있다.

산행 노정

서파(1,442개 계단): 왕복 2.5km 2시간(조망 1시간 포함)

북파: 셔틀 미니버스로 천문봉 천지 조망대까지 이동

산행 일지

□ 서파(西坡) 코스

백두산 천지로 올라가는 길은 동서남북 4개 코스가 있다. 서쪽 코스는 서파(西坡)라 하여 서쪽 비탈길로 올라가는 길이며, 금강협곡을 답사할 수 있고, 이도백하에서 출발하는 북파 코스는 장백 폭포를 답사할 수 있다. 그리고 최근에 개방한 남파 코스는 북한과 접경 지역인 장백산조선족자치현에서 출발하는데 북한의 개마고원을 조망할 수 있다고 한다. 특히 동파 코스는 북한에서만 올라갈 수 있는 코스로, 삼지연을 기점으로 한다.

서파 코스는 중국 길림성 송강하 서경구유객중심(西景區遊客中心 -West Visitor Center)에서 시작한다. 대형 셔틀버스를 타고 가다 중간 환승장에서 중형 버스로 갈아탄 다음, 천지 아래 주차장까지 69km 를 이동해야 했다.

서파 코스는 출발 후 40여 분이 지나면 밋밋한 오르막 커브 길이 나타나며, 조금 더 가면 중간 환승센터가 있다. 여기서부터는 작은 버스로 갈아타고 천지 주차장으로 가야 했지만 천지에 너무 많은 관광객이 몰려 금강대협곡부터 가야 한다고 했다.

금강대 협곡은 길이가 10km 정도 되며, 평균 깊이는 80m, 위쪽 너비가 200~300여 미터의 V형 계곡이다. 하지만 답사 코스는 약 1.5km 정도에 지나지 않으며, 전 구간이 데크 길로 이어져 있다. 원시림이나 지

백두산 금강대협곡

질학적으로 가치가 있을지 모르지만 야생화를 제외하고는 기암절벽이나 아름다운 풍광도 거의 없다. 바위 협곡이 아니라 화산재가 쌓였던 곳이라 흙도 거무스름했다. 계곡 밑으로 흐르는 물길이 아스라이 보일 뿐이었다.

점심 식사 후 다시 환승센터로 돌아와 셔틀버스로 갈아타고 천지로 향했다. 제법 가파르고 급한 커브 길을 올라갔다. 길가에는 늙은 자작나무숲이 끝없이 펼쳐졌다. 위험스러운 길을 10여 분간을 올라

가자 밋밋한 산등성이가 나타나더니, 멀리 하얗게 빛나는 봉우리가 모습을 드러냈다. 눈이 쌓인 것으로 착각했지만 화산 폭발 때 생긴 흰색의 부석 때문이란다.

주차장 화장실에 다녀온 후 하늘 끝에 닿을 것 같은 1,442개의 계단을 올라가야 했다. 하지만 가파른 계단이 아니므로 발이 빠른 사람은 20여 분이면 충분하다. 올라가는 길에는 간혹 가마꾼도 보였고, 오른쪽으로는 계곡물도 졸졸 흐르고 있었다.

안개구름이 천지 위를 덮고 있는 것 같아 마음이 급해졌다. 오전에는 안개 때문에 천지를 볼 수 없었다는 이야기도 들었기 때문에 더욱 조바심이 났다. 그리고 지난겨울 한라산 백록담처럼 안개에 가려 아무것도 볼 수 없었던 경험이 있었기 때문이다.

그래서 아내를 뒤로하고 사진이라도 찍기 위해 달리듯이 올라갔지만 기우였다. 천지는 온전히 속살을 드러내고 있었다.

천지 조망대 데크 위에 빽빽이 들어찬 사람들이 탄성을 질러대며 사진 찍기에 바빴다. 천지 표지석 앞에도 장사진을 이루고 있었다. 명경 같은 천지에는 흰 구름이 떠 있었고, 시리도록 푸르렀다. 말로는 표현할 수 없었고 숨이 막힐 지경이었다.

16개 봉우리 중 건너다보이는 북한쪽 봉우리가 물에 얼비쳤다. 봉우리마다 나무 한 그루 없지만 다양한 색상의 암석 봉우리들이 꽃잎처럼 아름다웠다. 천지는 거대하고 장엄한 꽃이었다. 한반도와 동북아 대륙 위에 우뚝 솟아 피어 있는 성스러운 한 송이 꽃이었다.

조선 초 남이 장군(1441~1468)도 백두산에 올라 장부의 기개를 드러내기도 했다.

장검(長劍)을 빼어 들고 백두산(白頭山)에 올라보니

대명천지(大明天地)에 성진(腥塵)이 잠겼어라

언제나 남북풍진(南北風塵)을 헤쳐볼까 하노라.

천지 옆에는 정상을 배경으로 '중국 37'이라는 비석이 서 있다. 중국과 북한의 국경 경계비다. 조선시대에 세운 경계비는 아니지만 백두산은 청나라도 그들 조상(만주족)의 발생지로 여겼기 때문에 1712년에 일방적으로 국경을 정했었다.

백두산 국경 경계비

천지를 뒤로하고 내려오는 길, 여유를 가지고 주변 것들과 이야기하면서 천천히 내려왔다. 비탈에 아직 남아 있는 야생화들을 카메라에 담았다. 보름 전에만 왔어도 야생화 천국이었을 천지 부근의 야생화는 7월 말 전후로 절정이라고 한다.

참고로 백두산은 높이가 해발 2,744m지만 천지 전망대는 서파가 2,477m고, 북파는 천문봉(2,670m) 아래 2,620m 주변이다. 천지 수면은 해발 2,189m다.

천지에서 내려와 내일 북파 코스 답사를 위해 이도백하로 이동했다. 백두산 단체 관광은 대부분 서파와 북파 코스를 동시에 다녀올 수 있도록 프로그램이 되어 있다. 왜냐하면 백두산은 날씨가 시시각각 변하기 때문에 천지를 볼 수 있는 확률이 줄어든다. 하루에도 오전과 오후가 다르다고도 한다. 그러므로 확률을 높이기 위해 두 번 가는 것이다.

□ 북파(北坡) 코스

북파에서 바라본 천지(오른쪽 봉우리가 천문봉)

백두산 북파코스는 길림성 송화강 상류에 위치한 이도백하 북경 구유객중심(北景區遊客中心, North Visitors Center)에서 시작한다. 천지로 가는 길은 곰이 출몰하니 주의하라는 표지판도 서 있었다. 곰뿐만 아니라 백두산 호랑이도 나올 것 같은 밀림지대다. 백두산 밀림은 유네스코 보호림이다. 장백 폭포 아래 위치한 환승장에서 미니버스로 갈아타야 했다.

길게 늘어선 11인승 셔틀버스는 타자마자 출발했다. 자작나무 숲 사이로 난 커브 길을 곡예 운전하듯 굽이돌아 올라갔다.

조금 더 올라가면 나무 한 그루 없는 초원의 능선 사이로 난 오르막길을 작은 셔틀버스가 양 떼처럼 줄지어 오르내렸다. 장관이었다.

북파에서 천지를 조망할 수 있는 코스는 두 개다. 천문봉으로 올라가 천지와 주변 봉우리를 조망할 수 있는 중국인 전용 A 코스와 아래에서만 바라볼 수 있는 외국인 전용 B 코스로 나뉘어 있다. 외국인은 봉우리 위로 올라가면 위험하기 때문이라는데, 아쉬웠다. 다른 이유가 있을 것이다. 하지만 상관없는 일이다. 어제 서파에서 천지의 속살을 다 보았기 때문이다.

천지 주변 봉우리들의 바위 색깔은 다양하다. 흰색 바위가 있는가 하면 회색과 검은색 그리고 푸른빛을 띠는 바위와 주황색 바위도 많다. 게다가 다양한 색상의 바위들이 중첩되어 있는가 하면 바위 속에 또 다른 자갈돌이 박혀있어 초코칩 같기도 하다. 또한 형상도 기묘하여 그것들과 하루 종일 이야기해도 지루하지 않을 것 같았다.

하산 길에 바라본 백두산 연봉들도 장엄했다. 서파에서는 볼 수 없었던 웅장한 백두산의 다양한 모습을 볼 수 있었고, 끝없이 굽이치는 능선마다 푸른 초지가 형성되어 있었다. 양들을 풀어놓으면 좋을 법도 한데, 보이는 것

백두산 장백(비룡) 폭포

은 미니버스 행렬뿐이었다. 환승장으로 내려와 조금만 걸어가면 장백(비룡) 폭포가 있다.

장백 폭포는 천지 물이 차일봉과 철벽봉 사이 낮은 협곡(달문)으로 넘쳐흘러 승사하를 따라 내려오다 해발 2,100m 지점 수직 절벽(68m) 아래로 떨어지는 것이다. 겨울에도 얼지 않는다고 한다. 장엄하고 경이로웠다. 과거에는 폭포 위로 성벽 같은 등산로가 있어 천지까지 걸어 올라갔다는데, 지금은 폐쇄되었다.

이틀간의 백두산 관광을 무사히 마쳤다. 삼대가 덕을 쌓아야 볼 수 있다는 천지도 친견할 수 있었으니 그저 감사할 뿐이다.

백두산과 그 이웃들

  민족의 영산 백두산은 태곳적부터 우리 땅이었다. 그 땅에서 우리
의 고대 국가가 태동했고, 수천 년 동안 그 땅을 지켜왔다. 하지만 지
금은 대부분 남의 땅이 되었다. 백두산으로 가기 전에 우리 민족의
옛터를 찾아가 조상들이 남기고 간 흔적들을 더듬어 보고자 대련과
단동을 거쳐 집안으로 갔다.

  집안은 고구려 왕도였다. 그곳에는 수많은 고구려 유적이 남아 있
다. 대표적인 것이 환도산성과 국내성 그리고 광개토대왕비 및 왕릉
이며, 장수왕릉(장군총)도 그곳에 있다. 이들 유적 답사 내용을 지면
관계상 아주 개략적으로 줄이고 줄여 적어 본다.

□ 환도산성과 산성하 고분군

환도산성   산성 하 고분군

  위나암성이라고도 불렸던 환도산성은 국내성의 배후 산성이었다.
삼태기처럼 생겼다고 했는데, 맞는 말이다. 성으로 들어가는 지형은
밋밋한 골짜기를 지나 성문 앞 개울을 건너야 했다. 이는 천연의 해
자 역할을 했을 것 같다. 남옹문(정문) 앞은 지형이 낮아 양쪽에 항아

리 모양으로 성을 쌓았다. 성벽은 높고 견고했을 터인데, 지금은 허물어져 규모를 알 수 없다. 성문 앞에서 보았을 때 좌측 성벽은 고구려 성벽 형태가 일부 남아 있으나 오른쪽은 최근에 복원한 것 같았다. 성벽은 전형적인 고구려성의 축성 형태로 견치석으로 쌓아 매우 견고하게 축성되었다. 성벽 유실이 계속되는지 와이어 케이블을 그물 모양으로 설치하여 보존하고 있었다. 성안에는 여러 골짜기로 이루어졌는데, 제법 터가 넓다고 한다.

이 성은 난공불락이었던 신라의 삼년산성과 비교해 보았다. 하지만 지리 지형이나 축성 방법 또는 성벽의 형태로 보아 삼년산성이 더 견고한 것 같았다.

고구려 집안 통구 고분군은 7개 지역으로 나뉘어 있는데, 이곳은 산성 아래에 위치하고 있어 '산성하 고분군'이라 칭한다. 환도산성 입구 광장 오른쪽에 자리하고 있다. 대부분의 고분군들이 산 비탈면에 존재하고 있다고 하지만 이곳은 성 아래 하천가 평지에 자리하고 있다. 사각 모양의 적석총과 토분이 혼재되어 있는데, 성벽 위에서 내려다보면 규모가 대단하고, 무덤들이지만 평온한 느낌이 들 정도였다.

□ 압록강과 국내성

집안은 압록강 중류를 사이에 두고 북한과 접해 있다. 하지만 옛날에는 모두 고구려 땅이었다. 중국 쪽 압록강 변에는 고층 건물이 즐비하고 번잡한 도시지만 강 건너는 산비탈까지 개간되었고, 농가가 산 아래 웅크리고 있는 전형적인 농촌 마을이었다.

유람선을 타고 북측 가까이도 갈 수 있었다. 하지만 중국이나 북한

압록강(집안)

모두 도도하게 흐르는 압록강 젖줄을 물고 살아가고 있는데 왜 이렇게 외견상 차이가 나는 것일까?

국내성은 압록강 변에 위치한다. 420여 년 동안 고구려 도성으로 역사의 부침을 거듭했던 곳이다. 사각의 석성으로 둘레가 2,686m에 달했으며, 옹문(甕門) 구조의 6개 성문이 있었다고 하고 모서리마다 각루(角樓)가 있었

국내성 터

다고 하니 거대한 성채였을 것이다. 하지만 지금은 폐허 된 성벽만 일부 남아 있을 뿐이다.

□ 광개토대왕릉과 장수왕릉

광개토대왕비 비각   장수왕릉(장군총)

광개토대왕 비석은 붉은 사모지붕에 유리 벽을 한 건물 안에 있다. 비석 높이는 6.39m이고, 너비는 1.34~2m다. 비석에는 총 1,775자가 새겨져 있는데 확인된 한자가 1,590여 자다.

하지만 비문에 대한 해석을 놓고 일본이 왜곡하여 논란을 불러일으켰었다. 신묘년 관련 해석인데, 일본은 비문의 일부를 조작(석고 탁본)하여 자기들 멋대로 해석했다. 당시 일본은 백제와 신라를 속국으로 삼았다는 터무니없는 주장을 앞세워 대한제국 침탈에 이용하려 했던 것이다.

비각 안에는 경비원의 눈빛이 삼엄했다. 가이드는 그들을 배추벌레라고 불렀다. 푸른색 제복을 입었기 때문이다. 그들은 비각 안에서 사진을 찍는 것을 막기 위함이라지만 명목상 그렇고 또 다른 이유가 있을 것이다.

광개토대왕 왕릉은 비각에서 약 300여 미터 떨어진 구릉 위에 또 다른 언덕처럼 자리하고 있지만 원형을 잃어 가고 있었다. 안타까운 일이다. 우리 땅에 있었다면 원형에 가깝게 복원하여 민족의 자긍심을 불어넣을 교육의 장으로 사용되었을 것이다.

　제단 유적지를 지나 버드나무가 도열하듯 서 있는 산책로를 따라 올라가면 노인의 이처럼 듬성듬성 드러나 있는 호분석이 풀밭 위에 비스듬히 누워 있었고, 허물어진 석축과 강자갈은 물론 잡석이 나뒹굴고 있었다. 엉성하게 복원해 놓은 현실 앞에서 바라보면 압록강과 집안 일대가 한눈에 들어왔고, 저 멀리 만주 벌판 위로 뭉게구름이 피어오르고 있었다.

　장수왕릉(장군총)은 광개토대왕릉에서 멀지 않은 곳에 있다. 피라미드형으로 생각보다는 크지 않았지만, 최근에 조성한 것처럼 완벽에 가까웠다. 장군총이라고 하는 데는 논란이 있다. 장수왕은 이미 집안에서 평양으로 천도했기 때문에 굳이 이곳에 무덤을 조성했겠는가 하는 의문이다. 그러므로 동명성왕(주몽)을 추모하기 위한 가묘일 것이라는 설도 있다. 동의하지만 알 수 없는 일이다. 수구초심이라 했듯이 장수왕도 죽어서 이곳에 묻히고 싶어 왔는지도 모를 일이다.

　백두산으로 가기 전에 고구려 유적답사를 마쳤다. 광활했던 고구려를 중국은 동북공정의 미명 아래 그들 역사로 편입하려고 하는 시도는 심히 염려된다.

　역사를 잊고 사는 자에게는 희망이 없다. 한 집안의 가정사도 마찬가지다. 우리는 과거를 알고 미래를 살아가야 한다. 『논어』에 온고이지신(溫故而知新)이란 가르침도 있다.

산에 다녀온 다음 기록으로 남기는 것은 나의 경험과 생각을 공유하고자 함이다. 하지만 내가 경험하고 생각한 것을 이 책에 다 담을 수는 없다. 지면이 허락하지 않고 나의 지식과 필력이 짧기 때문이다. 그러므로 미흡하고 부족한 것은 업그레이드하시기 바란다.

등산로는 일반적으로 많이 이용하는 코스며, 난이도는 주관적이다. 산행 거리와 시간은 객관성을 높이기 위해 근사치를 적용했다. 그리고 문화유산 답사 내용은 지면 관계상 개략적으로 서술했다. 또한 진부하지만 산행 길에서 느낀 바를 삶의 길과 비교해 보았으며, 산행과 답사 길에서 만난 선인들의 시편도 일부 소개했다.

이동 수단은 시간을 아끼기 위해 주로 내 차를 이용했고 식사는 그 지역의 특색 있는 음식을 한 끼 정도는 먹으려고 했다. 또한 숙박은 호텔 기준 3~4성급을 이용했다. 그리고 등산을 하거나 운전할 때는 무엇보다도 안전을 최우선으로 했으며, 평소 섭생을 바로 하여 건강 관리에도 힘썼다.

끝으로 산행에 동행해 준 아내에게 깊은 감사를 드리며, 지원을 아끼지 않은 가족(장남, 자부, 차남 그리고 손자 영호, 영인)에게 고마움을 전한다. 그리고 출판사 관계자 여러분에게도 감사를 드리며, 아직 기다리고 있는 다음 산으로 걸음을 옮긴다.

甲辰年(2024년)
칠순 생일을 앞두고